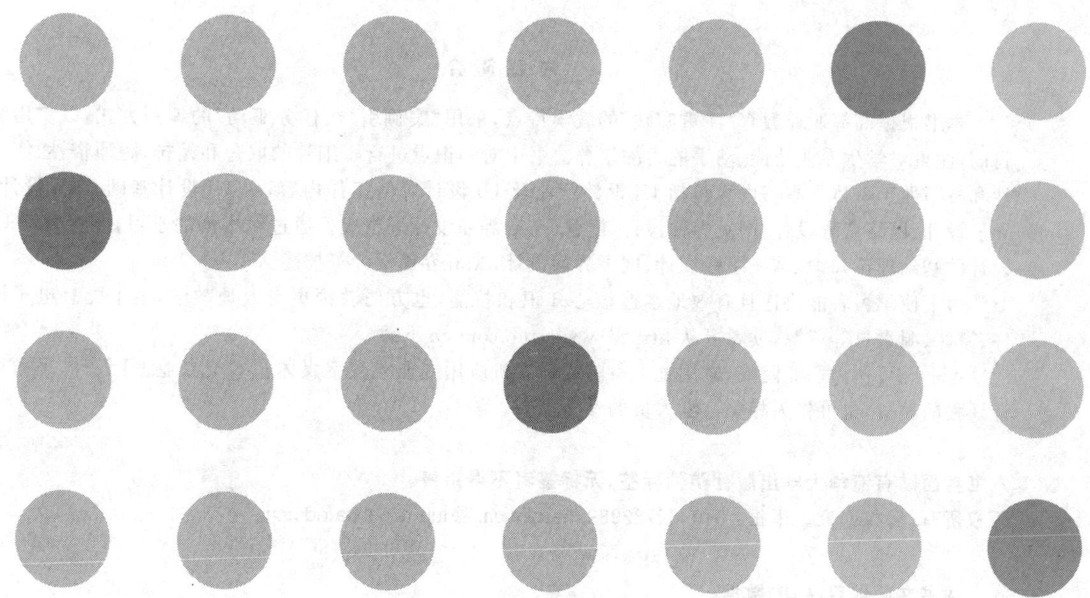

UI设计基础
案例教程

方旭华 陈超颖 王彩琴 陈苏闽 ◎ 编著

清华大学出版社
北京

内容简介

本书根据高等职业教育"注重实践"的教学特点，采用"案例引导、任务驱动"的编写方式，以实用为目的，注重对学生专业技能、动手能力的培养。书中对知识点进行了细致的取舍和编排，融通俗性、实用性和技巧性于一体。本书内容包括UI设计行业及UI设计师的工作内容，由UI设计基础、图标设计、导航设计、网络广告设计、网页界面设计、配色、App界面设计等组成。通过对本书的学习，能够理解UI设计的基础理论知识，掌握图标设计、网页界面设计、App界面设计等技能。

为了使学习者能快速且有效地掌握核心知识和技能，也方便教师更有效地教学，本书配有电子课件、微课、源素材等资源，读者可从http://www.tup.com.cn下载。

本书既可作为职业院校、应用型本科院校计算机应用专业或数字媒体艺术类专业UI设计、平面设计课程的教材，也可作为相关自学人员的参考用书。

图书在版编目(CIP)数据

UI设计基础案例教程/方旭华等编著.—北京：清华大学出版社，2021.3（2023.9重印）
ISBN 978-7-302-57379-1

Ⅰ.①U… Ⅱ.①方… Ⅲ.①人机界面－程序设计－教材 Ⅳ.①TP311.1

中国版本图书馆CIP数据核字(2021)第018554号

责任编辑：孟毅新
封面设计：傅瑞学
责任校对：袁　芳
责任印制：丛怀宇

出版发行：清华大学出版社
　网　　址：http://www.tup.com.cn，http://www.wqbook.com
　地　　址：北京清华大学学研大厦A座　　**邮　　编**：100084
　社 总 机：010-83470000　　**邮　　购**：010-62786544
　投稿与读者服务：010-62776969，c-service@tup.tsinghua.edu.cn
　质量反馈：010-62772015，zhiliang@tup.tsinghua.edu.cn
　课件下载：http://www.tup.com.cn，010-83470410
印 装 者：三河市少明印务有限公司
经　　销：全国新华书店
开　　本：185mm×260mm　　**印　　张**：16　　**字　　数**：366千字
版　　次：2021年4月第1版　　**印　　次**：2023年9月第4次印刷
定　　价：49.00元

产品编号：085385-01

前　言

本书围绕 UI 行业的发展动态，结合设计案例详细阐述从“为什么这样设计”到“怎么设计”的教学过程。为免去教师在备课的过程中花大量时间去寻找合适案例之苦，编著者根据自己多年的 UI 设计授课经验，精心选择适合职业院校学生学习和制作，且在实际工作中非常有用的案例来组织编写。在设计案例实践中强调创意思维的力量，让读者获得举一反三的学习能力。

本课程要求学生紧跟时代需求的界面设计理念与方法，了解 UI 设计行业及 UI 设计师的工作内容，理解 UI 设计的基础理论知识，掌握图标设计、网页界面设计、App 界面设计等设计方法和技巧，在 UI 设计中融入用户的需求，完成符合市场需求的产品设计方案。

本书的主要特点如下。

(1) 理论和实践相结合，以先进教学理念为指导。本书以项目为基线，每个项目都精选了一些在工作过程中比较常用的、能引起学生浓厚兴趣的案例赏析和设计，通过任务驱动的方式，让学生在任务实施过程中理解和掌握理论知识，并能应用到具体作品设计的实现过程中。

(2) 案例的选择以培养学生的应用能力为目的。本书注重对学生专业技能、动手能力的培养，循序渐进地讲解核心知识点，合理安排具有代表性的示例，着重介绍一些设计构思过程及制作技巧，从而具有很强的易读性、实用性和可操作性。

(3) 融“教、学、做”于一体。本书中的主要案例和实训项目既有设计分析，又有详细的操作步骤，并配以知识点讲解。本书从案例的构思到实现循序渐进地进行详细讲解，让读者可以按照书本的制作步骤完成作品的制作，也能在轻松愉快的设计过程中掌握知识点并得以应用，在实践中培养应用能力和动手能力。

(4) 微课教学。本书精选部分知识点和案例录制了微课，对知识点和案例做了详细的讲解，可供学生反复观看、查漏补缺、强化巩固，能更好地满足学生的个性化自主学习的需求，是对课堂学习的有效拓展。

本书由浙江交通职业技术学院的方旭华、王彩琴、陈超颖、陈苏闽编著，浙江交通职业技术学院的颜慧佳主审。由于编著者水平有限，不足之处在所难免，恳请广大读者指正，以便修订时更加完善。

编著者

2021 年 1 月

目录

第 1 章　UI 设计基础 …… 1

1.1　初识 UI 设计 …… 1

1.1.1　什么是 UI 设计 …… 1

1.1.2　UI 设计常用名词 …… 2

1.1.3　UI 设计的分类 …… 2

1.2　初识设计行业 …… 5

1.2.1　UI 行业现状 …… 5

1.2.2　未来 UI 设计的发展趋势 …… 6

1.2.3　UI 设计师的发展方向 …… 8

1.3　UI 设计工作流程 …… 10

1.3.1　自主研发产品的开发流程 …… 10

1.3.2　外包公司开发流程 …… 11

1.3.3　网站推出流程 …… 11

第 2 章　图标设计 …… 13

2.1　图标的概念 …… 13

2.2　图标、标志和标识的区别 …… 13

2.3　图标的分类 …… 15

2.4　图标的风格 …… 16

2.5　图标设计的原则 …… 17

2.6　图标制作 …… 17

2.6.1　像素图标制作 …… 17

2.6.2　剪影图标制作 …… 22

2.6.3　拟物化图标制作 …… 30

2.6.4　扁平化图标制作 …… 52

第 3 章　导航设计 …… 57

3.1　网页导航的概念 …… 57

3.2 导航的分类 …… 57
3.2.1 按表现形式划分 …… 57
3.2.2 按作用划分 …… 58
3.2.3 按设计模式划分 …… 59
3.2.4 App 导航分析 …… 65
3.3 网站导航设计 …… 71
3.3.1 注意事项和设计原则 …… 72
3.3.2 导航创意 …… 73
3.4 网站导航赏析 …… 77
3.4.1 真功夫 …… 77
3.4.2 汇源果汁 …… 77
3.4.3 可口可乐 …… 77
3.4.4 李宁 …… 78
3.4.5 乐途 …… 78
3.4.6 相宜本草 …… 79
3.4.7 露得清 …… 79
3.5 导航制作案例 …… 80
3.5.1 门牌导航的制作 …… 80
3.5.2 苹果下载按钮的制作 …… 90
3.6 课堂实训 …… 97
3.6.1 新浪微博导航的制作 …… 97
3.6.2 苹果导航栏的制作 …… 102
3.7 拓展练习 …… 103
3.8 知识拓展 …… 104
3.8.1 二分环的制作 …… 104
3.8.2 钢笔工具的运用 …… 108

第 4 章 网络广告设计 …… 112

4.1 网络广告概述 …… 112
4.2 网络广告设计的目标和创意 …… 114
4.2.1 网络广告设计的目标 …… 114
4.2.2 网络广告的创意 …… 115
4.3 网络广告案例赏析 …… 116
4.4 Banner 的设计 …… 119
4.4.1 Banner 设计的目标 …… 119
4.4.2 Banner 的主要构成元素 …… 120
4.4.3 Banner 的设计方法 …… 121
4.4.4 Banner 的设计原则和设计要求 …… 123

4.5 Banner 制作案例 …… 125
4.5.1 浙江音乐学院研究生处官网通栏效果 …… 125
4.5.2 设计分析 …… 125
4.5.3 制作要点分析 …… 126
4.5.4 操作过程 …… 127
4.6 网店海报制作案例 …… 130
4.6.1 概述 …… 130
4.6.2 Coccinelle 广告设计过程分析 …… 132
4.6.3 经验分享 …… 133
4.7 课堂实训 …… 134
4.7.1 数码广告的制作 …… 134
4.7.2 丝巾广告的制作 …… 138
4.8 课后练习 …… 145
4.9 知识拓展——图层蒙版在 UI 设计中的使用技巧 …… 150
4.9.1 图层蒙版的概念 …… 150
4.9.2 操作演示 …… 151

第 5 章 网页界面设计 …… 154

5.1 网页界面设计概述 …… 154
5.2 界面文字设计 …… 156
5.2.1 网页字体与字体安排 …… 156
5.2.2 文字形式 …… 157
5.2.3 网页文字编排方式 …… 161
5.2.4 网页文字设计方法 …… 162
5.2.5 网页文字编排技巧 …… 168
5.3 图形图像 …… 168
5.3.1 网页图形图像设计的构成要素 …… 168
5.3.2 网页图形图像的创意设计 …… 173
5.3.3 网页图形图像的处理方法 …… 174
5.4 色彩 …… 177
5.4.1 色彩的基本知识 …… 177
5.4.2 网页中的色彩搭配 …… 179
5.4.3 大公司的网站中颜色运用的例子 …… 183
5.5 网页布局 …… 184
5.5.1 版式设计原则 …… 184
5.5.2 版式设计的视觉因素 …… 186
5.5.3 版式构成类型 …… 187
5.5.4 网页版面布局与制作 …… 190

5.6 网页界面设计实例 …… 191

第6章 配色 …… 194

6.1 三原色 …… 194
6.1.1 色光三原色 …… 194
6.1.2 颜料三原色 …… 194
6.2 色彩的种类 …… 195
6.2.1 无彩色系 …… 195
6.2.2 有彩色系 …… 195
6.3 色彩的三要素 …… 195
6.3.1 色相 …… 195
6.3.2 纯度 …… 196
6.3.3 明度 …… 196
6.4 色彩的感觉 …… 196
6.5 配色 …… 198
6.5.1 色环配色 …… 198
6.5.2 明度配色 …… 200
6.5.3 纯度配色 …… 201
6.6 ColorImpact 软件 …… 201
6.7 配色板生成技巧 …… 207

第7章 App界面设计 …… 210

7.1 App界面设计基础 …… 210
7.1.1 什么是App …… 210
7.1.2 App UI设计和平面UI设计的区别 …… 210
7.1.3 App UI设计的要点 …… 213
7.2 App界面前期设计流程及方法 …… 214
7.2.1 分析App的市场定位 …… 214
7.2.2 草图的绘制 …… 215
7.2.3 视觉设计 …… 216
7.2.4 最终定制方案 …… 216
7.3 移动设备中的常用尺寸 …… 217
7.3.1 屏幕尺寸 …… 217
7.3.2 屏幕分辨率 …… 218
7.3.3 App中图标的尺寸 …… 219
7.3.4 图标格式 …… 219
7.4 App的界面构成 …… 221
7.4.1 导航栏 …… 221

7.4.2 主屏幕 …… 222
7.4.3 下方按钮栏 …… 223
7.5 App 界面设计流程及要点分析 …… 224
7.5.1 电商类 …… 224
7.5.2 音乐播放器类 …… 226
7.6 App 界面风格设计——绘画艺术 …… 232
7.6.1 创意构思 …… 232
7.6.2 手绘卡通界面制作 …… 233

参考文献 …… 246

第 1 章

UI 设计基础

随着移动互联网时代的到来，传统视觉传达艺术逐渐被新的媒体艺术所取代。20 世纪末，人们主要通过纸质媒体获取信息和资讯；21 世纪，人们越来越多地通过互联网与世界接轨，利用互联网生活、学习、交友；而在近些年，人们更多地依赖智能手机上网进行工作和娱乐。新技术改变了人们的生活方式。

UI 设计(用户界面设计)是指对软件的人机交互、操作逻辑、界面美观的整体设计。UI 设计分为实体 UI 和虚拟 UI，互联网常用的 UI 设计是虚拟 UI。

优秀的 UI 设计不仅让软件变得有个性、有品位，还能让软件的操作变得舒适、简单、自由，充分体现软件的定位和特点。

1.1 初识 UI 设计

1.1.1 什么是 UI 设计

UI 的概念最初来源于美国硅谷，它的英文名字是 user interface，翻译成中文为“用户界面”。用户界面设计和平面设计、包装设计有所不同。平面设计的作品有可能是一张图或一张海报，但是 UI 设计的作品不是一个界面，它是由若干个界面组成的。总的来说，用户界面设计对应的工作主要是视觉设计、交互设计以及用户体验三大部分。如果把 UI 比喻成一个人的形象，那视觉设计就是这个人的衣服、皮肤，交互设计就是这个人的身材和骨架，用户体验就是这个人的脾气性格，如图 1.1.1 所示。

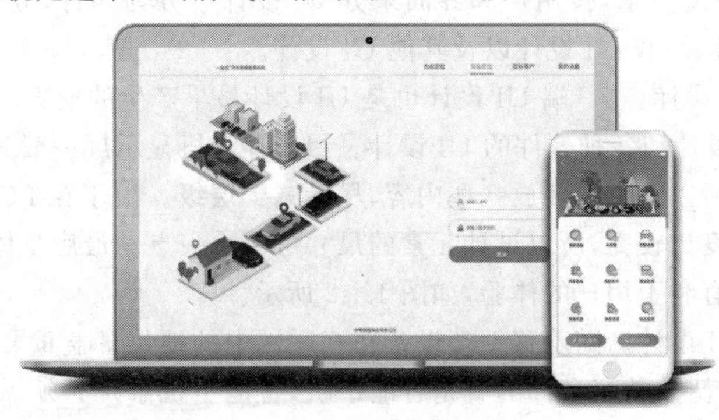

图 1.1.1 各平台 UI 设计展示

1.1.2 UI设计常用名词

UI设计分工精细，在进入UI行业前，必须对UI行业的专用名词及缩写进行了解。UI设计中常用的名词和缩写定义如下。

(1) UI：user interface（用户界面）。UI是指对软件的人机交互、操作逻辑、界面美观的整体设计。

(2) GUI：graphical user interface(图形用户界面)。GUI在20世纪80年代由苹果公司首先引入PC领域，图形界面的特点是人们不需要记忆和键入烦琐的命令，只须使用鼠标即可直接操纵界面。

(3) HUI：hand user interface(手持设备用户界面)。HUI包括智能手机、平板电脑、掌上游戏机等。

(4) WUI：Web user interface(网页用户界面)。WUI包括各种网站的界面还有操作系统的界面等。

(5) IA：information architecture(信息架构)。IA研究信息的表达和传递。信息架构是设计信息的组织结构，一般是产品经理的工作。

(6) UX：user experience(用户体验)。UX是指用户使用产品、系统或服务过程中的主观感受，就是“这个东西好不好用，用起来方不方便”。

(7) IXD：interaction design(人机交互设计)。IXD定义人造物的行为方式(人工制品在特定场景下的反应方式)以及相关的界面。

(8) UCD：user centered design(以用户为中心的设计)。UCD在设计过程中以用户体验为设计决策的中心，强调用户优先的设计模式。

(9) VD：visual design(视觉设计)。VD界面视觉设计简单地说就是设计得美观与否。

(10) CD：content design(文案设计)。CD是指编辑、撰写界面里的文字。

(11) PM：product manager(产品经理)。PM是每个产品的牵头人，负责决策产品方向、架构和需求。

1.1.3 UI设计的分类

根据市场的主流需求，按用户和界面来分UI设计可分为四种，分别是PC端UI设计、移动端UI设计、游戏UI设计以及其他UI设计。

(1) PC端UI设计。PC端UI设计也是UI设计最早产生的地方。它包含计算机系统UI设计、Web设计和各种软件的UI设计。因为计算机显示屏一般为19～24英寸，这个区域是很大的，所以首页要多放一些内容，尽量减少层级。由于在PC上大部分操作是用鼠标进行的，精度比较高，所以设计元素的尺寸可以小一点。最后整体风格是要图文信息展示清晰明了，有利于用户的体验，如图1.1.2所示。

(2) 移动端UI设计。随着移动端设备在互联网中的地位日益重要，移动端的UI设计运用得越来越广泛。首当其冲的就是智能手机，智能手机系统必须需要一套UI设计。iOS和安卓两大主流系统都有自己独特的UI设计。其次是各类的App，并且各种平板设

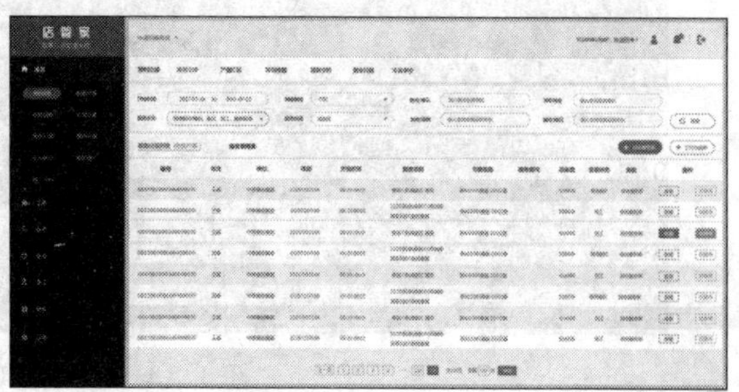

图 1.1.2　PC 端 UI 设计展示

备也需要 UI 设计，还有车载计算机、扫码，等等。这类产品的设计特点是由于屏幕区域有限和一般用手指操作，因此层级较多，界面简洁，元素清晰，如图 1.1.3 和图 1.1.4 所示。

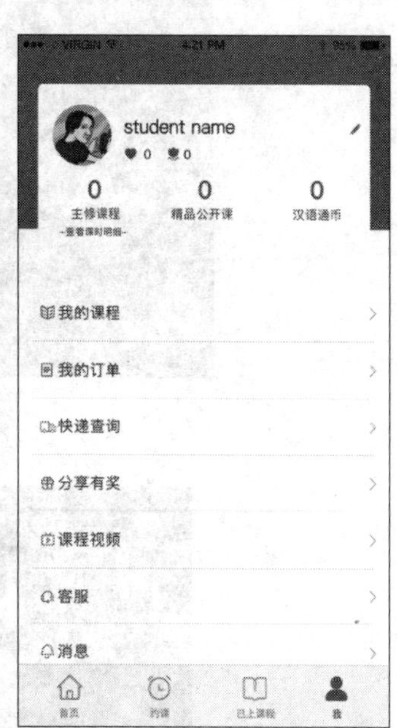

图 1.1.3　移动端 UI 设计展示(1)

(3) 游戏 UI 设计。游戏 UI 设计和其他 UI 设计的表现手法不同，需要单独介绍。先来介绍几张游戏 UI 的效果图，它们的视觉冲击力很强，见图 1.1.5和图 1.1.6。从技术方面来说一般的 UI 设计元素大部分是矢量图，而游戏 UI 的设计元素大部分是用手绘完成的，所以更加细腻。而且游戏界面又包含网页游戏界面、客户端界面等，形式多变。在游戏 UI 设计中，界面、图标、人物服饰的设计会随着游戏情节的变化而变化，所以把它单独分一类。

(4) 其他 UI 设计。这里主要介绍一些比较冷门的或者是未来发展趋势所产生需要进行 UI 设计的产品，如卡拉 OK 点歌机、医疗用具的界面设计、远程会议监控、可穿戴设备 UI 设计以及未来趋势的智能家居、虚拟现实，等等。这类产品需要体现科技感和信息

图 1.1.4　移动端 UI 设计展示(2)

图 1.1.5　游戏 UI 设计展示(1)

图 1.1.6　游戏 UI 设计展示(2)

的直观性，如图 1.1.7 和图 1.1.8 所示。

可见，UI 设计在我们日常生活中无处不在，并且和未来发展趋势紧密联系，就业前景

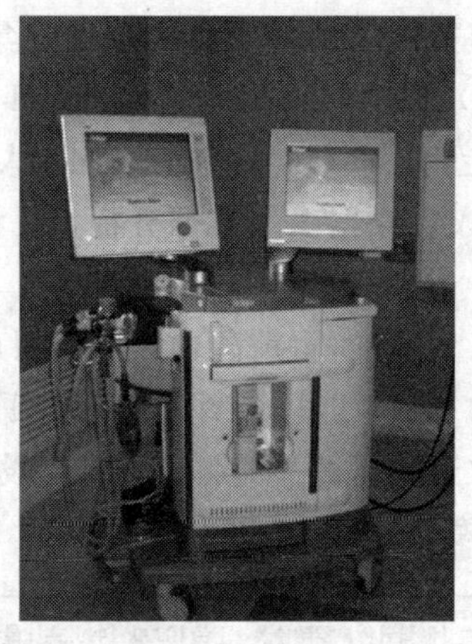

图 1.1.7　其他 UI 设计展示(1)

图 1.1.8　其他 UI 设计展示(2)

也十分看好。接下来，就让我们开启 UI 设计学习的大门，一步一步学习 UI 设计吧。

1.2　初识设计行业

1.2.1　UI 行业现状

UI 设计是随着互联网特别是移动互联网的迅速发展而发展起来的。UI 设计作为新事物，并没有被大众所熟知，以前国内各大招聘网站较少有招聘 UI 设计师的信息，而更多的是美工相关的工作。业界普遍认为 UI 设计就是对页面进行美化的美工工作，设计师能使用图像处理软件 Photoshop 就能胜任工作。然而最近几年，随着 IT 开发成本的降低，个人创业及中小型 IT 企业在国内遍地开花，导致对 UI 设计人才的需求井喷。此外，国内众多 IT 企业如百度、腾讯、网易等，都成立了 UI 设计部门。高级 UI 专业人才需求稀缺，人才资源争夺很激烈。

UI 设计作为设计行业的新兴领域，涉及面比较广，如游戏设计、环艺设计、平面设计、广告设计等，集艺术学、心理学、美术学、逻辑学等学科知识于一体，需要设计师具备全面、综合的技能。与此相应的是，资薪也很可观。

通过以“UI 设计师”为招聘筛选条件对百度招聘、智联招聘、猎聘网、中华英才网、若邻社交招聘等网络招聘平台的数据收集，数据统计区间为一个月(2019 年 10 月 25 日至 11 月 25 日)，以上网络招聘平台对 UI 设计师的人才需求量约为 8.8 万人。其中，北京 25731 人、上海 14738 人、广东 17188 人(其中广州 7597 人、深圳 8660 人)、江苏 5420 人、浙江 5168 人。根据以上数据分析，UI 设计师人才需求主要出现在国内一线城市或大中城市。

以北京为基准，目前国内设计师月收入 1 万元以上的占总人数的 34%。随着国内信息化进程的加快，二线、三线城市对 UI 设计师的需求也迅猛提升，加入 UI 设计行业的从业人员人数还在持续攀升。影响 UI 设计行业资薪水平的主要因素是工作岗位、从业年限、公司规模等因素，如图 1.2.1 所示。

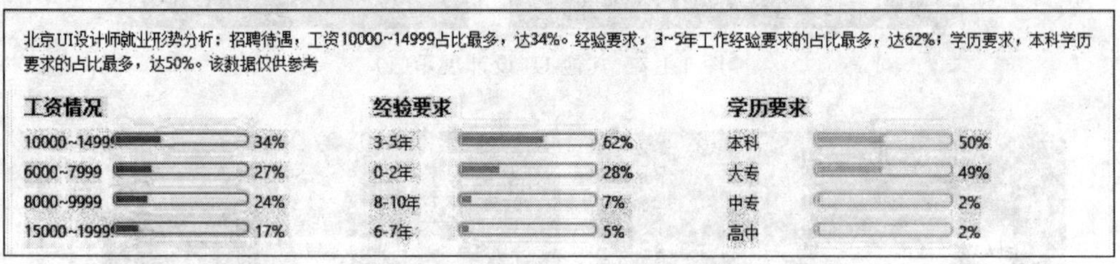

图 1.2.1　UI 设计工资所占比例

UI 设计行业中的主要工作岗位包括设计管理、视觉设计、交互设计、用户研究、产品设计等。按等级可以分为设计总监、首席设计、设计师、见习设计等。不同等级的设计师需要掌握的技能和薪酬，如图 1.2.2 所示。

图 1.2.2　不同等级的设计师

1.2.2 未来 UI 设计的发展趋势

未来随着生活质量水平的稳步提升，手机和计算机更大面积的普及，对 UI 方面的需求更是必不可少。

未来UI设计的应用领域主要体现在全息投影交互技术、图像加强技术、远程控制、3D打印机、运动感应技术、无人驾驶汽车、多功能眼镜技术、智能手表等领域。3D全息投影如图1.2.3所示，3D打印技术如图1.2.4所示，无人驾驶汽车技术如图1.2.5所示。

图1.2.3 3D全息投影

图1.2.4 3D打印技术

图1.2.5 无人驾驶汽车技术

1.2.3 UI设计师的发展方向

1. 运营类UI

运营类UI设计师首先需要具备的能力包括创意、策划、手绘、文案、英文、提案表述。目前用户使用的软件基本固定，社交方面主要用微信、QQ，地图方面主要用高德，购物方面主要用淘宝、京东，等等。由此可见，运营类的广告就要崭露头脚了，比如京东各个节日的广告就可以证明这个现象，如图1.2.6所示。

图1.2.6　京东广告

UI设计师还要具备能够进行个性化UI设计的能力。市场上手机应用琳琅满目，各个厂商、各种针对节日的设计推广层出不穷，这必然需要大量的运营类型UI设计师一展拳脚。除去规范的限制、需求的限制，平面设计能力、手绘造型能力以及创意表达能力的重要性不言而喻(见图1.2.7)，这需要UI设计师长期的积累。

图1.2.7　手绘风格的设计推广

2. 产品类UI

产品类UI设计师需要具备的能力包括懂产品、懂用户体验、能分析数据、能实现产品原型图。

从小型创业公司的模式不难看出来，大批老板懂资本市场，懂团队建设，有一定资源；

或者一个传统企业,有已经成熟的项目,那么他们需要一个核心的设计人员,能够单独建立团队、单独完成产品初期的项目,能做产品宣传的PPT,做一个高保真原型放在手机里,这样争取投资就会方便。

放眼全球,来自谷歌的设计师得出一个惊人的结论:在美国硅谷,单纯的UI设计师几乎已经不存在了。如果一个UI视觉设计师不懂产品,不懂交互设计,不懂用户体验设计,基本上就没有出路了。因此,UE(用户体验)+UI可能才是UI的真正发展方向和最终形态。不可否认,职位的细分是一个方向,但是目前从中国一批互联网公司的设计师的反馈来说,都在明确地走交互的路线,读各种交互的书籍强化自己、试用各种App来增加自己App的阅读量。某UE设计稿如图1.2.8所示。

图1.2.8　UE设计稿

3. 实现类UI

实现类UI设计师需要具备的能力包括懂动效、懂代码、能建站、能独立完成H5类推广页面,如果能懂一点后台开发就更好了。

从稳定的公司规模来看,一般小型公司会有1～2个设计师和6～10个开发人员,说明开发者的比例还是很大的。但是开发领域也在被细分,所以全能型设计师无论什么时候,都很受中小型创业公司欢迎。如果UI设计师懂一点代码(见图1.2.9),那么就业机会和待遇就会大大增加。既能设计效果图,还能亲手实现效果图,这样的UI设计师,相信每家中小型公司都求贤若渴。

4. 新技术类UI

新技术类UI设计师需要具备的能力包括3D技术等。

VR(虚拟现实)这几年快速兴起,以后VR的界面设计(见图1.2.10)会由谁来做呢?肯定还是UI设计师。

UI设计师必须努力增加自己的专业知识,才能保证在下一个浪潮来临的时候还具备竞争力。这是一个好的时代,因为互联网,人人都有机会从一个点出发并深扎进去,开花结果;这也是一个坏的时代,技术、软件更新速度飞快,如果UI设计师不了解新的技术、不能掌握更高效的方法,那么下一个浪潮来临的时候必定会被淘汰。因为,淘汰人的永远不是年龄而是思维与工具。

图 1.2.9　全能的设计师

图 1.2.10　VR 的界面设计

1.3　UI 设计工作流程

UI 设计越来越与人们的生活紧密相关，精致而美观的界面总是能吸引用户的眼球，那么，一个软件产品的 UI 设计经历了哪些阶段？UI 设计师在这个过程中的思考方式是怎样的？下面来看看 UI 设计师的工作流程。

1.3.1　自主研发产品的开发流程

自主研发产品的开发流程包括产品需求分析、功能定义、交互原型、程序技术预研、效果图绘制、开发、测试、发布上线、运营、迭代开发，如图 1.3.1 所示。其中，产品需求分析、功能定义、交互原型一般由产品经理完成，UI 设计师只负责做好产品的效果图即可。随后，项目负责人、产品经理、UI 设计师、主要程序员会聚在一起开会，通过前期技术方面的评估，即可以进行开发。UI 设计师负责根据交互原型设计好每一张界面的效果图，并且进行标注和切图，这样就可以和开发的同事对接上。

这类性质的项目主要以用户为中心，主要用来研发自己的产品，并且该产品是直接面

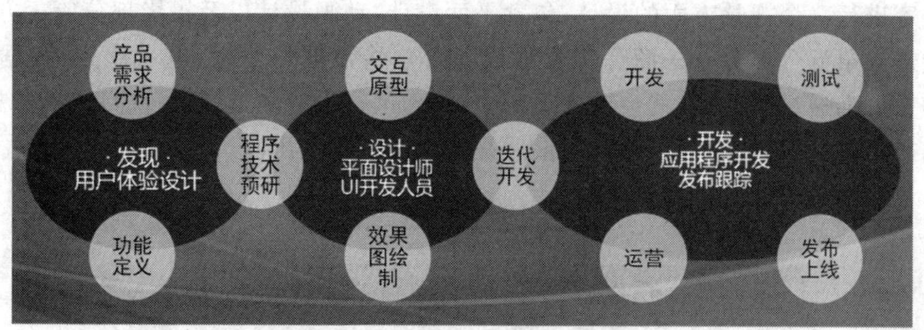

图 1.3.1　自主研发产品的开发流程

向用户的。这就要求 UI 设计师在用户体验方面多花心思，要紧扣目标用户，要善于挖掘用户的需求来进行设计。

1.3.2　外包公司开发流程

外包公司产品开发流程包括沟通、评估、策划、UE 规划、视觉、开发、测试、验收、上线、运营、分析、升级，如图 1.3.2 所示。外包公司是给甲方提供服务的，所以首先要进行沟通，沟通完后就要评估整个功能的需求、开发成本、开发时间的长短。然后对整个项目进行策划、创意构思，再进行调研。之后进行用户体验方面的规划，对这个产品的目标用户进行分析。再进入视觉化的一些设计，把想法、品牌理念，以及其他的想法通过可视化表现出来。这些内容全部通过之后，就可以进行后面的开发了。开发完成之后要进行测试，主要有压力测试、Bug 测试等。测试完后，产品没有问题，就开始验收、上线。之后要对产品进行运营和推广，运营和推广之间会产生一些数据，要对这些数据进行分析、跟踪、报告。最后，产品是有一个生命周期的，所以需要不断的升级。

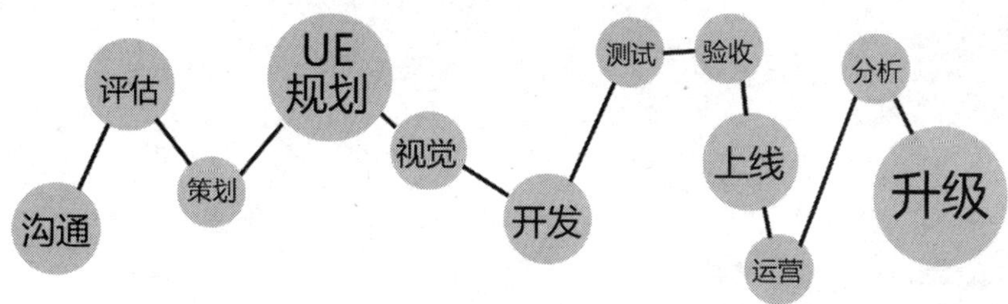

图 1.3.2　外包公司产品的开发流程

这类性质的项目主要以客户需求为导向。UI 设计师在此过程中，需要不断地沟通设计想法和修改设计方案，接触各种类型的项目，从而累积项目经验。

1.3.3　网站推出流程

网站推出的流程包括试生产、启动会议、设计模板、内容装配、商务工具集成、渠道优化目标、审核和批准、站点推出。图 1.3.3 所示的是一个网站推出的流程，一开始是一些研讨的会议，会议启动以后就开始出线框图、信息架构图以及一些运营的图片。之后要对整个内容进行一个视觉方面的设计，包含平面设计、动画设计以及摄影部分等。方案通过之后会进入第五个部分——商务工具集成。有一些数据的分析、电子商务、数据的整理等。如果批准通过了的话，就会进入下一个部分，进行大量的推广、一些订阅和热搜之类，把网站推出去。然后是审核和批准，最后是整个站点的推出。

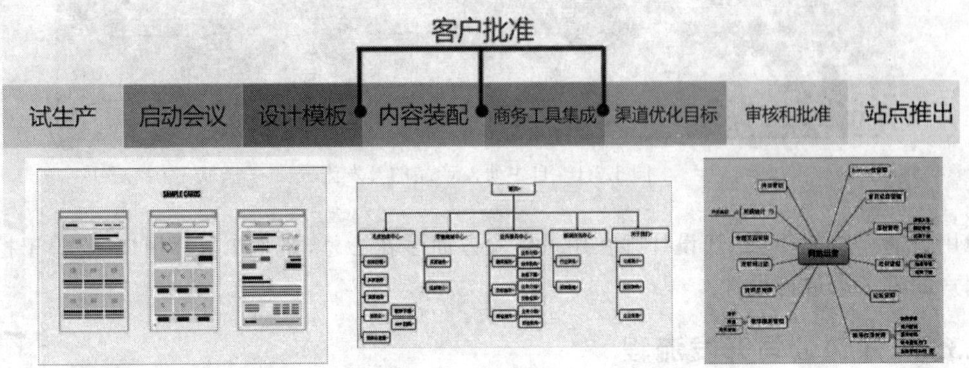

图 1.3.3 网站推出流程

由此可见，在做 UI 设计前，应对自己所在项目的性质有一个清醒的认识，然后再针对项目性质和需求进行设计，这样才能工作得游刃有余。很好地完成设计方案，从而得到企业的重用。

第 2 章

图 标 设 计

图标是一种具有象征意义的符号。图标作为视觉语言，打破了语言障碍，是全世界通用的语言。无论国籍、种族、年龄或性别，图标是每个人都可以理解的语言，它能够快速地传达信息，如商场的指示标志、高速公路的路标等，人们通过识别图像能快速理解其含义。

图标是 UI 设计中的一个重要元素。随着各类 App 迅速、大量地涌现，UI 设计也在飞速发展。图标是 App 应用软件中最直观的部分，一个小小的图标可以包含很多信息，它在人机交互中传达最直观的信息，能带来良好的用户体验。设计精美的图标往往能提升用户的第一印象，对产品的美化具有重要的作用。

2.1 图标的概念

图标是具有明确指代含义的计算机图形，是一种代表某个对象的具有象征性的符号，是代表事物抽象化或简单化后的符号，是界面设计的重要内容。图标是图形符号，代表一个文件、程序、网页或命令。图标具有直观、易于被快速识别、便于记忆等特性。它有助于用户快速执行命令和打开程序文件，在人机交互设计中随处可见，传递的信息量大，应用极为广泛，让人一目了然。

2.2 图标、标志和标识的区别

图标、标志和标识都是具有一定含义的图形，在设计上有相似之处，但它们有本质上的区别。图标(icon)可以代表一个文档、一段程序、一个网页或者一条命令，还可以通过图标执行一段命令或打开某种类型的文档。.ico 是 Windows 操作系统里最常见的图标文件格式。在 UI 课程中，图标被定义为人机图形交互界面中具有功能性作用的图形图像符号设计，如图 2.2.1 所示。

标志(logo)是生活中人们用来表明某一事物特征的记号，通常是一个组织、一个团队或一个网站的标志，它以单纯、显著、易识别的物象、图形或文字符号为直观语言，除表示什么、代替什么之外，还具有表达意义、情感和指令行动等作用。标志是品牌识别的重要载体。常见的标志有汽车标志、校徽、银行标志、商标等。常见的汽车标志如图 2.2.2 所示。

图 2.2.1 图标示例

图 2.2.2 汽车标志

以同济大学校徽为例(见图 2.2.3),校徽上的 1907 表明建校年代;前进的龙舟象征历史沿革的进程,以"同济"两字为核心;标志的核心图案是三人划龙舟,代表三人成众,同舟共济,向着一流目标奋力拼搏;昭示着同心砥砺,同窗求索,为振兴中华而读书;济愚扶弱,济世兴邦,为富国强民而育人的精神。

中国人民银行标志以中国古代春秋战国时期流行的布币与汉字"人"字形象为造型元素,其基本形与中间的负形均为"人"字形,三个古币的组合也是"人"字近似形,如图 2.2.4 所示。众多的人就有了"人民"的意味。三个"人"字形的布币形成向心式的三角形,构成了一种扩张的动感和稳定发展的态势,整体上表达了中国人民银行以人为本的基本属性,并凸显出中国人民银行所具有的凝聚力、严谨性与权威性。

图 2.2.3 同济大学校徽

图 2.2.4 中国人民银行标志

标识是一种非语言传达的视觉图形及文字传达信息的象征符号,为公众提供区别、辨认事物的功能,起到示意、指示、识别、警告甚至命令的作用。常见的标识有高速公路禁止标识(见图 2.2.5)、公共场所标识(见图 2.2.6)。

图 2.2.5　高速公路标识

图 2.2.6　公共场所标识

2.3　图标的分类

图标从应用方面分为硬件界面中的图标设计和软件界面中的图标设计。

图标从造形上分为像素图标、2D 剪影图标、3D 立体图标、拟物化图标、扁平化图标，图标造型分类如图 2.3.1 所示。

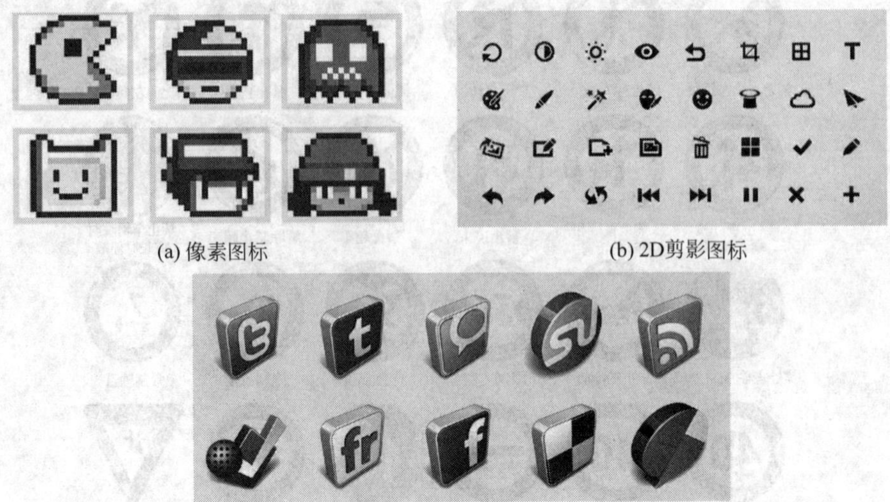

(a) 像素图标 (b) 2D剪影图标

(c) 3D立体图标

(d) 拟物化图标 (e) 扁平化图标

图 2.3.1 图标造型分类

2.4 图标的风格

图标风格众多,制作图标前,应先确定统一的风格,在制作过程中遵循选定的风格。图标的主要风格如下。

(1) 立体。立体的图标设计往往通过明暗对比和阴影的塑造图标的立体感,使图标更为真实,让界面设计更生动。

(2) 扁平化。扁平化设计去除不必要的明暗对比和立体效果,没有过多的装饰效果,在设计上强调符号化、抽象,以极简的形式传达信息。

(3) 手绘。手绘风格的图标有铅笔、蜡笔、水彩等表现形式,可以塑造各种风格的图标,变化多样,不管是清新自然、简洁干练还是复古抑或可爱,都能通过手绘的形式来表现。

(4) 复古。复古风格的图标表现了沉稳厚重、严肃、典雅、古典质朴的风格,运用各种复古元素,多用低明度颜色,来体现怀旧的风格。

(5) 魔幻。魔幻风格的图标更多体现在造型和色彩搭配上,通过不同的造型和色彩表现出不同的视觉效果，或严肃、或梦幻、或神秘阴暗、或狂野。

(6) 简约。简约起源于现代派的极简主义。简约的设计摒弃了繁复的设计，造形简洁，多为扁平化设计，简约风格能达到以少胜多、以简胜繁的效果。

(7) 卡通。卡通风格清新自然、生动可爱、风趣幽默，以简洁夸张的造型手法、鲜明艳丽的色彩造型深受男女老少的喜爱，是雅俗共赏的风格。

(8) 仿真。仿真风格图标造型精致、细节表现立体逼真，运用高仿真质感，高度模拟实物，运用了大量的高光、投影，使图标生动真实，辨识度高。

2.5　图标设计的原则

图标设计的原则就是要尽可能地发挥图形直观、简洁、高效的优势，设计的图形要直观、清晰，能起到画龙点睛的作用。图标设计的基本原则可以简单地归纳为以下几点。

1) 可识别性原则

图标的图形要准确表达相应的操作，要使用户看一眼就明白其代表的含义。

2) 差异性原则

图标设计要有差异性，图标与图标之间要有区分，让用户看到图标就能马上联想到相应的功能，减弱图标之间的相似性。

3) 协调性原则

图标要与图标所处的环境相协调。图标往往不是单独存在的，设计图标时要考虑界面的环境、主题、风格，根据不同的界面风格设计不同的图标。此外，图标和界面也要协调。

4) 统一性原则

一套好的图标，从整体设计风格、构图、创意到图标的大小、图标的形状、线条的粗细、图标的配色都应该统一协调。

5) 视觉效果

图标在保证差异性、可识别性、统一性、协调性原则的基础上，应满足基本功能需求，还应具有一定的视觉效果。

2.6　图标制作

2.6.1　像素图标制作

像素图标又称点阵图标，属于位图，它的最小单位是 1 像素(pixel)。像素图标要求线条简洁清晰、粗细一致，边缘精致，不能有多余的像素点。

本例采用 Photoshop 软件制作一个计算器图标，该图标边缘锐利、造型简洁、线条清晰，涉及的操作主要有前景色填充、背景色填充、描边、对齐、自由变换、旋转、合并图层等。像素图标使用的颜色比较少，可以使用渐变色。计算器图标的主要制作过程如图 2.6.1 所示。

(1) 像素图标要求精确到像素，因此要将 Photoshop 的标尺单位设置为像素，打开

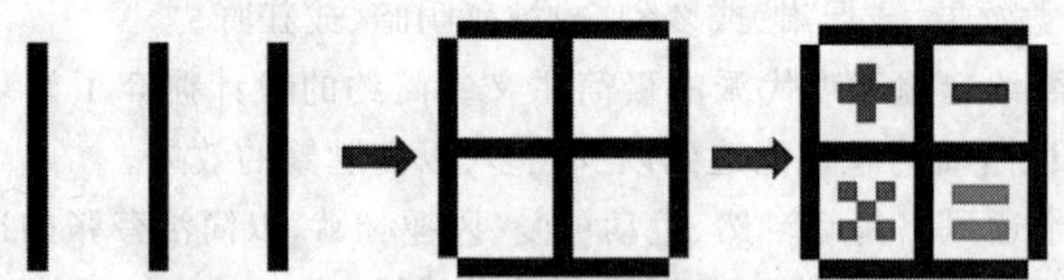

图 2.6.1 计算器图标制作过程

Adobe Photoshop，选择“编辑”|“首选项”命令，在“单位与标尺”中设置标尺单位为像素，然后单击“确定”按钮，如图 2.6.2 所示。

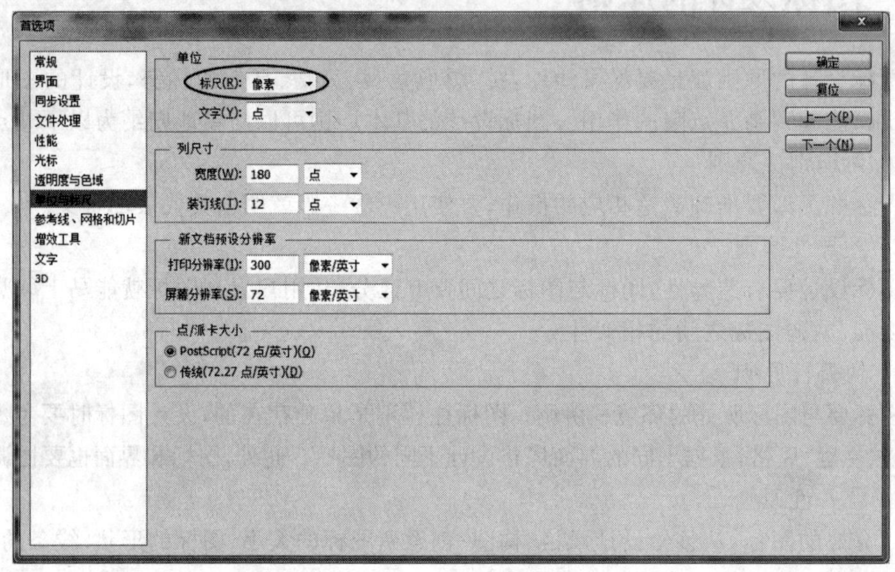

图 2.6.2 设置标尺单位

(2) 单击图层窗口中的“创建新图层”按钮新建“图层 1”，设置前景色为＃453818，绘制一个 6 像素×66 像素的矩形选区，选择“编辑”|“填充”命令，使用“前景色”填充，如图 2.6.3 所示。单击“确定”按钮，得到如图 2.6.4 所示的矩形。

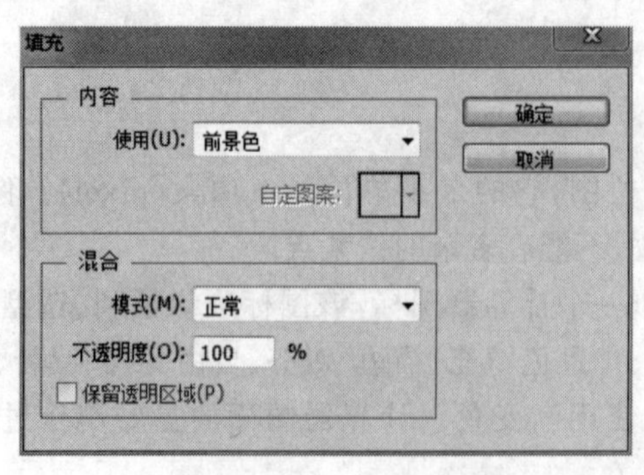

图 2.6.3 “填充”对话框

图 2.6.4 矩形

(3) 按 Ctrl＋J 组合键两次复制两个图层，选择“图层 1 拷贝”图层，按 Ctrl＋T 组合键，再单击“使用参考点相关定位”按钮△，在自由变换选项栏中设置 X 为 36 像素，如图 2.6.5 所示，将矩形往右移动 36 像素；用同样的方法，将另一个矩形移动 72 像素，得到如图 2.6.6 所示的图形。

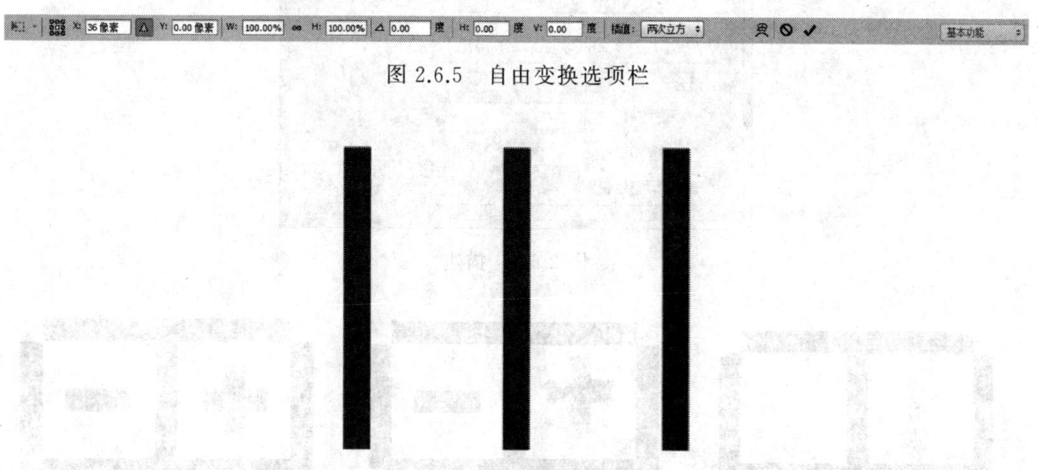

图 2.6.5　自由变换选项栏

图 2.6.6　三个等距的矩形

(4) 按住 Ctrl 键不放连续单击这三个图层，在弹出的快捷菜单中选择“合并图层”命令，将三个图层合并。按 Ctrl＋J 组合键复制图层，按 Ctrl＋T 组合键将角度设置为 90°，单击“确定”按钮。按 Ctrl＋E 组合键合并两个图层，得到如图 2.6.7 所示的外框。

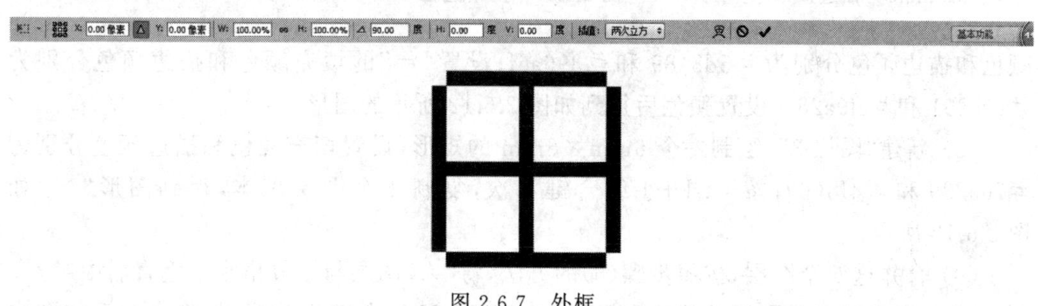

图 2.6.7　外框

(5) 选择“编辑”|“描边”命令，设置颜色为＃1c0c00，其他参数设置如图 2.6.8 所示，得到如图 2.6.9 所示的描边效果。

(6) 新建“图层 2”，选择矩形选框工具，新建一个 18mm×6mm 的矩形，为它填充颜色＃453818。复制 4 个图层副本，单击“图层 2　拷贝”图层，按 Ctrl＋T 组合键旋转 90°，选中这两个图层，按 Ctrl＋E 组合键合并这两个图层，将图层命名为“加”。选择矩形选框工具，绘制一个矩形，和内部方格形状位置一致，如图 2.6.10 所示。选择移动工具，分别单击垂直居中对齐和水平居中对齐按钮，使“＋”与方格水平垂直居中对齐。其他三个图形按照同样方法与小方格对齐，如图 2.6.11 所示。

(7) 设置“＋”的填充颜色和描边颜色分别为＃d55e34 和＃d93c13；设置“－”的填充

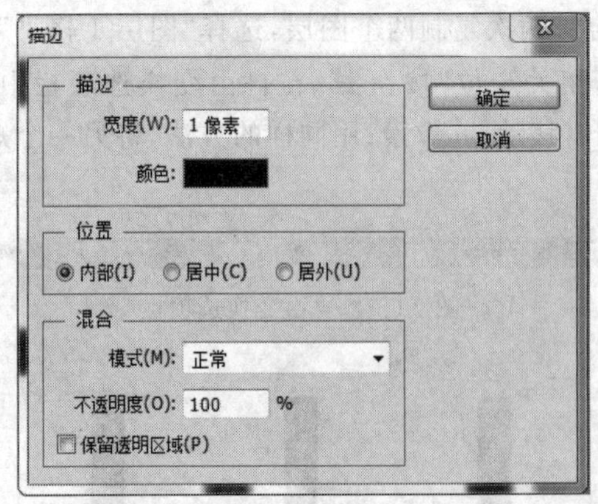

图 2.6.8　描边

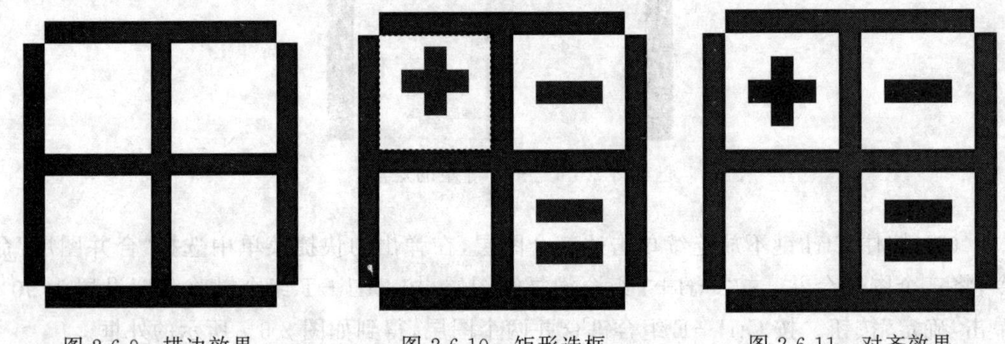

图 2.6.9　描边效果　　图 2.6.10　矩形选框　　图 2.6.11　对齐效果

颜色和描边颜色分别为＃5d8489 和＃396a6f；设置“＝”的填充颜色和描边颜色分别为＃e0a851 和＃cf9a28。设置颜色后得到如图 2.6.12 所示的图形。

(8) 新建“图层 3”，绘制一个 6mm×6mm 的矩形，设置填充颜色和描边颜色分别为＃76a289 和＃4f8b69；按 Ctrl＋J 组合键 4 次，复制 4 个图层副本，得到图形“×”如图 2.6.13 所示。

(9) 合并这 5 个图层，按照步骤(6)的方法，将“×”图层与小方格水平垂直居中对齐。

(10) 选择除背景图层外的所有图层，按 Ctrl＋E 组合键合并图层，将合并后的图层水平垂直居中对齐。最后得到计算器图标，如图 2.6.14 所示。

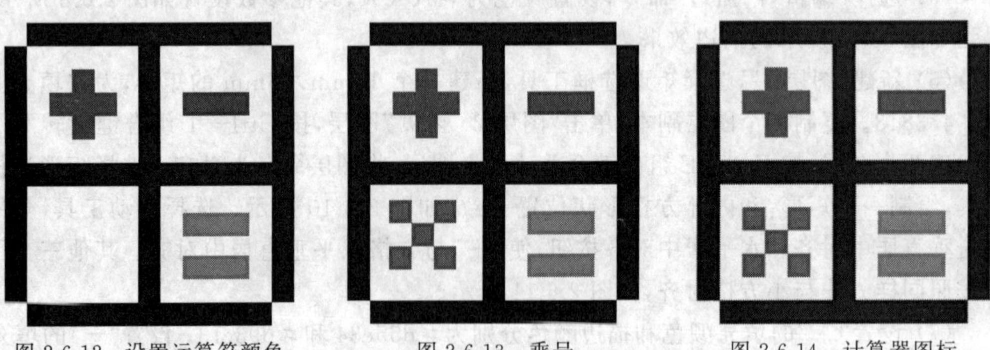

图 2.6.12　设置运算符颜色　　图 2.6.13　乘号　　图 2.6.14　计算器图标

知识点

“自由变换”命令用于将选中的对象进行旋转、缩放、斜切、扭曲和透视，也可以用于变形变换。

选中对象，选择“编辑”|“自由变换”命令，或按 Ctrl＋T 组合键可以执行自由变换命令，图像周围会出现 8 个控点，四角上为角点，四边中间的为边点，通过对这 8 个控点的拖放对图像进行缩放、旋转、倾斜、透视等效果。

拖动角点，可以缩放对象。如果拖动角点的同时按住 Shift 键，则可以按比例缩放对象。

自由变换选项栏如图 2.6.15 所示。

图 2.6.15　自由变换选项栏

其中，主要选项与工具按钮如下。

(1) 参考点位置：选择“编辑”|“自由变换”命令，图形中心出现一个参考点，如图 2.6.16 所示。参考点后的 X、Y 值分别为参考点水平位置和垂直位置。

图 2.6.16　自由变换参考点

(2) “使用参考点相关定位”按钮：单击该按钮，X 和 Y 值将归零，在 X 或 Y 文本框中输入数值，可以为当前对象相对于当前位置指定新位置，X 值大于 0 向右移动，Y 值大于 0 向下移动。

(3) “设置水平缩放”按钮：取值范围为 0～100 的百分比数值，修改该值可以实现水平方向按百分比缩放。

(4) “保持长宽比”按钮：单击此按钮，可以按照设定的长宽比例缩放对象。

(5) “设置垂直缩放”按钮：取值范围为 0～100 的数值，修改该值可以实现垂直方向按百分比缩放。

(6) “设置旋转角度”按钮：用于设定对象旋转的角度。

(7) “设置水平斜切”按钮：在按钮后的文本框中输入角度值，可以改变选区在水平方向上的斜切变形程度。

(8) “设置垂直斜切”按钮：在文本框中输入角度值，可以改变选区在水平方向上的斜切变形程度。

(9) “取消变换”按钮：单击该按钮或按 Esc 键，可以取消对选区的变形操作。

(10) “应用变换”按钮：单击该按钮或按 Enter 键，可以确认对选区的变形操作。

注： 按住 Ctrl 键不放拖动角点，可以移动单个角点；拖动边点，可以移动整条边线。按住 Shift 键不放拖动角点，可以等比例放大或缩小；拖动边点，可以移动整条边线；旋转

图形，图形以 15°的倍数旋转。

2.6.2 剪影图标制作

剪影图标抽象简洁、一目了然、高度提炼，常用单色或双色表现，经常大量运用在系统功能菜单中。剪影图标追求整套图标风格的统一，要求在圆角、线型、体积感、外形轮廓、倾斜角度、透视角度等方面保持一致性；同时还要注意识别性，设计阴阳两套图标以便在不同背景上呈现。

本例采用 Adobe Illustrator 软件来制作一个剪影图标——百度云图标。百度云图标造型简洁，在制作过程中充分运用黄金分割比例。该图标用色简单，为红、蓝两色，在图标制作过程中使用了参考线、同心圆、旋转、实时上色等工具。图标的主要制作过程如图 2.6.17 所示。

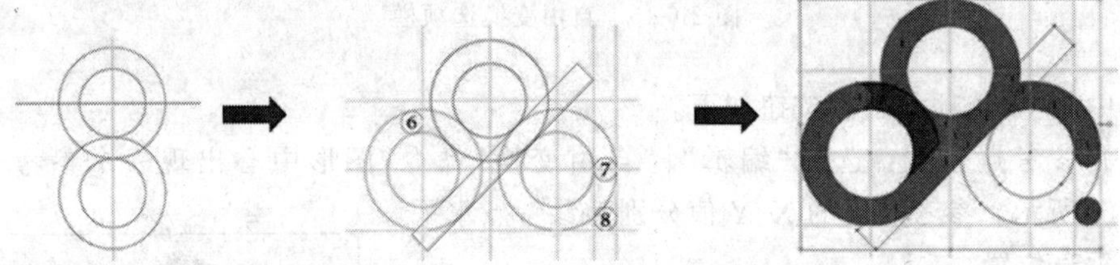

图 2.6.17 百度云图标制作过程

(1) 打开 Illustrator CC，新建一个 300mm×300mm 的画板。长按矩形工具，选择椭圆工具。单击画板，弹出“椭圆”对话框，单击“约束宽度和高度比例”按钮使宽度和高度保持 1∶1，设置宽度值为 100mm，则高度自动调整到 100mm，单击“确定”按钮。设置填充为“无”，描边为 0.1mm，设置描边内侧对齐，单击选择工具 ，单击选择工具选项栏中的“水平居中对齐” 按钮，将路径水平居中对齐，如图 2.6.18 所示。

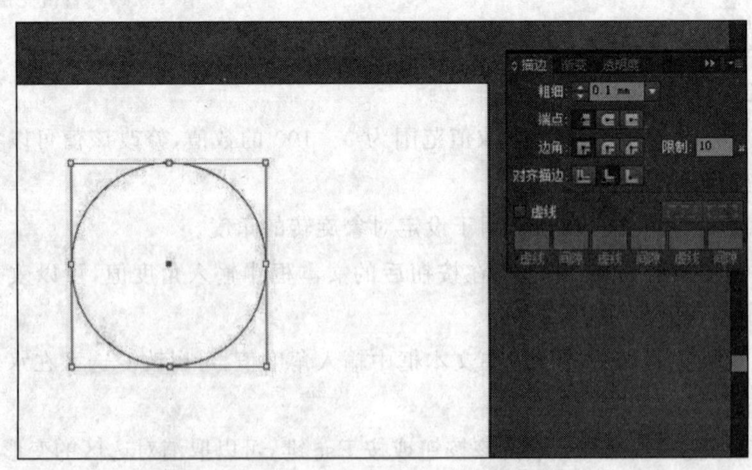

图 2.6.18 将路径水平居中对齐

(2) 双击比例缩放工具，弹出“比例缩放”对话框，如图 2.6.19 所示。设置“等比”为

61.8%，单击“复制”按钮，得到两个同心圆，如图 2.6.20 所示。选中这两个圆，按 Ctrl+G 组合键将两个圆编组。

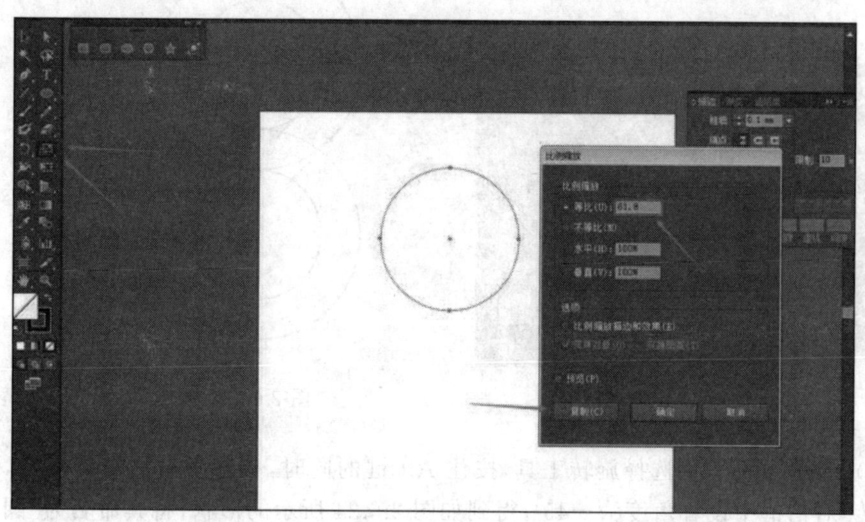

图 2.6.19　“比例缩放”对话框

（3）将编组的图层命名为“圆 1”，使用选择工具选中两个同心圆。按住 Alt 键拖动“圆 1”的同时按住 Shift 键，复制得到一组同心圆，将其命名为“圆 2”，并将“圆 2”的外路径和“圆 1”的内路径对齐。使用选择工具选中“圆 1”和“圆 2”，按 Ctrl+G 组合键将“圆 1”和“圆 2”编组，将其命名为“圆 3”。按 Ctrl+R 组合键显示标尺，将光标放置在水平标尺位置，向下拖动一条参考线到“圆 1”的中心位置。用同样方法将光标放置在垂直标尺位置，向右拖动一条参考线到“圆 1”的中心位置，如图 2.6.21 所示。

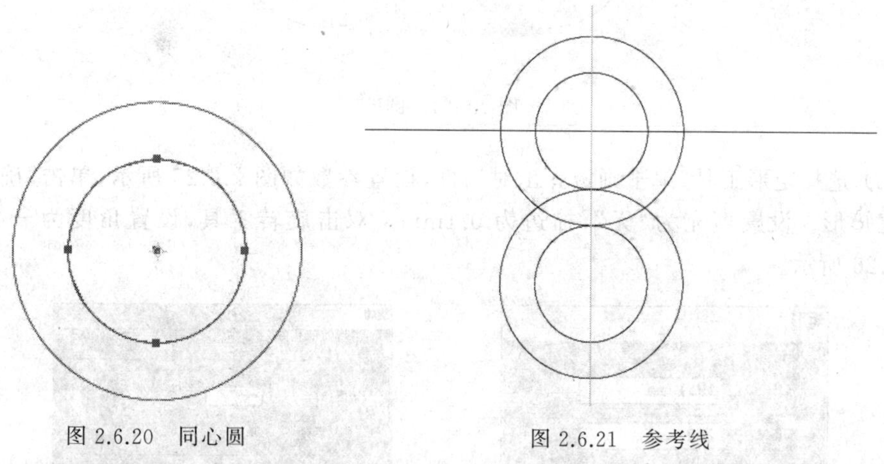

图 2.6.20　同心圆　　　　图 2.6.21　参考线

（4）按 Alt+Ctrl+；组合键锁定参考线，单击选择工具，选中“圆 3”。选择旋转工具，按 Alt 键的同时在参考线交点处双击，弹出“旋转”对话框，如图 2.6.22 所示。设置角度为 45°，单击“复制”按钮，旋转复制“圆 3”，命名为“圆 4”，如图 2.6.23 所示。

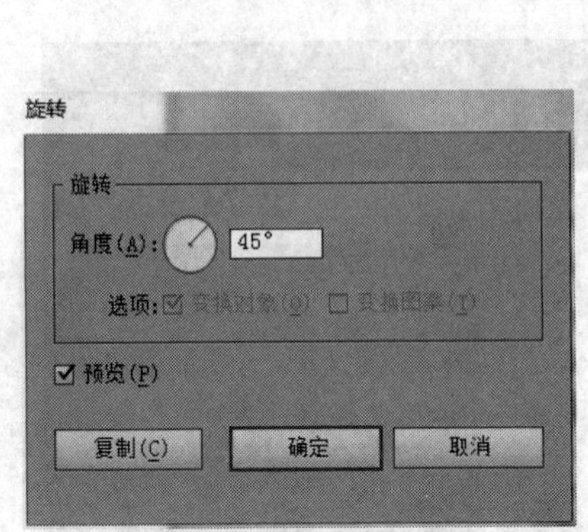

图 2.6.22 “旋转”对话框

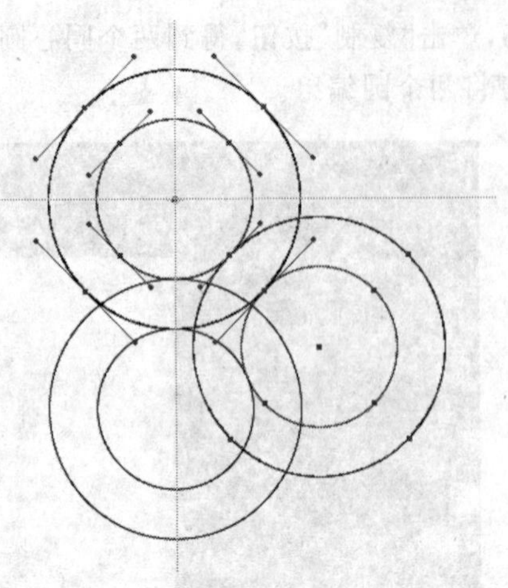

图 2.6.23 旋转复制

(5) 选择“圆 3”,再选择旋转工具,按住 Alt 键的同时,在参考线交点处双击,在弹出的“旋转”对话框中设置角度为−45°,得到如图 2.6.24 所示的形状,将其命名为“圆 5”。

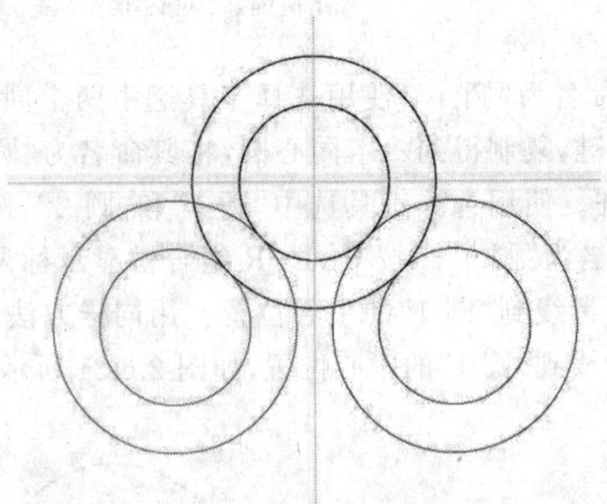

图 2.6.24 圆 5

(6) 选择矩形工具,单击画板弹出对话框,设置参数如图 2.6.25 所示,单击“确定”按钮创建矩形。设置填充为“无”,描边为 0.1mm。双击旋转工具,设置角度为−45°,如图 2.6.26 所示。

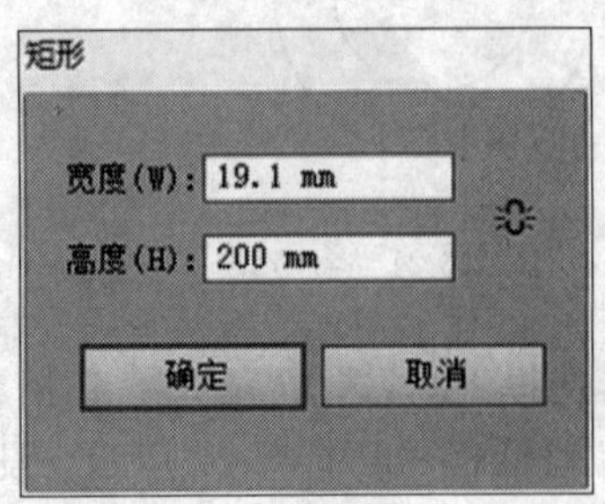

图 2.6.25 设置宽度和高度

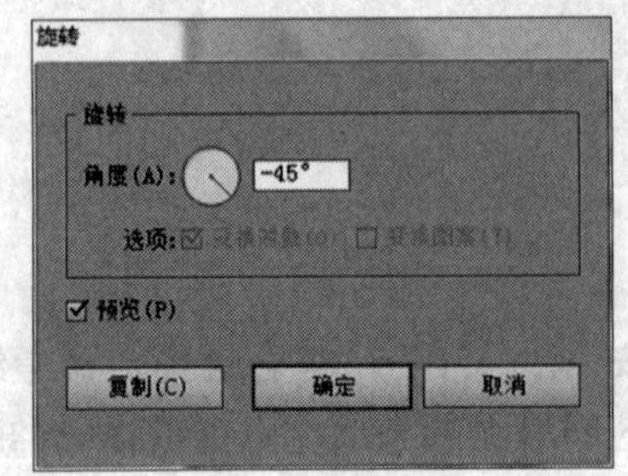

图 2.6.26 设置旋转角度

(7) 将矩形放置在如图 2.6.27 所示的位置。注意,将矩形和圆环位置对齐。

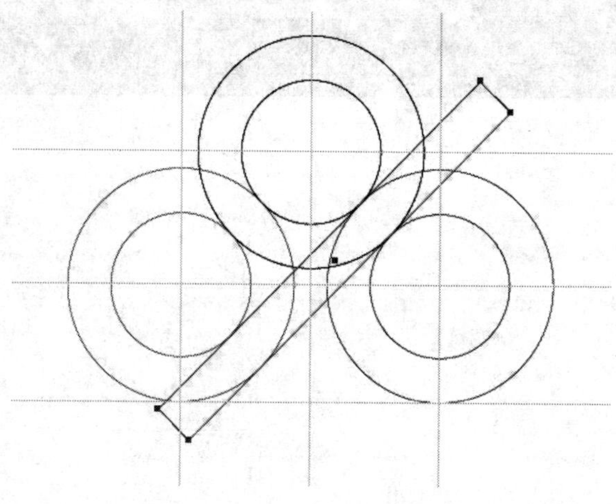

图 2.6.27　矩形的位置

(8) 选择椭圆工具,绘制 3 个 19.1mm×19.1mm 的圆,将圆分别命名为"圆 6""圆 7""圆 8",并放置在如图 2.6.28 所示的位置,可以设置参考线来辅助对齐。

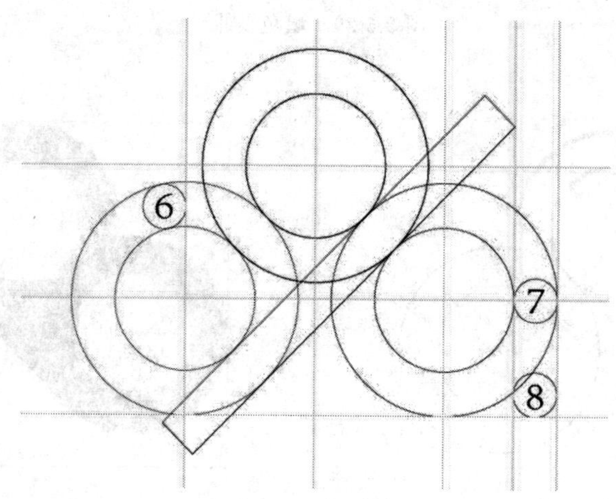

图 2.6.28　圆的位置

(9) 接下来给图标填充颜色,要确保参考线处于锁定状态,避免填色时带来不必要的麻烦。用选择工具全选所有的形状,选择工具栏的实时上色工具,如图 2.6.29 所示,在标注 1 的地方单击填充蓝色,标注 2 的地方单击填充红色。

(10) 双击"填色"工具■,设置颜色,将光标放置在需要的位置,如图 2.6.30 所示,单击填充颜色。

(11) 颜色填充好之后就得到了最后的图形,如图 2.6.31 所示。按 Ctrl+;组合键去掉参考线,全选对象,设置描边☑为"无",将描边去掉,得到最终效果如图 2.6.32 所示。

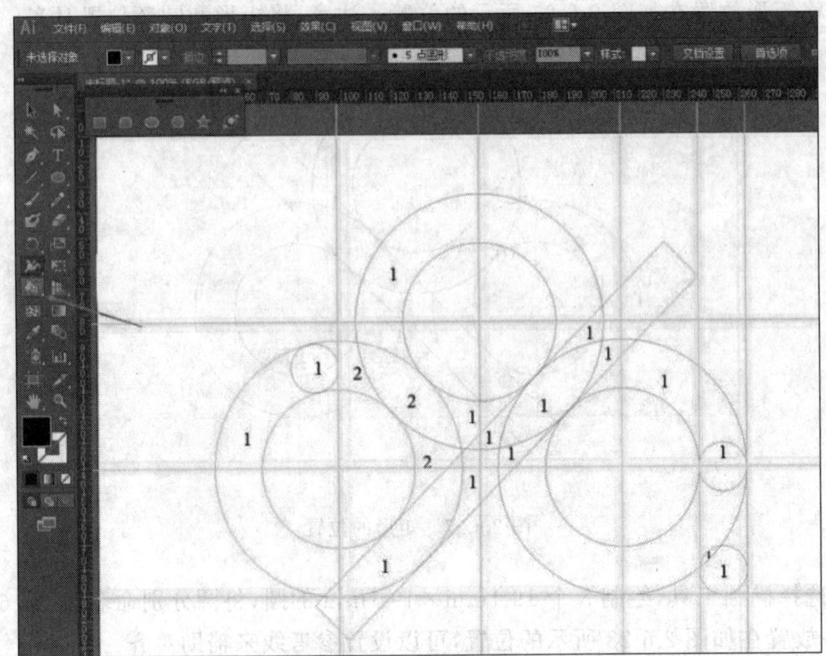

图 2.6.29 填色要求

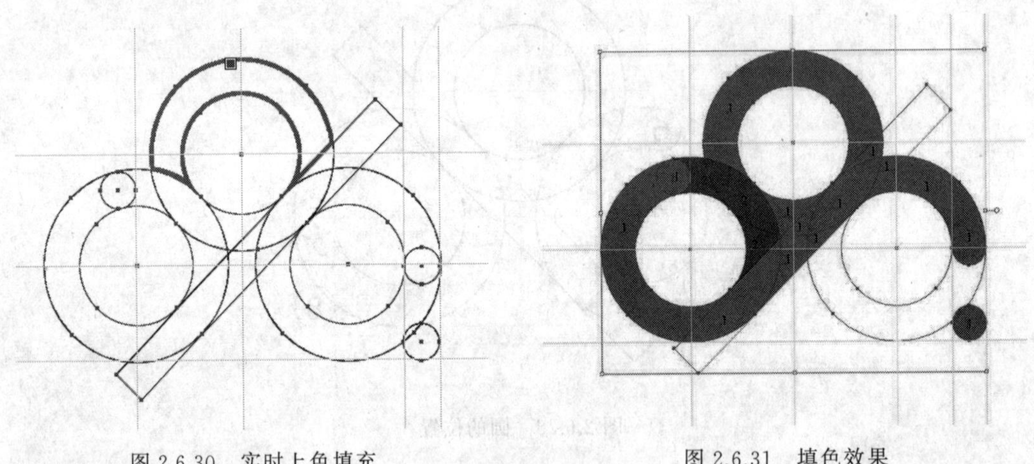

图 2.6.30 实时上色填充

图 2.6.31 填色效果

图 2.6.32 最终图标

知识点

1. 实时上色

实时上色是指使用不同的颜色、图案或渐变填充每个封闭的路径，就像对画布或纸上的绘画进行着色一样；也可以使用不同颜色为每个路径段描边。使用实时上色工具，可以将 Illustrator 绘制的所有路径视为在同一平面上，不论该区域的边界是由单条路径还是多条路径段确定，都可以对其中的任何区域进行着色。

创建一个图形，如图 2.6.33 所示。按 Ctrl+A 组合键或者使用选择工具选择全部对象，选择“对象”|“实时上色”|“建立”命令，或者按 Alt+Ctrl+X 组合键，或者单击工具栏中的形状生成器工具，长按该工具选择实时上色，创建实时上色组，如图 2.6.34 所示。

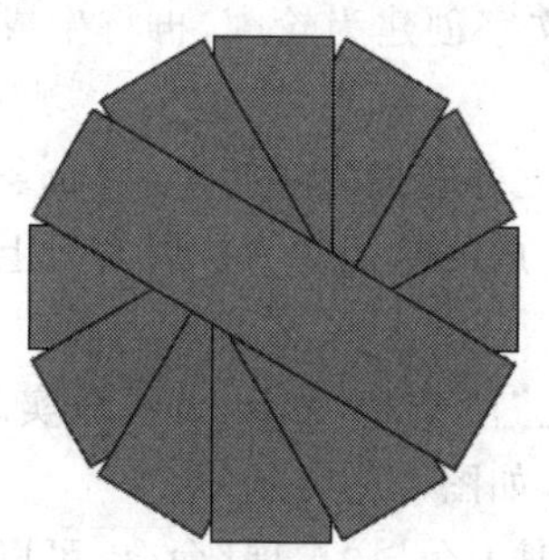

图 2.6.33　原始图形

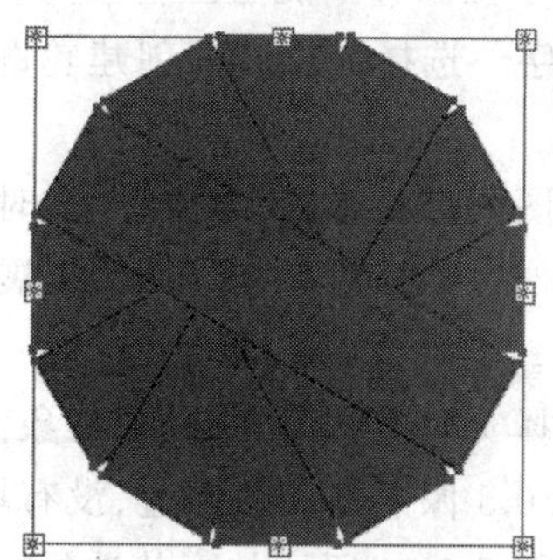

图 2.6.34　创建实时上色组

选择实时上色工具，选择“窗口”|“色板”命令，在“色板”面板中选择如图 2.6.35 所示的色板。将光标放在实时上色组上，工具上会显示一组颜色方块，中间颜色表示当前选择的填充或者描边颜色，左右两边为邻近色，如图 2.6.36 所示，可以按←和→方向键切换到邻近色。图形的边缘会显示为红色，单击为选定的图形填充颜色，如图 2.6.37 所示。

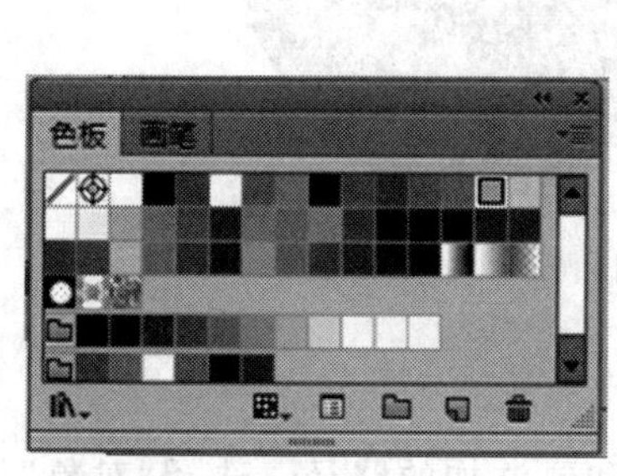

图 2.6.35　“色板”面板

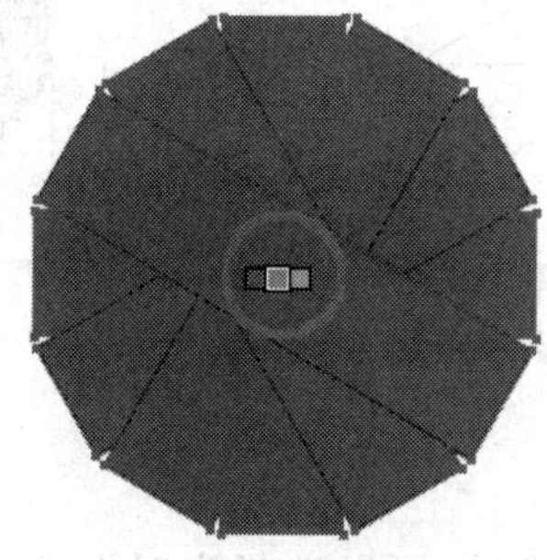

图 2.6.36　一组颜色方块

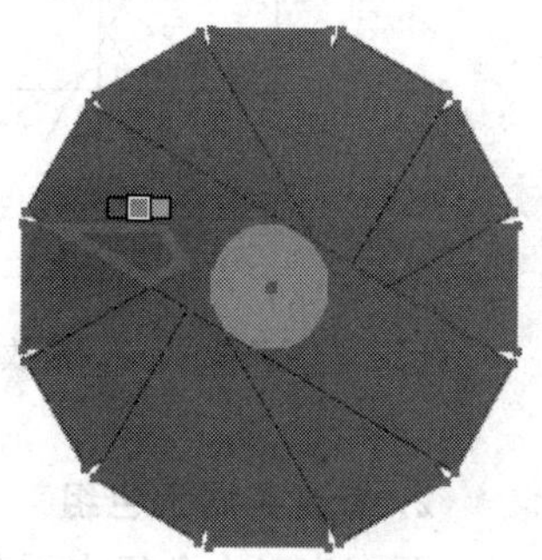

图 2.6.37　填充颜色

选择所有大三角形，填充为相同的颜色。如图 2.6.38 所示。

选择实时上色选择工具，按住 Shift 键单击选择要描边的线条，单击“色板”中的颜色可以对线条更改描边颜色，若选择“无”，则删除描边。在画面的空白处单击，选择取消。对图 2.6.38 设置大三角形描边和删除其余描边后得到如图 2.6.39 所示图形。

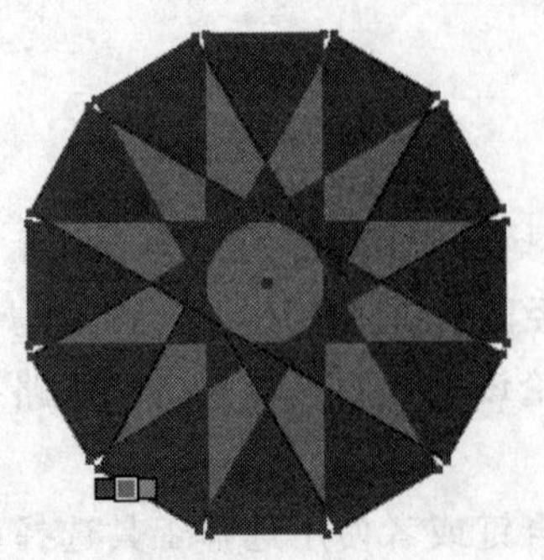

图 2.6.38 为所有大三角形填充颜色

图 2.6.39 设置大三角形描边并删除其余描边

对于文字位图等不能直接转换为实时上色组的对象，可以通过如下方法操作。

(1) 文字。选择“文字”|“创建轮廓”命令，将文字创建为轮廓，再将生成的路径变为实时上色组。

(2) 位图图像。选择“对象”|“实时上色”|“建立并转换为实时上色”命令。

(3) 其他对象。选择“对象”|“扩展”命令，将生成的路径变为扩展实时上色组和释放实时上色组。

(4) 选择实时上色组。选择“对象”|“实时上色”|“释放”命令，可释放实时上色组，图形变为带有 0.5 像素宽黑色描边、没有填充的路径，如图 2.6.40 所示。

(5) 对图 2.6.39 所示的形状选择“对象”|“ 实时上色”|“扩展”命令，可以将实时上色组扩展为由单独的填充和描边路径组成的对象，该对象与实时上色组的视觉效果相似，可以使用编组选择工具来分别选择和修改其中的路径，如图 2.6.41 所示。

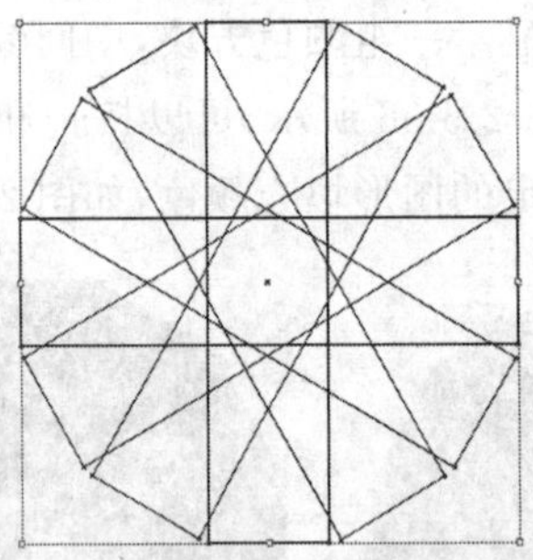

图 2.6.40 释放实时上色组

图 2.6.41 扩展对象

2. 修改实时上色组

要在实时上色组中添加路径，可以选择实时上色组和要添加的路径。选择“对象”|“实时上色”|“合并”命令，或者单击控制面板中的“合并实时上色”按钮。

还可以用直接选择工具选择并修改实时上色组中的路径，实时上色的区域也会发生变化。

3. 封闭实时上色组中的间隙

实时上色组路径之间会有小空间，这些间隙有可能导致颜色填充到了不应上色的对

象上。选择“视图”|“显示实时上色间隙”命令，可根据当前所选的实时上色组中设置的间隙选项，突出显示该组中的间隙。

选择实时上色组，选择“对象”|“实时上色”|“间隙选项”命令，弹出“间隙选项”对话框，如图 2.6.42 所示。在对话框中设置选项可以封闭间隙。

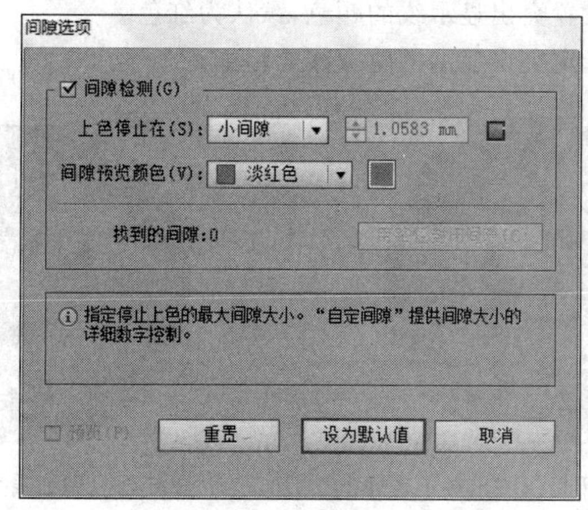

图 2.6.42　设置间隙选项

(1) 间隙检测：选择该选项，Illustrator 识别实时上色路径间隙，防止颜色设置到间隙以外的图形。

(2) 上色停止在：设置颜色不能渗入的间隙大小。

(3) 自定义：自定义一个“上色停止在”间隙大小。

(4) 间隙预览颜色：设置预览间隙时，间隙显示的颜色。

(5) 用路径封闭间隙：选择该选项时，将在实时上色组中插入未上色的路径以封闭间隙。由于这些路径没有上色，即使已封闭了间隙，也可能会存在间隙。

(6) 预览：选择该选项后，可以将当前检测到的间隙显示为彩色线条，所用颜色根据选择的预览颜色来定。

4. 实时上色工具选项

双击实时上色工具，弹出“实时上色工具选项”对话框，如图 2.6.43 所示。

选中复选框可以指定实时上色工具的工作方式。

(1) 填充上色：勾选该选项，可对实时上色组的各表面上色。

(2) 描边上色：勾选该选项，可对实时上色组的各边缘上色。

(3) 光标色板预览：勾选该选项，从“色板”面板中选择颜色时，实时上色工具的光标会显示为

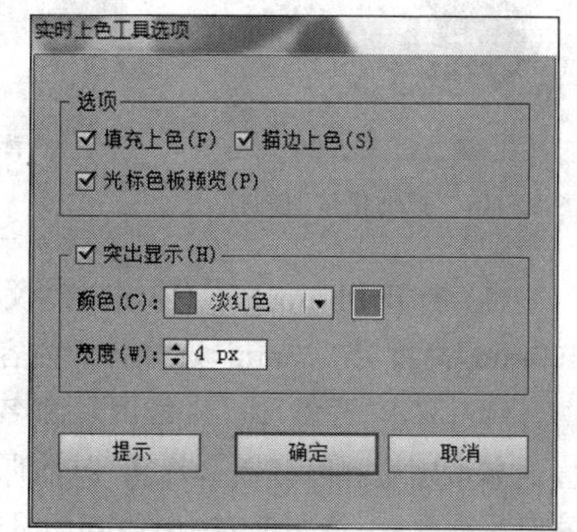

图 2.6.43　“实时上色工具选项”对话框

三种颜色的色板：当前选择的填充或描边颜色，以及“色板”面板中临近的两种颜色。按←、→键可以切换到相邻的颜色。

(4) 突出显示：勾选该选项，光标移到实时上色组表面或边缘的轮廓上时，会用粗线突出显示表面，如图 2.6.44 所示；用细线突出显示边缘，如图 2.6.45 所示。

(5) 颜色：用来设置突出显示线的颜色，默认为红色。

(6) 宽度：用来指定突出显示的轮廓线的粗细。

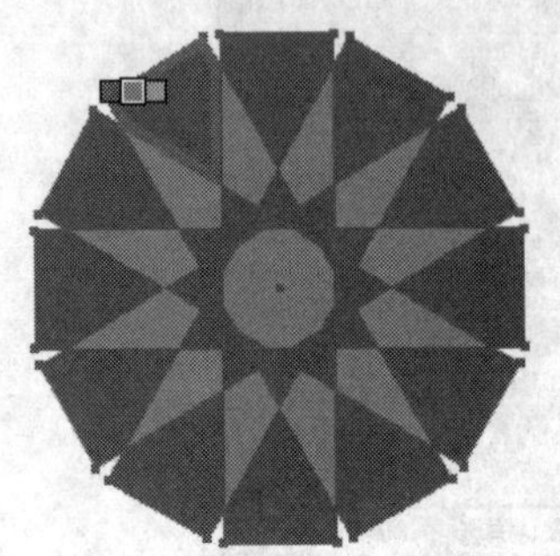

图 2.6.44 用粗线突出显示表面

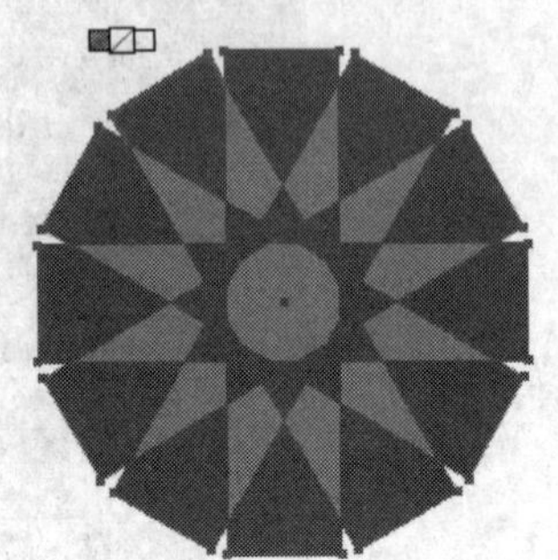

图 2.6.45 用细线突出显示边缘

2.6.3 拟物化图标制作

拟物化图标注重图标的真实感，拟物化图标往往显得特别真实，高度还原物体的真实性，追求图标的真实性需要在光源、透视、阴影、细节纹理、颜色、饱和度、尺寸要求、图标流程、用户界面等方面统一风格。

本例采用 Photoshop 软件制作一个拟物化图标——按钮图标(见图 2.6.46)。该图标造型逼真，采用了大量的“图层样式”表现按钮的透视、阴影、纹理细节等真实质感。本例将按钮图标的制作分成背景、按钮、小灯三部分，如图 2.6.47 所示。

图 2.6.46 拟物化按钮图标

背景

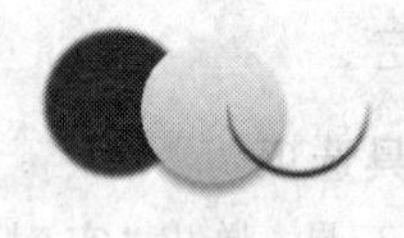

按钮

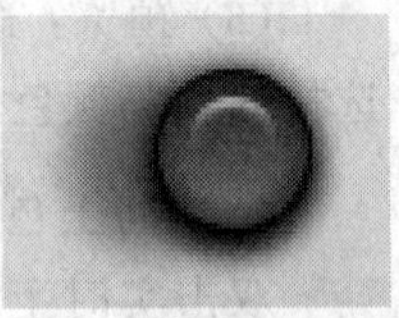

小灯

图 2.6.47 三个组成部分

(1) 打开 Photoshop CC，选择“文件”|“新建”命令，在弹出的对话框中设置宽度为 400mm，高度为 300mm，选择背景内容为白色，单击“确定”按钮新建文件。

(2) 双击“背景”图层，将图层命名为“背景”，单击“确定”按钮将图层转换为普通图层。双击图层，弹出“图层样式”对话框，勾选“渐变叠加”复选框，设置渐变叠加为从黑色到白色渐变，不透明度为 10%，如图 2.6.48 所示。单击图层窗口中的“锁定”按钮，将图层锁定。

(3) 选择圆角矩形工具，设置宽度为 290mm，高度为 160mm，四个圆角为 79.5°，单击

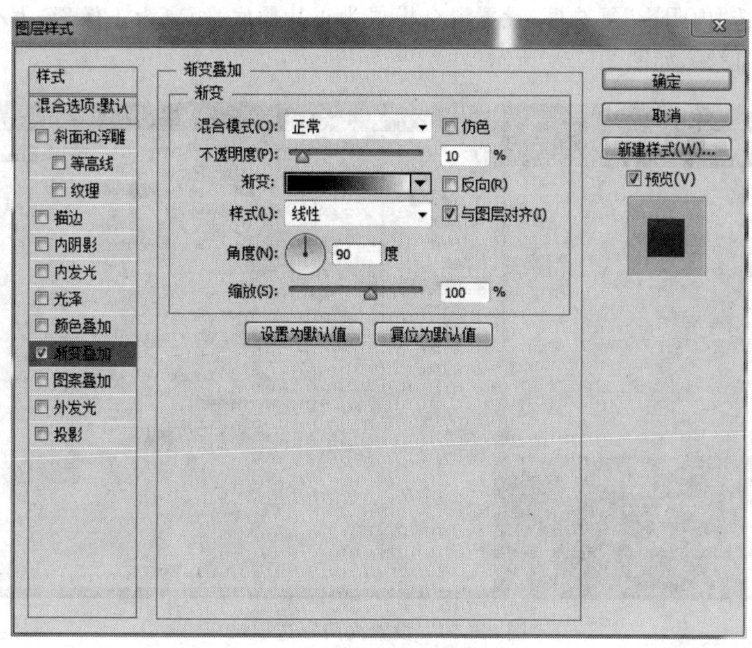

图 2.6.48　设置图层样式

“确定”按钮。双击缩略图，弹出拾色器窗口，设置颜色为＃ffffff，将形状颜色设置为白色。双击“圆角矩形 1”图层的文字，将矩形命名为“外部”。

(4) 双击圆角矩形图层，弹出“图层样式”对话框，勾选“投影”复选框，设置混合模式为滤色，颜色为白色，不透明度为 100%，角度为 90°，距离为 1 像素，大小为 1 像素，如图 2.6.49 所示。

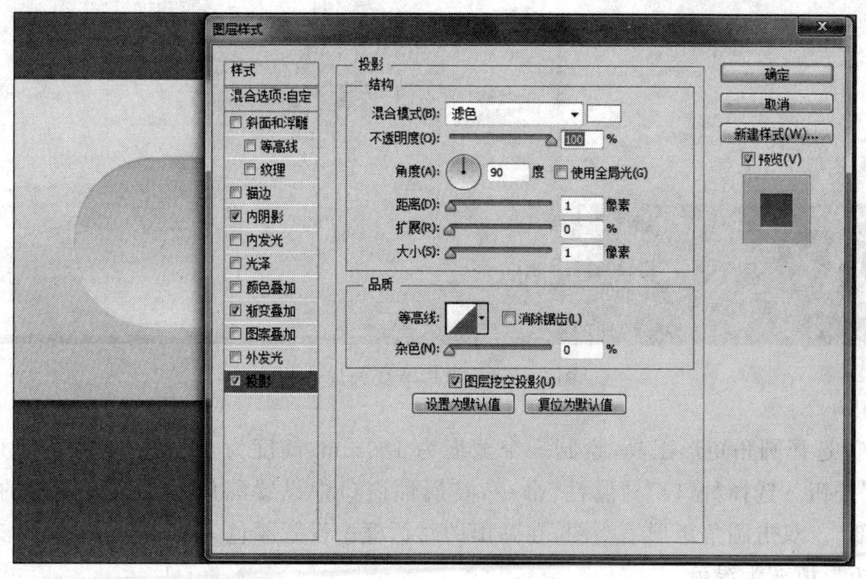

图 2-6-49　为圆角矩形图层设置图层样式

(5) 勾选“内阴影”复选框，设置混合模式为正片叠底，距离为 1 像素，大小为 3 像素，不透明度为 13%，如图 2.6.50 所示。

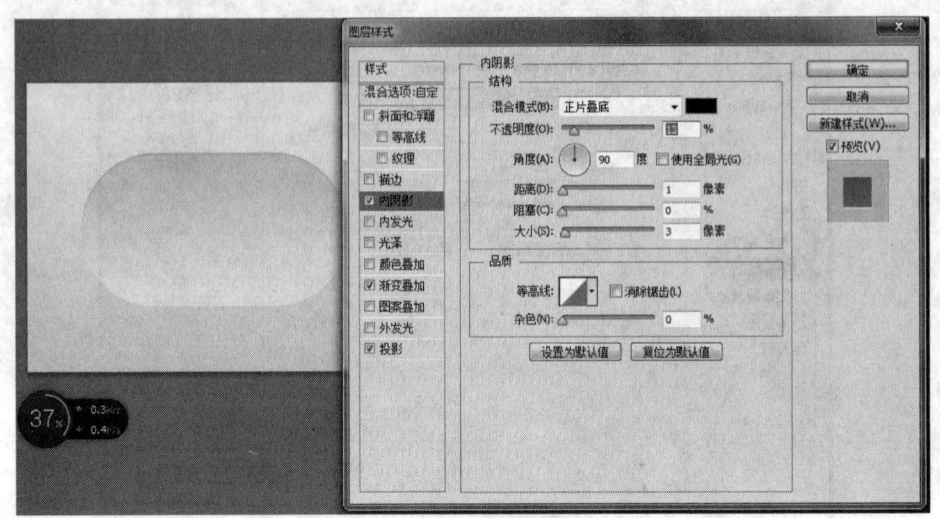

图 2.6.50　设置内阴影选项(1)

(6) 勾选“渐变叠加”复选框，设置不透明度为 13%，默认颜色为黑色到白色渐变，勾选“反向”复选框，设置从白色到黑色渐变。如图 2.6.51 所示。

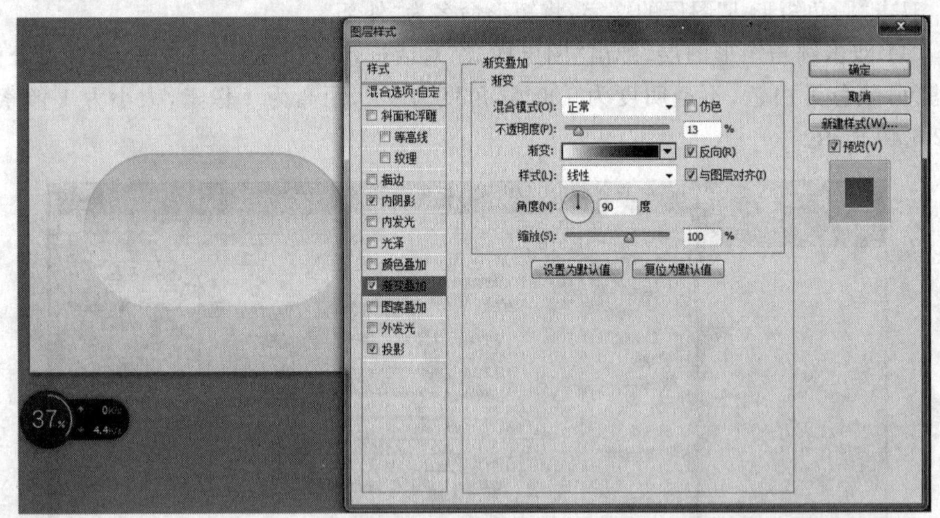

图 2.6.51　设置渐变叠加选项

(7) 选择圆角矩形工具，绘制一个宽度为 180mm、高度为 104mm 的圆角矩形，单击“确定”按钮。选择“窗口”|“属性”命令，在属性窗口中设置圆角为 50°，将图层的名字改为“内部”。双击圆角矩形缩略图，在弹出的对话框中设置颜色为＃88de6e，单击“确定”按钮，将矩形填充为绿色。

(8) 双击图层样式，勾选“投影”复选框，设置混合模式为滤色，颜色为白色，大小为

1 像素，距离为 2 像素，角度为 90°，不透明度为 100%，如图 2.6.52 所示。

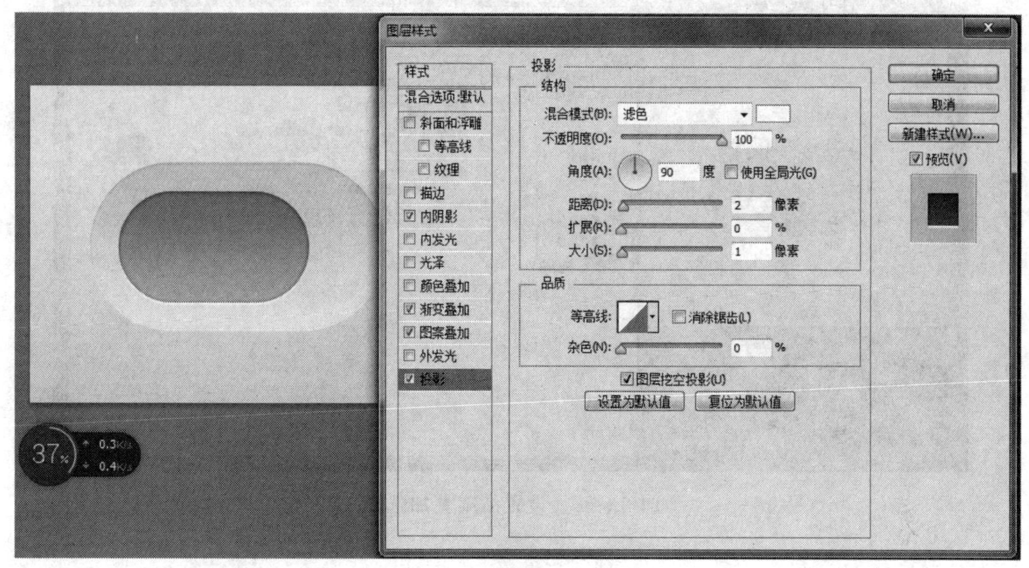

图 2.6.52　设置投影选项(1)

(9) 新建一个 4 像素×4 像素大小、背景为透明的文件，按"Ctrl+空格"组合键的同时单击，放大图像显示区域。选择铅笔工具，设置"大小"为 1 像素，硬度为 100%，如图 2.6.53 所示。

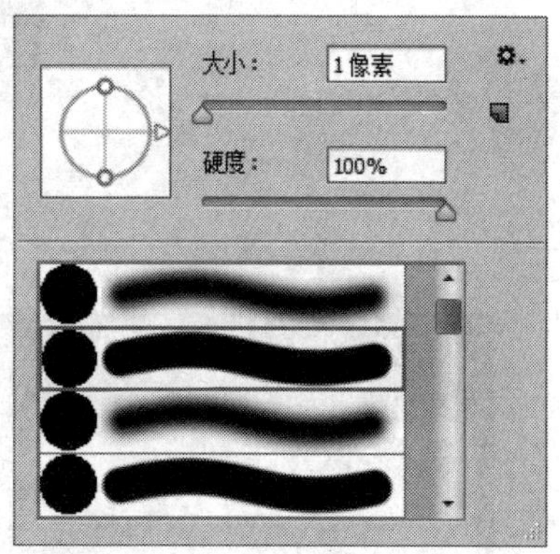

图 2.6.53　设置铅笔工具选项

(10) 在画布斜线位置上单击四次，绘制一条斜纹。选择"编辑"|"定义图案"命令，在弹出的对话框中命名为"斜线"，如图 2.6.54 所示，然后单击"确定"按钮。

(11) 双击"圆角矩形 2"，弹出"图层样式"对话框，如图 2.6.55 所示。在"图案叠加"中选择刚才定义的图案，设置不透明度为 22%，缩放值为 50%，得到暗纹效果，如图 2.6.56 所示。

图 2.6.54　设置图案名称

(12) 勾选"渐变叠加"复选框，单击渐变处的颜色条，勾选"反向"复选框，设置白黑渐变，角度为 90°，不透明度为 23%，如图 2.6.57 所示。

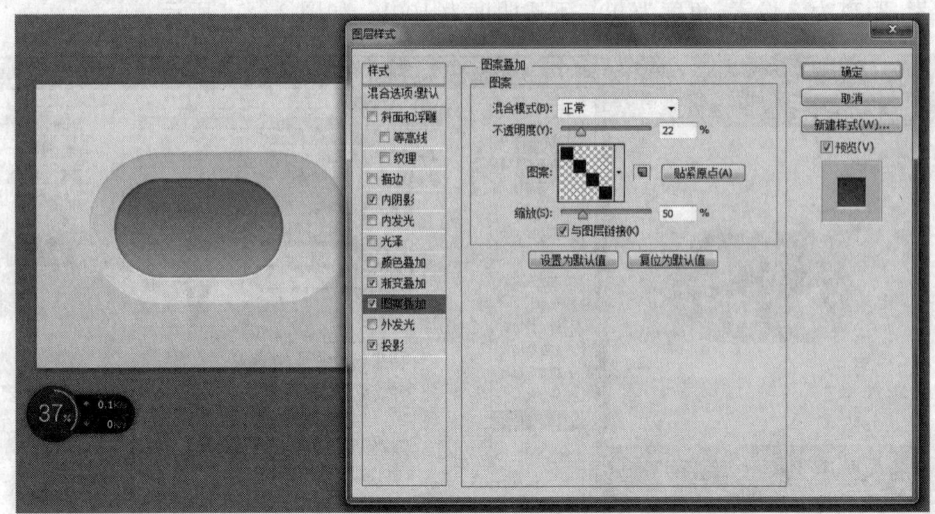

图 2.6.55　设置图案叠加选项

图 2.6.56　图案叠加效果

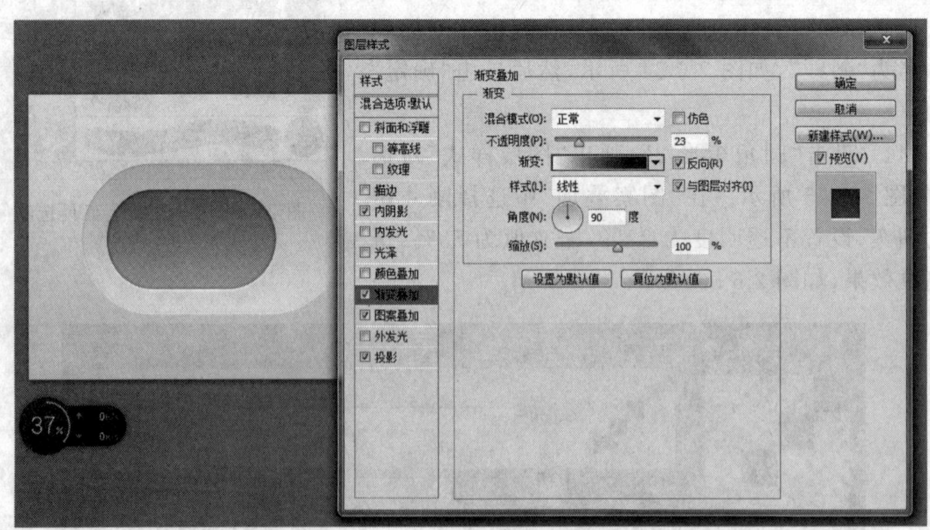

图 2.6.57　设置渐变叠加选项

(13) 设置内阴影选项，设置距离为 1 像素，大小为 5 像素，不透明度为 59%，如图 2.6.58 所示，然后单击“确定”按钮。

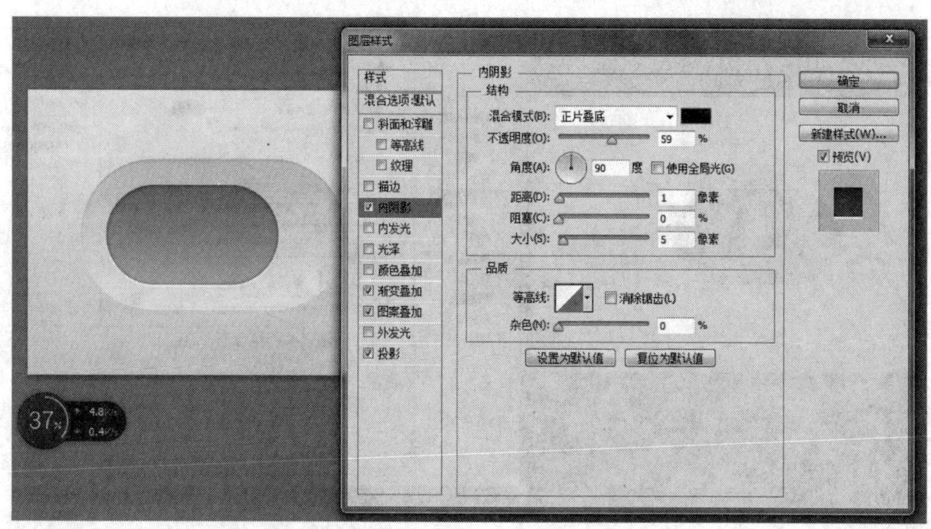

图 2.6.58　设置内阴影选项(2)

(14) 选择圆角矩形工具,绘制一个宽度为 80mm、高度为 40mm、圆角为 19.5°的圆角矩形。将图层命名为“右侧”,双击图层缩略图,在弹出的“拾色器”对话框中将矩形颜色设置为白色。

(15) 双击圆角矩形,设置图层样式。设置投影参数,距离为 1 像素,大小为 0 像素,混合模式为滤色,颜色为＃ffffff,白色。如图 2.6.59 所示。

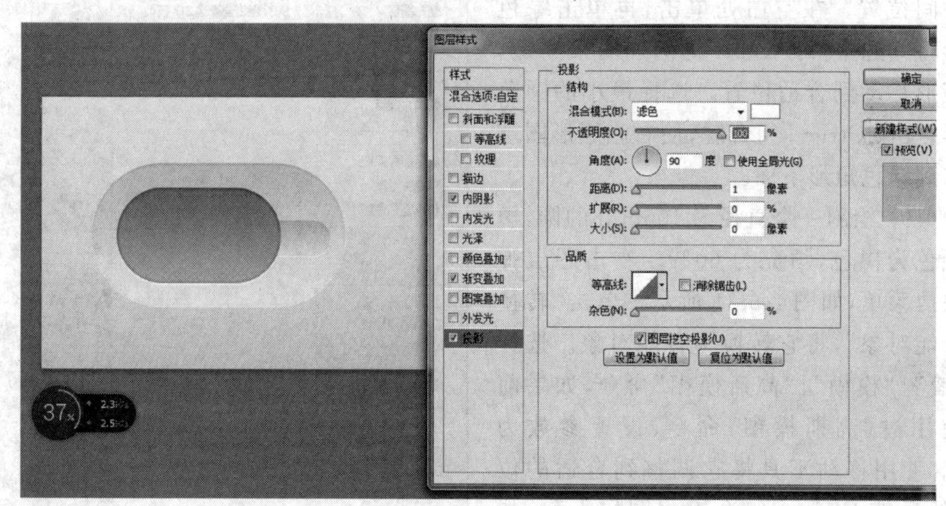

图 2.6.59　设置圆角矩形的图层样式

(16) 勾选“内阴影”复选框,设置混合模式为正片叠底,距离为 1 像素,大小为 0 像素,不透明度为 6%,如图 2.6.60 所示。

(17) 单击“渐变叠加”,单击颜色条,双击左下角色标,在弹出的“拾色器”对话框中设置颜色为＃ebebeb,单击“确定”按钮;双击右下角色标,设置颜色为＃b7b7b7,单击“确

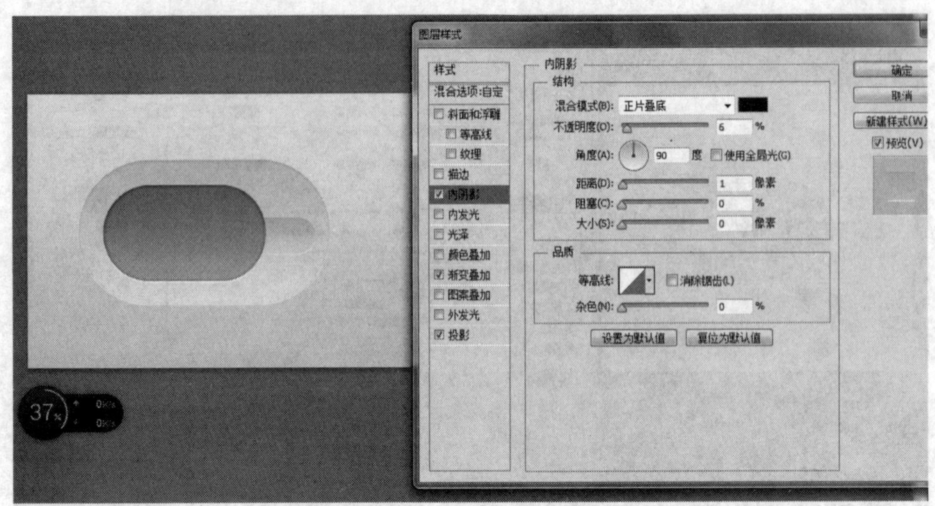

图 2.6.60　设置内阴影选项(3)

定”按钮。勾选“反向”复选框，单击“确定”按钮，设置不透明度为 60%。

(18) 选择路径选择工具，选中三个圆角矩形。选择移动工具，分别单击“垂直居中对齐”和“水平居中对齐”；选择路径选择工具，选中三个圆角矩形，并将其移动到屏幕中间位置。在空白处单击，再单击绿色矩形将其选中。按 Shift 键的同时按←键，将矩形移动到合适位置。选择最小的圆角矩形，按住 Ctrl+[组合键，使右侧矩形图层下移到绿色矩形下面。

(19) 绘制一个直径为 106mm 的圆，填充颜色为黑色，填充为 60%。右击图层弹出快捷菜单，如图 2.6.61 所示。单击“转换为智能对象”，将它转换为智能对象。选择“滤镜”|“模糊”|“高斯模糊”命令，如果前面使用过“高斯模糊”命令，设置参数为 1.8。使用移动工具将它调整到合适的位置，然后按 Ctrl+]组合键将图层上移，如图 2.6.62 所示。

(20) 绘制一个直径为 106mm 的圆，填充为白色。双击图层，弹出“图层样式”对话框，设置投影的混合模式为正片叠底，颜色为黑色，角度为 90°，距离为 7 像素，大小

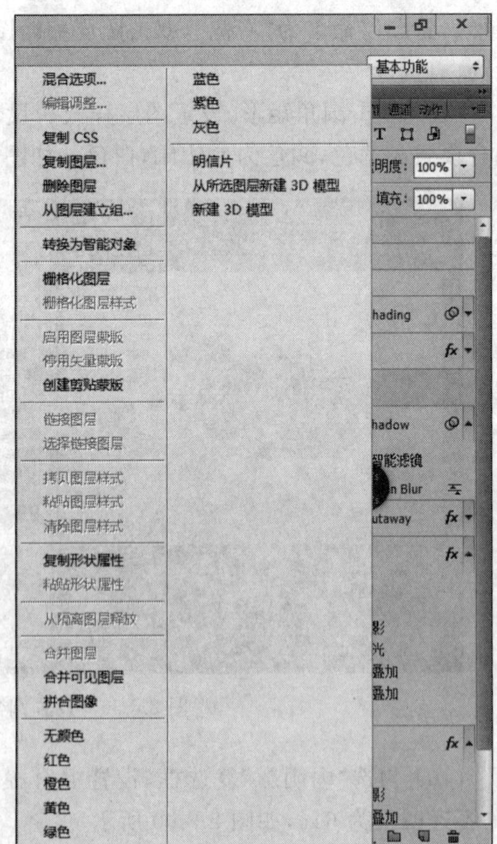

图 2.6.61　转换为智能对象

图 2.6.62　调整图层位置

为 6 像素，如图 2.6.63 所示。

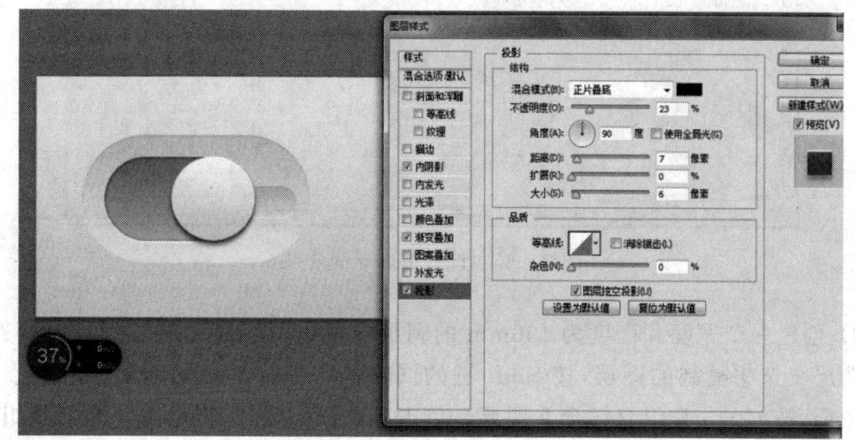

图 2.6.63　设置投影选项(2)

(21) 勾选“内阴影”复选框，设置混合模式为滤色，颜色为白色，角度为 90°，距离为 2 像素，如图 2.6.64 所示。

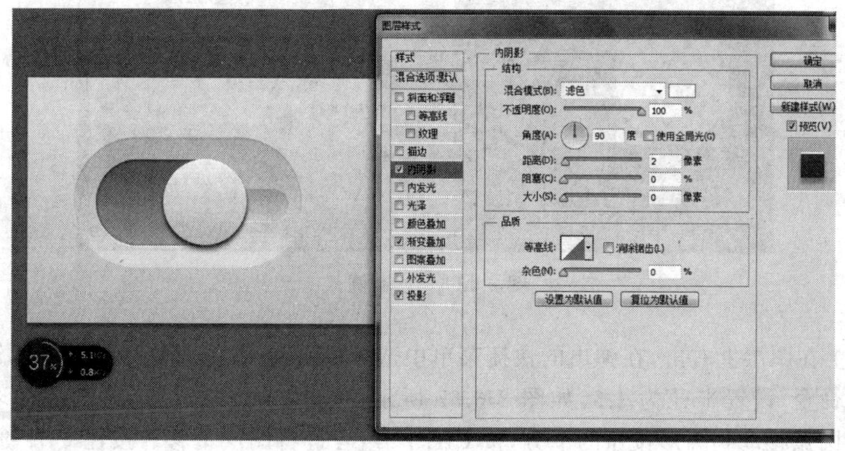

图 2.6.64　设置内阴影选项(4)

(22) 勾选“渐变叠加”复选框,不透明度为 23%,设置样式为线性,渐变颜色为黑白渐变,单击“确定”按钮。如图 2.6.65 所示。

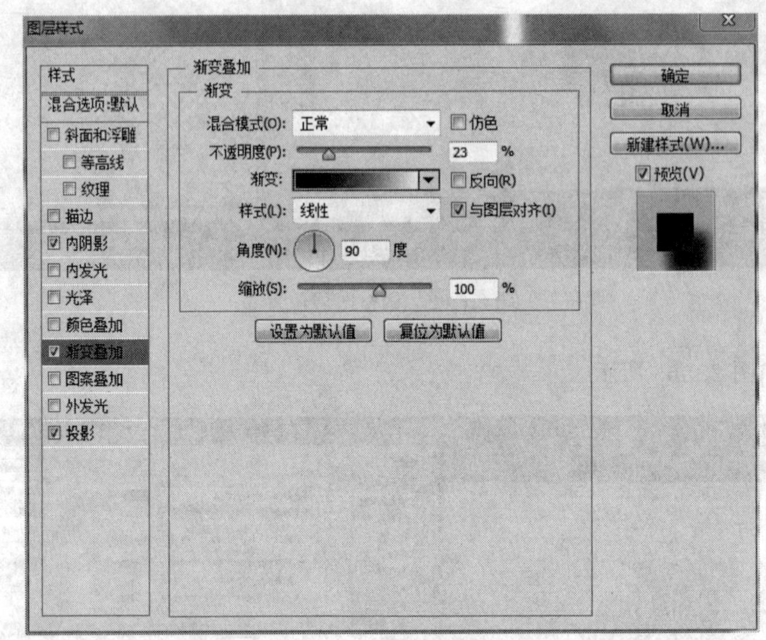

图 2.6.65 设置黑白渐变效果

(23) 创建一个宽度和高度为 106mm 的圆形。将该图层拖动到“新建图层”按钮,复制一个图层。选中复制的图层,按 Shift 键的同时按↑键将其稍微向上移动一点。选中这两个图层,按 Ctrl+E 组合键合并图层。单击减去顶层形状,再单击合并形状组件得到一个圆弧,如图 2.6.66 所示。

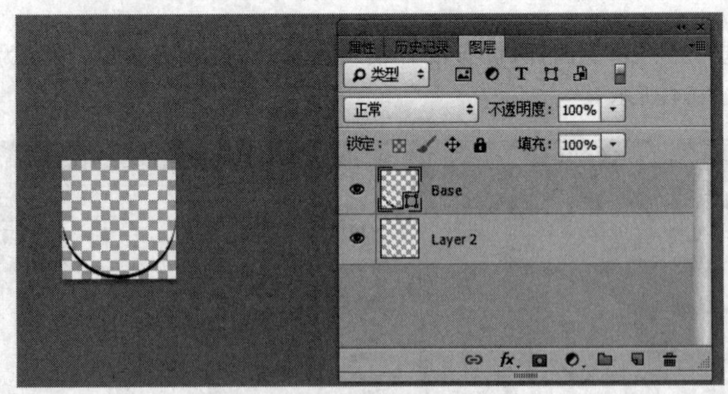

图 2.6.66 绘制圆弧

(24) 在图层上右击,在弹出的快捷菜单中选择“转换为智能对象”。选择“滤镜”|“高斯模糊”命令,设置半径为 1.5,如图 2.6.67 所示,单击“确定”按钮。将图层命名为“圆弧”。将圆弧移动到圆形按钮的下方,按 Ctrl+]组合键将图层上移。按住 Ctrl 键在图层

上单击，将这三个图层选中并转换为智能对象图层，将图层命名为“按钮”。

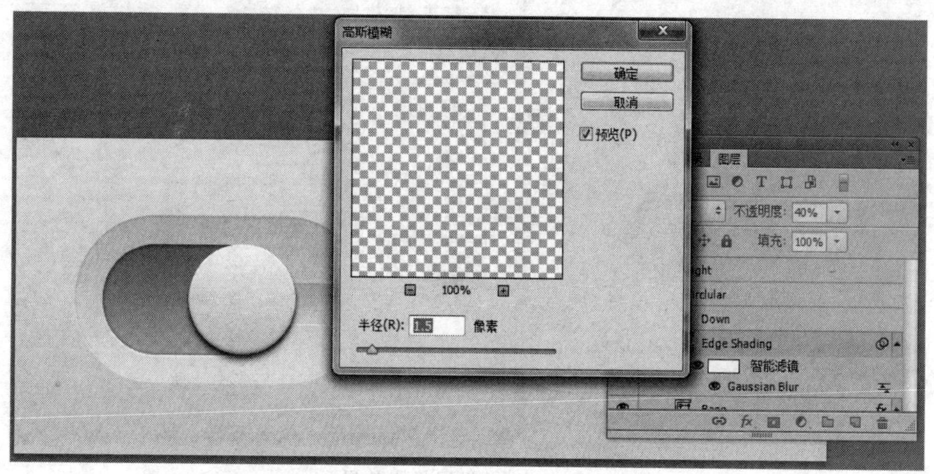

图 2.6.67　设置高斯模糊效果(1)

(25) 创建一个 30mm×30mm 像素的椭圆，填充颜色＃5cbe2c。右击选择“转换为智能对象”，选择“滤镜”|“高斯模糊”命令，设置半径为 4.1 像素，如图 2.6.68 所示。

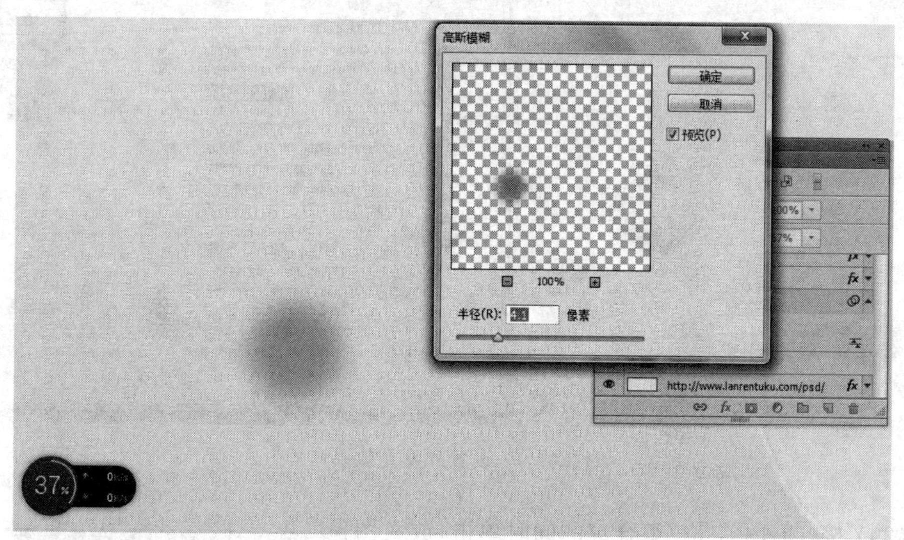

图 2.6.68　设置高斯模糊效果(2)

(26) 创建一个 30mm×30mm 像素的椭圆，填充颜色＃5fca2b。双击图层，设置图层样式，勾选“投影”复选框，设置混合模式为正片叠底，颜色为黑色，距离为 3 像素，大小为 7 像素，如图 2.6.69 所示。

(27) 勾选“外发光”复选框，设置混合模式为正片叠底，颜色为黑色，不透明度为 21%，大小为 7 像素，单击“确定”按钮。如图 2.6.70 所示。

(28) 选择“文件”|“新建”命令，创建一个 2mm×2mm 像素大小、背景内容为透明的文件。

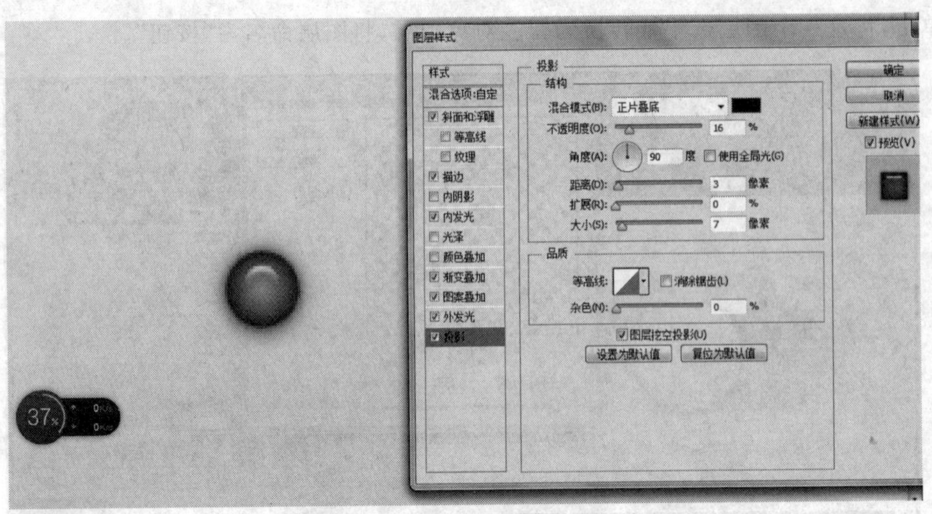

图 2.6.69 设置投影效果

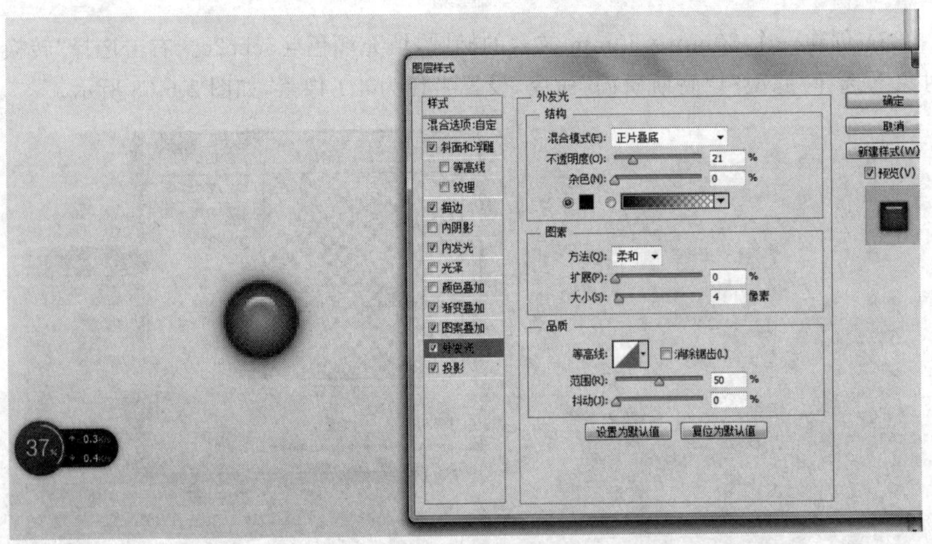

图 2.6.70 设置外发光效果(1)

(29) 按"Ctrl+空格"组合键的同时单击，放大图像显示区域。选择铅笔工具，设置"大小"为 1 像素，选择硬边圆，如图 2.6.71 所示。

(30) 在画布斜线位置上单击两次，绘制一条斜纹。选择"编辑"|"定义图案"，在弹出的对话框中将图案命名为"暗纹"。

(31) 双击刚才的图层回到图层样式，设置图案叠加，混合模式为正片叠底，图案选择暗纹，不透明度为 12%，缩放为 3%，如图 2.6.72 所示。

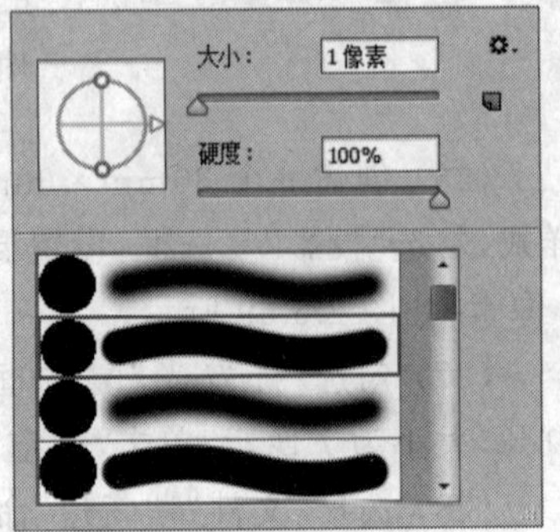

图 2.6.71 设置铅笔工具

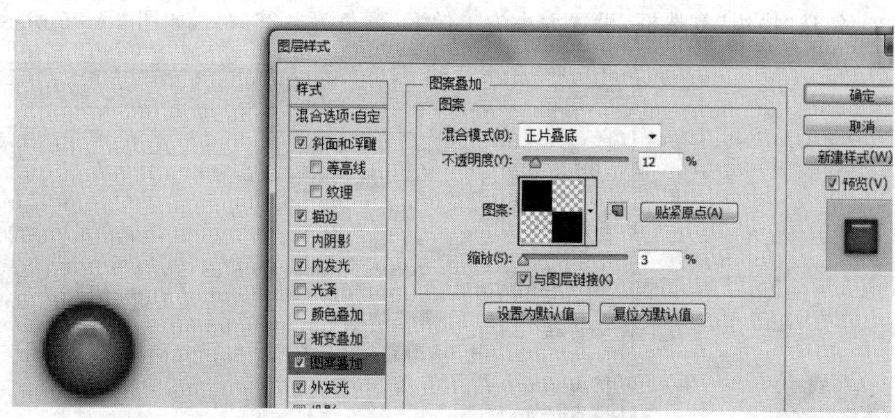

图 2.6.72　设置图案叠加效果

(32) 勾选"内发光"复选框,混合模式为正片叠底,不透明度为 43%,大小为 7 像素,如图 2.6.73 所示。勾选"渐变叠加"复选框,勾选"反向"复选框,不透明度为 28%,缩放为 88%,如图 2.6.74 所示。

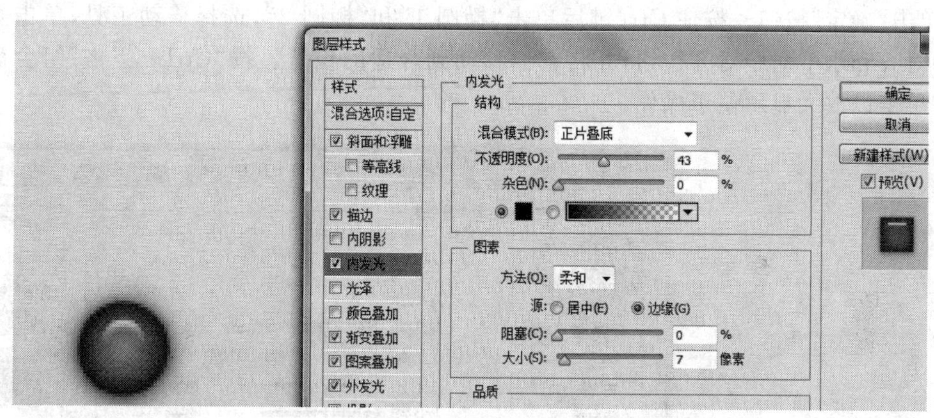

图 2.6.73　设置内发光效果

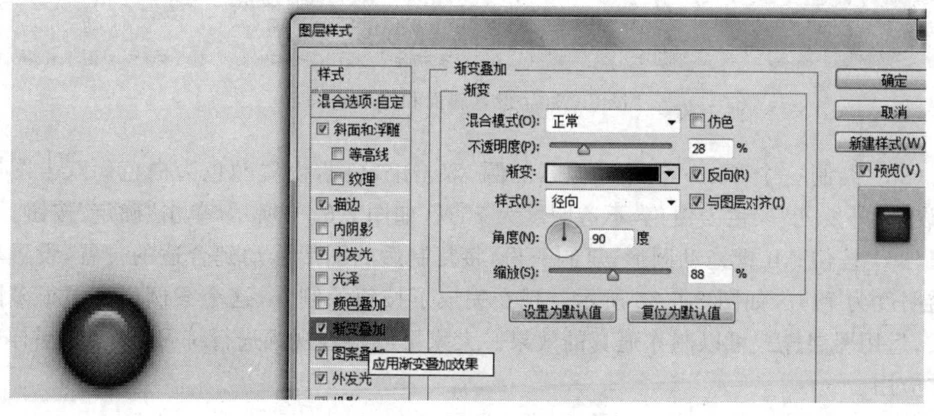

图 2.6.74　设置渐变叠加效果

(33) 勾选"描边"复选框,设置大小为 1 像素,颜色为#26540f,如图 2.6.75 所示。

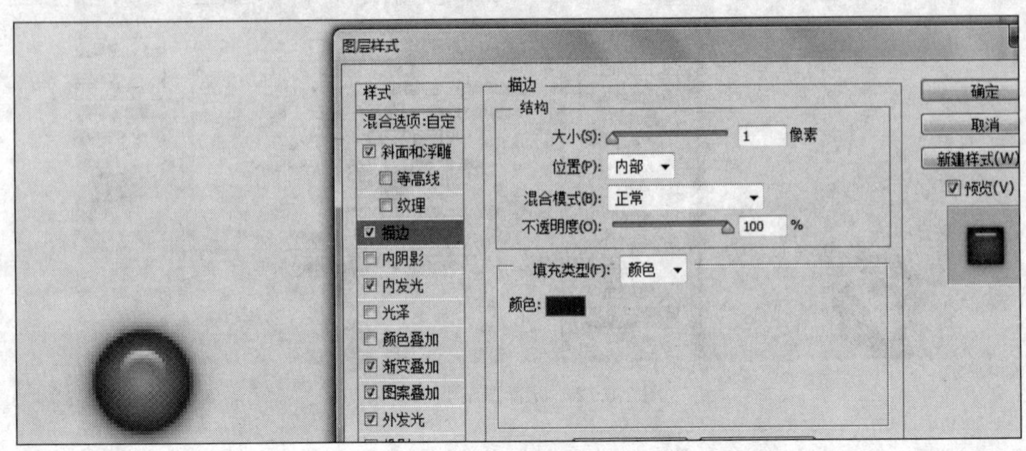

图 2.6.75　设置描边效果

(34) 勾选"斜面和浮雕"复选框,设置大小为 7 像素,阴影高度为 79°,如图 2.6.76 所示,单击"确定"按钮。按住 Ctrl 键后单击"椭圆 1"和"椭圆 2",选择移动工具,单击垂直居中对齐和水平居中对齐按钮,并将它们移动到合适的位置。按"Ctrl+空格"组合键的同时单击以放大显示便于操作。

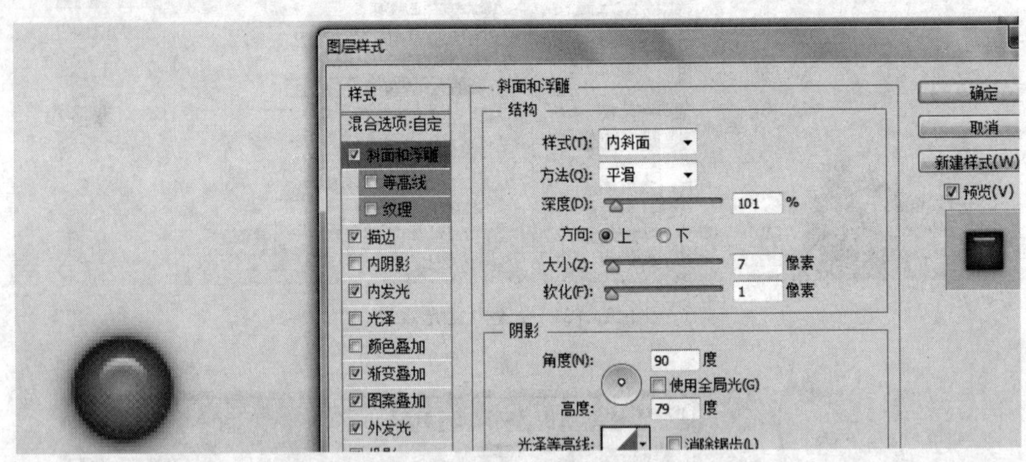

图 2.6.76　设置斜面和浮雕效果

(35) 绘制一个 3mm×3mm 像素的圆,双击缩略图,设置颜色为白色。双击图层样式,设置"外发光"颜色为白色,不透明度为 75%,如图 2.6.77 所示,单击"确定"按钮。

(36) 按住 Alt 键拖动圆形,复制一份,将复制后的图形移动到合适的位置,设置填充不透明度为 74%,如图 2.6.78 所示。现在完成了按钮的制作,这个案例用到了很多图层样式,运用图层样式可以制作逼真的效果。大家可以跟着视频进行练习,体会图层样式的具体应用。

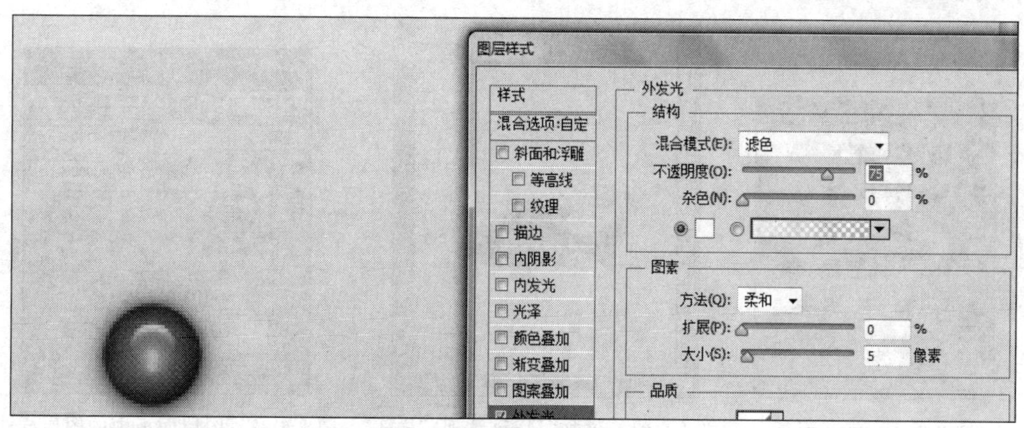

图 2.6.77　设置外发光效果(2)

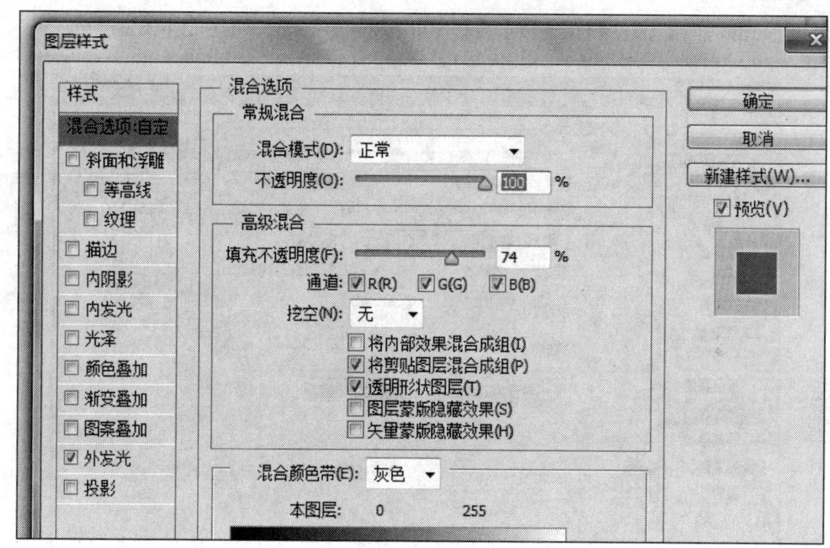

图 2.6.78　设置混合选项

知识点

图层样式

图层样式的功能强大，使用它能够简单快捷地制作出各种立体投影、各种质感以及光景效果的图像特效，并且可以编辑。选择如图 2.6.79 所示形状，选择“窗口”|“样式”命令，弹出样式面板，如图 2.6.80 所示。选择一个合适的样式“星云(纹理)”，效果如图 2.6.81 所示。

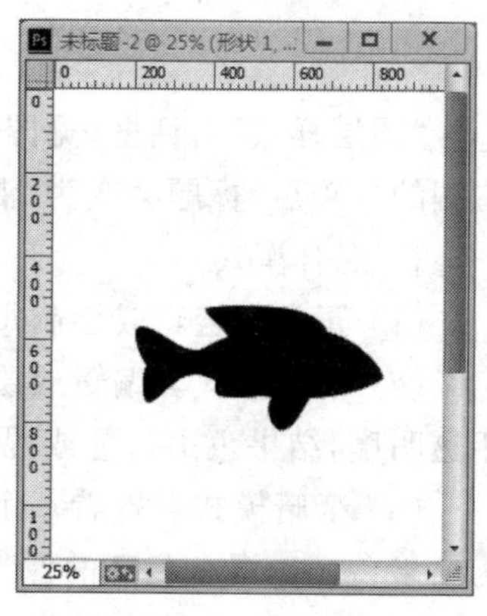

图 2.6.79　原始图形

此时图层面板上会自动显示相关的图层样式。如图 2.6.82 所示。

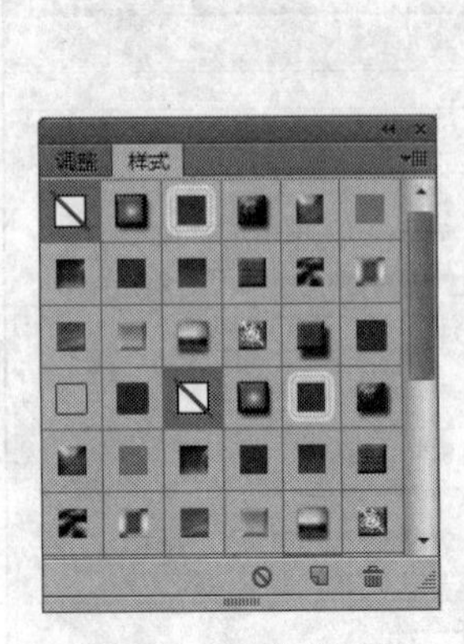

图 2.6.80 样式面板

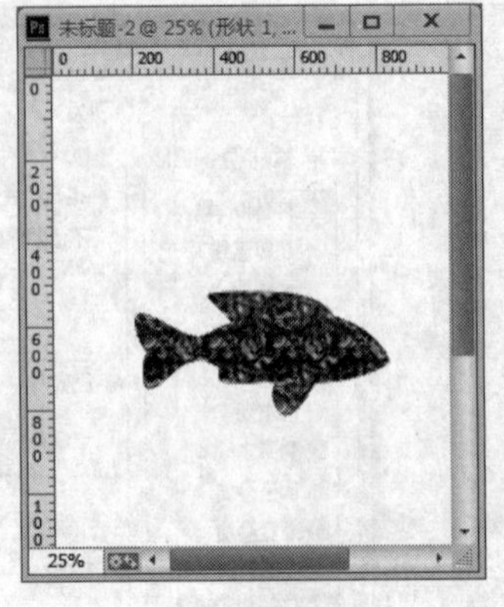

图 2.6.81 添加“星云(纹理)”样式

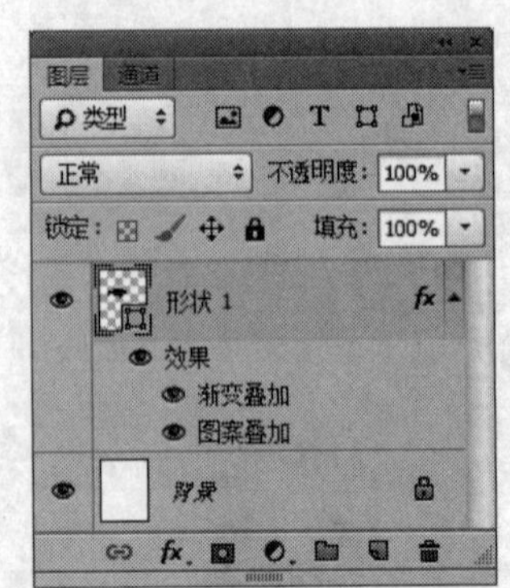

图 2.6.82 图层面板中的图层样式

在样式面板中单击不同样式可以更换样式。对图层样式效果不满意可以双击其中一项,双击渐变叠加,弹出“图层样式”对话框,可以设置参数,如图 2.6.83 所示。

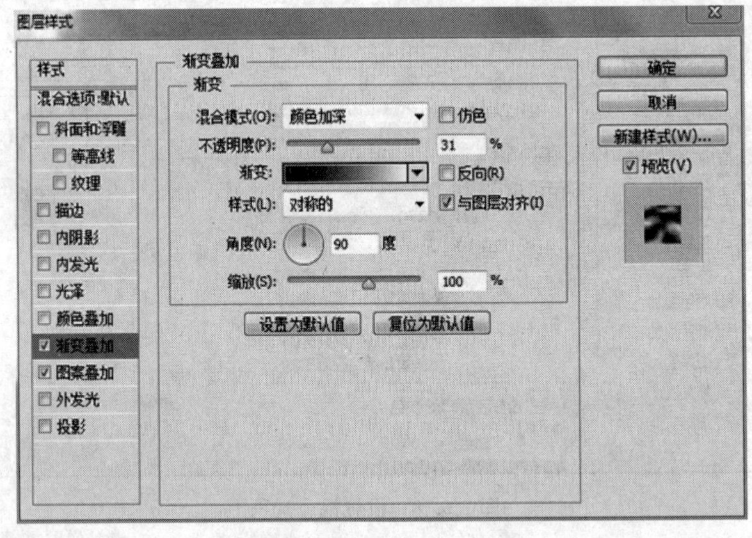

图 2.6.83 “图层样式”对话框

“图层样式”对话框(见图 2.6.84)左侧最上面的选项为“混合选项：默认”,当修改了右侧的选项后,标题会变为“混合选项：自定义”。

1) 混合模式

(1) 正常。编辑或绘制每个像素,使其成为结果色。这是默认模式。

(2) 溶解模式。编辑或绘制每个像素,使其成为结果色。但是,根据任何像素位置的不透明度,结果色由基色或混合色的像素随机替换。

(3) 变暗模式。查看每个通道中的颜色信息,并选择基色或混合色中较暗的颜色作为结果色。比混合色亮的像素被替换,比混合色暗的像素保持不变。

(4) 正片叠底。查看每个通道中的颜色信息,并将基色与混合色复合。结果色总是较暗的颜色。任何颜色与黑色复合产生黑色。任何颜色与白色复合保持不变。当用黑色

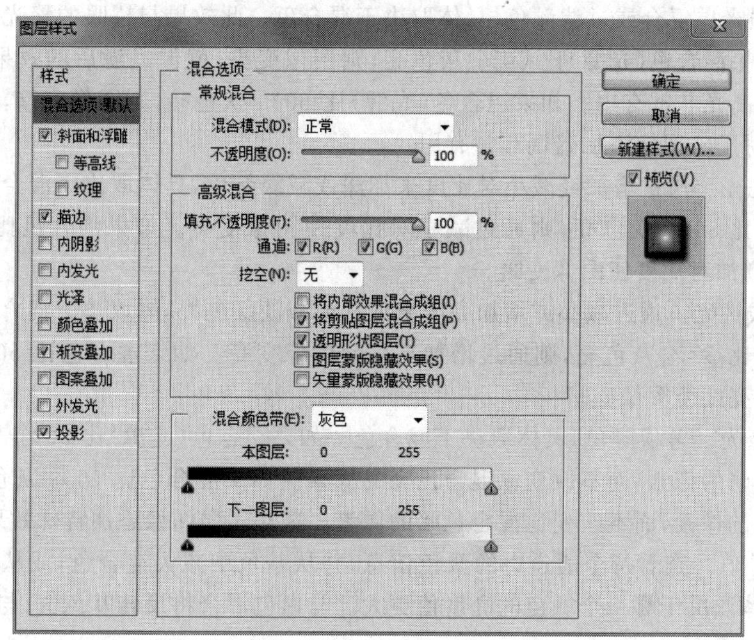

图 2.6.84　自定义图层样式

或白色以外的颜色绘画时，绘画工具绘制的连续描边产生逐渐变暗的颜色。这与使用多个魔术标记在图像上绘图的效果相似。

(5) 颜色加深。查看每个通道中的颜色信息，并通过增加对比度使基色变暗以反映混合色。与白色混合后不产生变化。

(6) 线性加深。查看每个通道中的颜色信息，并通过减小亮度使基色变暗以反映混合色。与白色混合后不产生变化。

(7) 变亮。查看每个通道中的颜色信息，并选择基色或混合色中较亮的颜色作为结果色。比混合色暗的像素被替换，比混合色亮的像素保持不变。

(8) 滤色模式。查看每个通道的颜色信息，并将混合色的互补色与基色复合。结果色总是较亮的颜色。用黑色过滤时颜色保持不变，用白色过滤时将产生白色。此效果类似于多个摄影幻灯片在彼此之上投影。

(9) 颜色减淡。查看每个通道中的颜色信息，并通过减小对比度使基色变亮以反映混合色。与黑色混合后不发生变化。

(10) 线性减淡。查看每个通道中的颜色信息，并通过增加亮度使基色变亮以反映混合色。与黑色混合后不发生变化。

(11) 叠加。复合或过滤颜色，具体取决于基色。图案或颜色在现有像素上叠加，同时保留基色的明暗对比。不替换基色，但基色与混合色相混以反映原色的亮度或暗度。

(12) 柔光。使颜色变亮或变暗，具体取决于混合色。此效果与发散的聚光灯照在图像上相似。如果混合色(光源)比 50% 灰色亮，则图像变亮，就像被减淡了一样。如果混合色(光源)比 50%灰色暗，则图像变暗，就像被加深了一样。用纯黑色或纯白色绘画会产生明显较暗或较亮的区域，但不会产生纯黑色或纯白色。

(13) 强光。复合或过滤颜色,具体取决于混合色。此效果与耀眼的聚光灯照在图像上相似。如果混合色(光源)比 50% 灰色亮,则图像变亮,就像过滤后的效果,这对于向图像中添加高光非常有用。如果混合色(光源)比 50% 灰色暗,则图像变暗,就像复合后的效果,这对于向图像添加暗调非常有用。

(14) 亮光。通过增加或减小对比度来加深或减淡颜色,具体取决于混合色。如果混合色(光源)比 50% 灰色亮,则通过减小对比度使图像变亮。如果混合色比 50% 灰色暗,则通过增加对比度使图像变暗。

(15) 线性光。通过减小或增加亮度来加深或减淡颜色,具体取决于混合色。如果混合色(光源)比 50% 灰色亮,则通过增加亮度使图像变亮。如果混合色比 50% 灰色暗,则通过减小亮度使图像变暗。

(16) 点光。替换颜色,具体取决于混合色。如果混合色(光源)比 50% 灰色亮,则替换比混合色暗的像素,而不改变比混合色亮的像素。如果混合色比 50% 灰色暗,则替换比混合色亮的像素,而不改变比混合色暗的像素。这对于向图像添加特殊效果非常有用。

(17) 差值。查看每个通道中的颜色信息,并从基色中减去混合色,或从混合色中减去基色,具体取决于哪一个颜色的亮度值更大。与白色混合将反转基色值;与黑色混合则不产生变化。

(18) 排除。创建一种与"差值"模式相似但对比度更低的效果。与白色混合将反转基色值;与黑色混合则不发生变化。

(19) 色相。用基色的亮度和饱和度以及混合色的色相创建结果色。

(20) 饱和度。用基色的亮度和色相以及混合色的饱和度创建结果色。在无(0)饱和度(灰色)的区域上用此模式绘画不会产生变化。

(21) 颜色。用基色的亮度以及混合色的色相和饱和度创建结果色。这样可以保留图像中的灰阶,并且对于给单色图像上色和给彩色图像着色都会非常有用。

(22) 亮度。用基色的色相和饱和度以及混合色的亮度创建结果色。此模式创建出与"颜色"模式相反的效果。

2) 不透明度

不透明度可以控制图层样式的透明度。不透明度为 0,对象和图层样式会完全消失;而 100%则完全不透明。

3) 高级混合

(1) 填充不透明度。默认情况下设置图层的填充不透明度,不影响图层的图层样式。

(2) 通道 R、G、B。默认为勾选,如清除 R 前面的复选框,则对应通道填充成白色,这个图层则会偏红。

(3) 挖空。挖空方式有三种:无、浅和深。用来设置"挖空"当前图层并显示下面图层内容的方式。没有背景图层时,当前图层就会在透明层上打孔。

如图 2.6.85 所示,背景图层是挖空后显示的背景,中间为未挖空显示的图层,最上方为挖空形状。双击"椭圆 1"图层,把不透明度设置为 100%,如图 2.6.86 所示,挖空选择"深"或"浅"。

单击"确定"按钮,得到如图 2.6.87 所示效果。移动最上面的"椭圆 1"图层,可以显示

图 2.6.85　挖空效果的图层状态

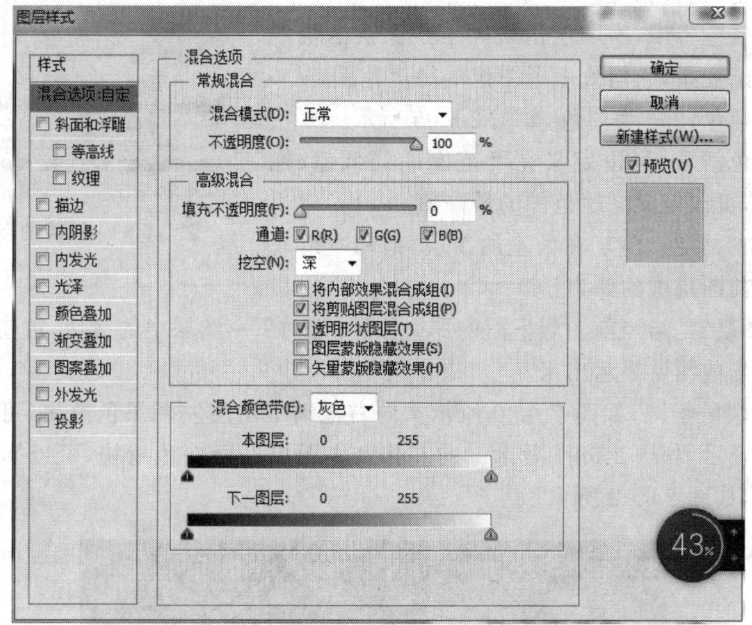

图 2.6.86　设置挖空选项

下方骨骼的不同区域，如图 2.6.88 所示。

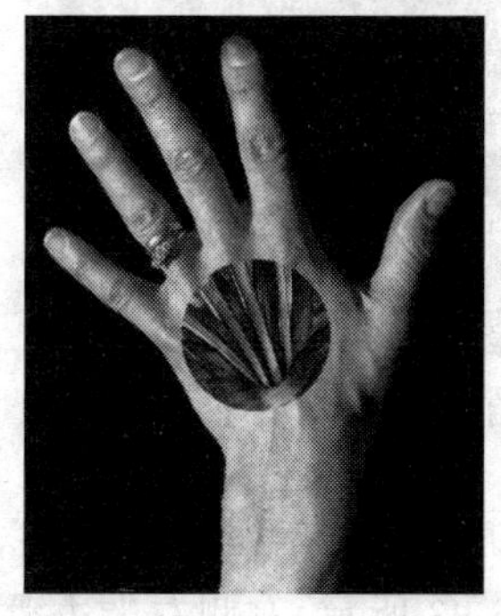

图 2.6.87　挖空效果 1

图 2.6.88　挖空效果 2

对不是图层组成部分的图层设置“挖空”，将“挖空”设置为“浅”或者“深”是一样的，挖空效果将会一直穿透到背景图层。如果当前图层是某个图层的组成部分，则“挖空”设置为“深”或者“浅”就有不同的效果。设置为“浅”，挖空效果只能进行到图层组的下一层；如果设置为“深”，挖空效果将一直深入到背景图层。

4）混合颜色带

混合颜色带是一种特殊的高级蒙版，它可以快速隐藏像素。图层蒙版、剪贴蒙版和矢量蒙版都只能隐藏一个图层中的像素，而混合颜色带不仅可以隐藏一个图层中的像素，还可以使下面图层中的像素穿透上面的图层显示出来。

混合颜色带可以控制调整图层影响的图像内容，它可以只影响图像中的暗色调，而亮色调保持不变，或者相反。

在混合颜色带中，本图层滑块和下一图层滑块下面各有一个渐变条，它们代表了图像的亮度范围，从0到255，0为黑色，255为白色，如图2.6.89所示。

图2.6.89　图像的亮度范围

拖动黑色滑块，可以定义亮度范围的最低值；拖动白色滑块，可以定义亮度范围的最高值。

“本图层”是指当前正在处理的图层，拖动本滑块可以隐藏当前图层中的像素。

“下一图层”是指当前图层下面的那一图层，拖动下一图层中的滑块，可使下面图层中的像素穿透当前图层显示出来。

打开一副风景图，如图2.6.90所示。向右拖动本图层左侧黑色滑块，可以影响图像暗色区域的显示，如图2.6.91所示。向左拖动本图层右侧白色滑块，可以影响图像亮色区域的显示，如图2.6.92所示。

图2.6.90　原始风景画

按住Alt键单击滑块会将其拆分成两个。调整分开后的两个滑块，可以在透明与非透明区域之间创建半透明的过渡区域。如图2.6.93所示，右侧左半边滑块位置在177处，右半边滑块位于255处，表示亮度值为177～255的像素是半透明区域，而在这其中，色调

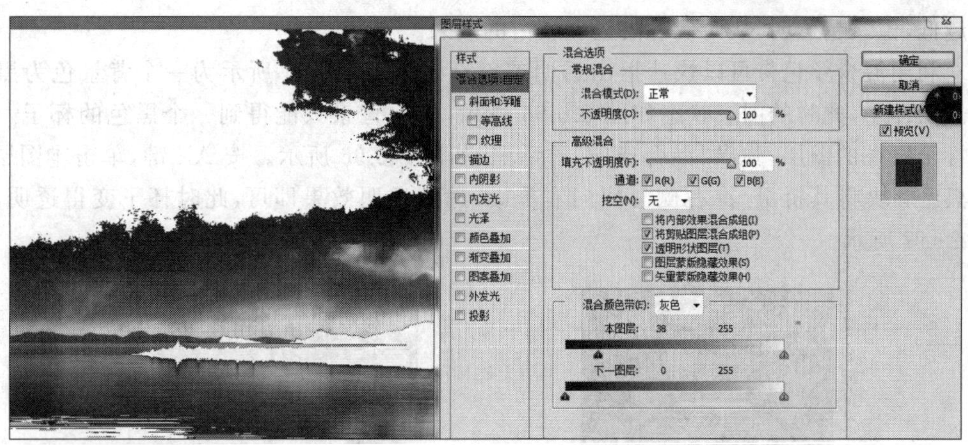

图 2.6.91　调节图像的暗色区域

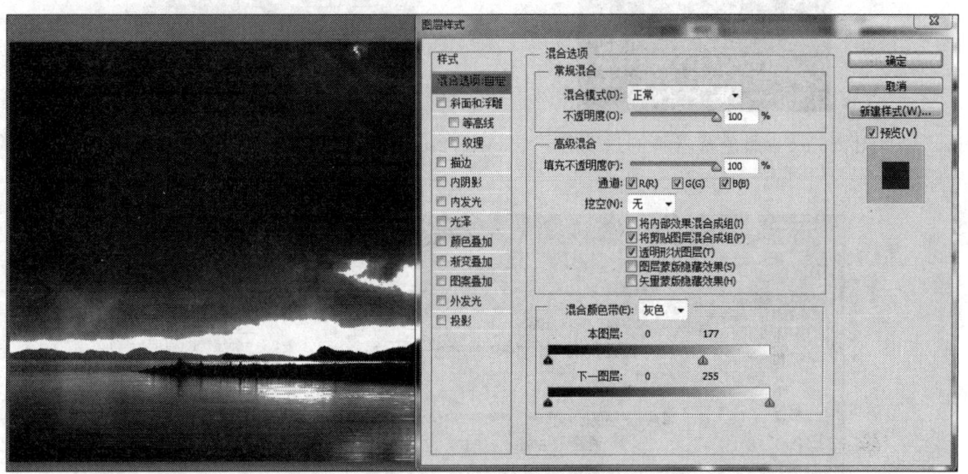

图 2.6.92　调节图像的亮色区域

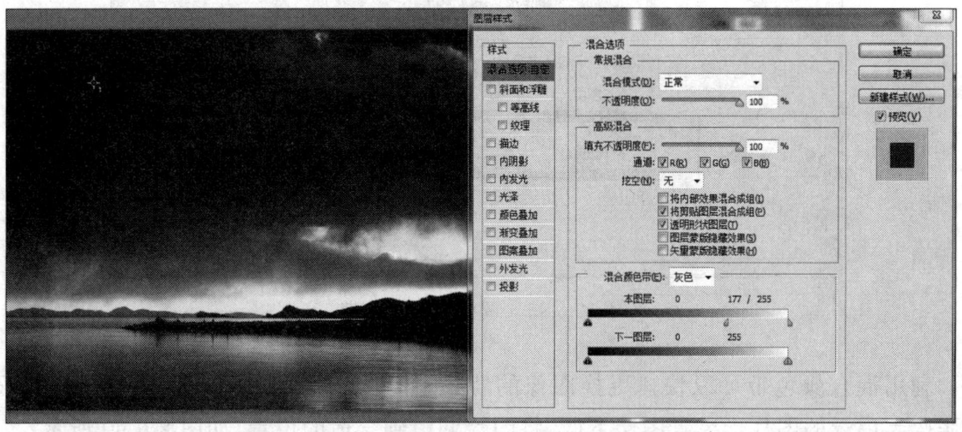

图 2.6.93　创建半透明过渡区域

值越低，像素越透明，从而使晚霞呈现发白的效果。

利用混合颜色带可以快速抠出透明玻璃杯。如图 2.6.94 所示为一个背景色为黑色的透明杯子；此时的图层状态如图 2.6.95 所示，去除背景只能得到一个黑色的杯子。双击杯子所在的图层，弹出“混合选项”对话框，如图 2.6.96 所示。按 Alt 键，单击本图层左侧黑色滑块将其拆分，将右侧滑块向右拖动，达到透明效果即可，此时杯子变得透明，如图 2.6.97 所示。

图 2.6.94　黑色背景下的透明杯子

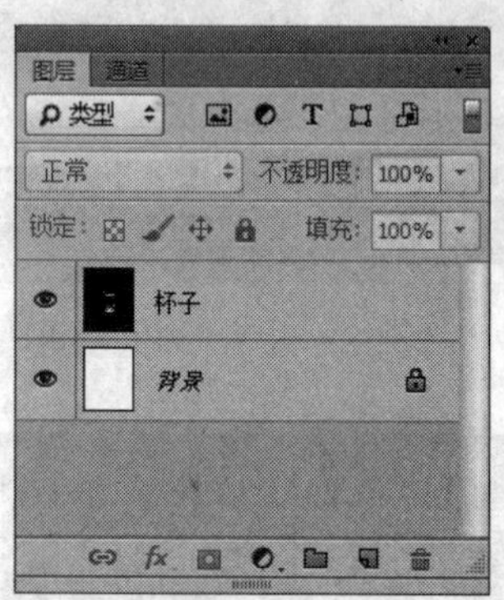

图 2.6.95　黑色背景透明杯子的图层状态

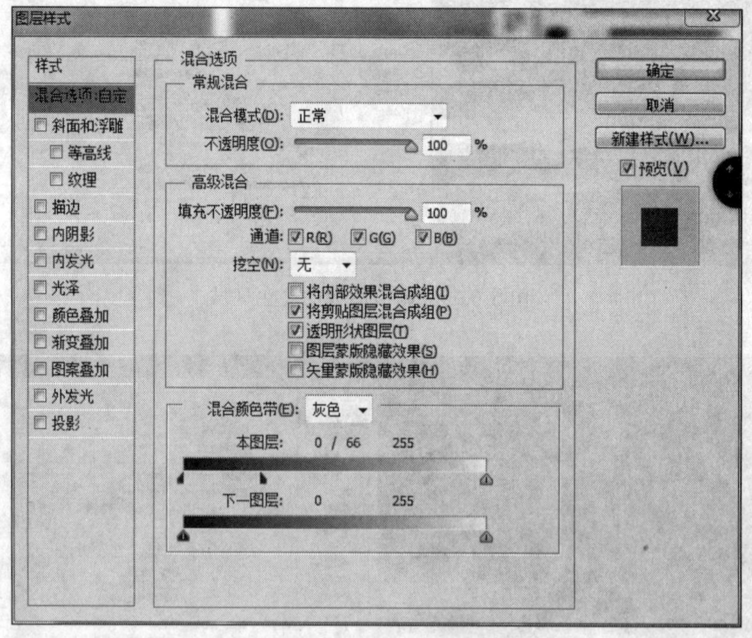

图 2.6.96　调整混合颜色带

利用混合颜色带可以快速更换图像的背景，如图 2.6.98 所示。天空没有云彩，设置一张蓝天白云的图片于风景图层下面，将图片调整到合适的位置，如图 2.6.99 所示。

双击“图层 1”打开混合选项。按住 Alt 键单击下一图层的白色滑块进行拆分，调节滑块位置，如图 2.6.100 所示，得到效果如图 2.6.101 所示。

图 2.6.97　去除黑色背景后的透明杯子

图 2.6.98　原始风景图

图 2.6.99　添加蓝天白云图层

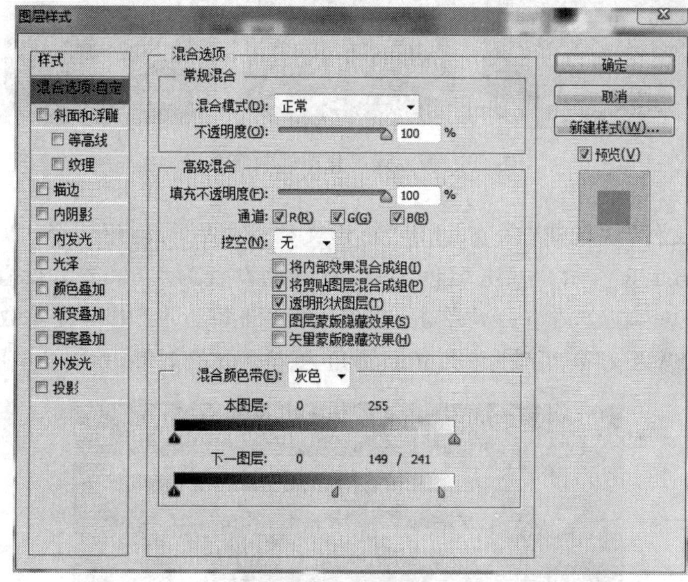

图 2.6.100　设置混合选项

图 2.6.101　更换背景后的风景图

2.6.4 扁平化图标制作

随着极简主义的流行，扁平化图标简单明了的信息展示越来越受青睐。扁平化设计简洁、逻辑清晰，具有现代感，强调功能，去除了高光、阴影、纹理和渐变等特效，能使用户避免视觉干扰，快速关注核心信息。

本例采用 Adobe Illustrator 软件来制作一个扁平化图标——拨号图标。拨号图标造型简洁，线条流畅，在制作过程中使用了形状工具、变换位置、形状生成器、圆角、删除锚点等命令，图标的主要制作过程如图 2.6.102 所示。

图 2.6.102 扁平化图标制作流程

(1) 选择“文件”|“新建”命令，弹出“新建文档”对话框，创建一个 120mm×120mm 的文档，如图 2.6.103 所示。双击填色工具，将颜色设置为＃60be6b，设置描边为“无”。选择圆角矩形工具，在文档空白处单击，在弹出的“圆角矩形”中设置参数，如图 2.6.104 所示。创建一个宽度和高度都为 120mm、圆角为 25mm 的矩形，如图 2.6.105 所示。

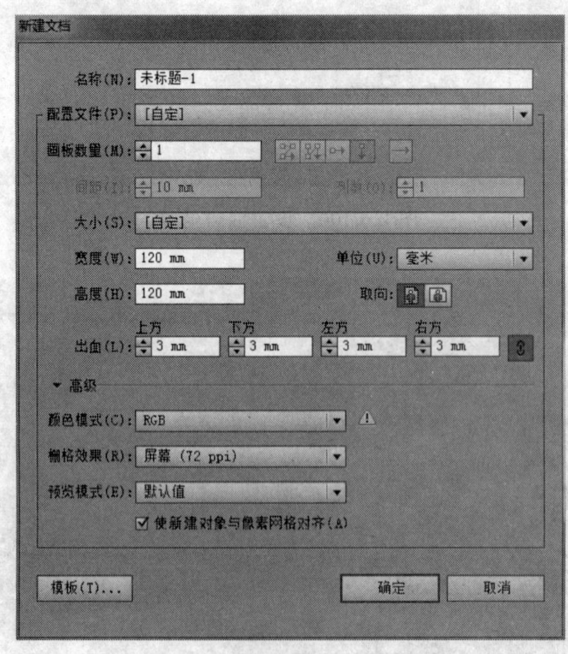

图 2.6.103 “新建文档”对话框

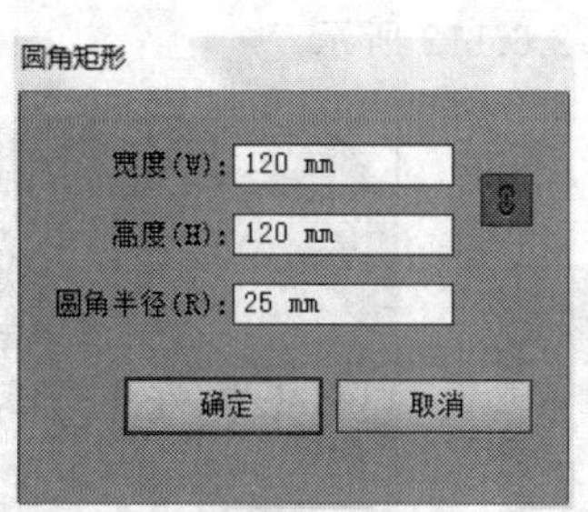

图 2.6.104　设置圆角矩形参数

图 2.6.105　圆角矩形

(2) 单击水平居中对齐按钮和垂直居中对齐按钮。单击“锁定”按钮，锁定矩形图层，如图 2.6.106 所示。

(3) 选择椭圆工具，设置参数如图 2.6.107 所示。单击互换颜色与描边，设置描边颜色为蓝色。这里的颜色主要为了与矩形区分开，可以随意设置，按水平居中对齐按钮。如图 2.6.108 所示。

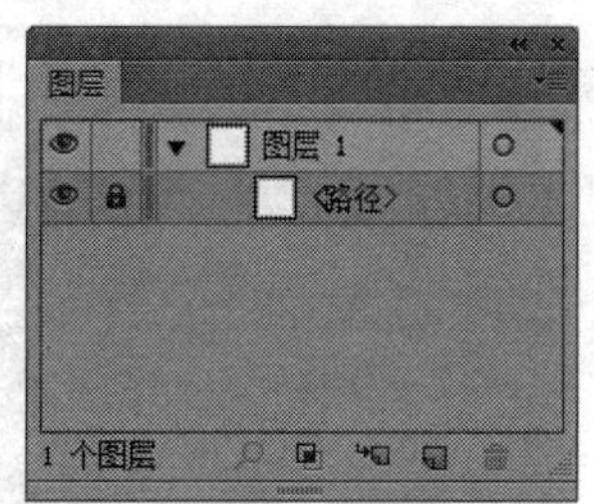

图 2.6.106　锁定图层

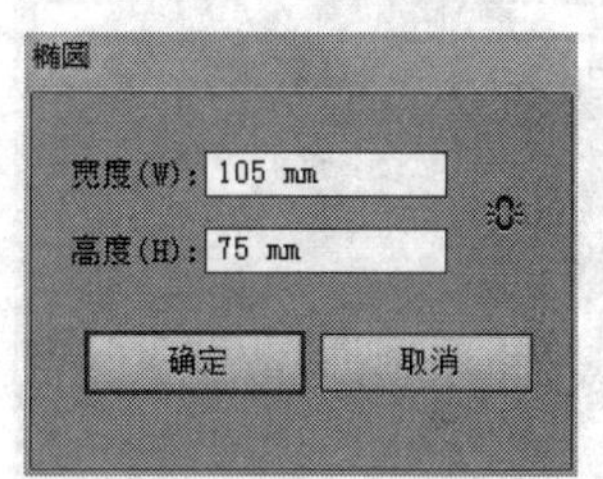

图 2.6.107　设置椭圆参数

(4) 按 Ctrl+C 组合键复制矩形，按 Ctrl+F 组合键两次复制两个椭圆。右击复制的椭圆，选择“变换”|“移动”命令，设置水平为 0，垂直为 6mm，单击“确定”按钮将椭圆向下移动 6mm；用同样方法将另外一个复制的椭圆向上移动 13mm，如图 2.6.109 所示。

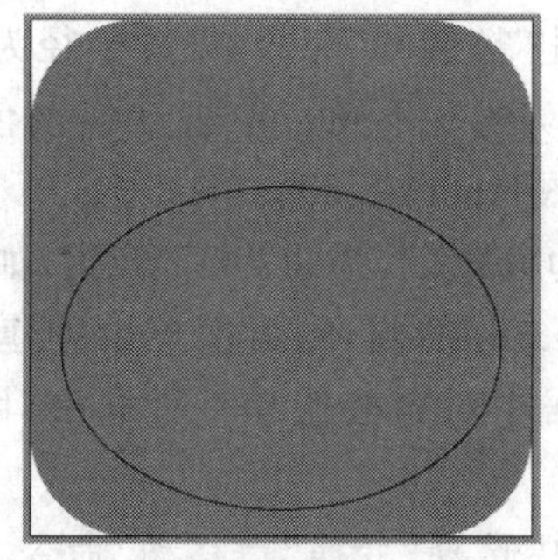

图 2.6.108　对齐椭圆和圆角矩形

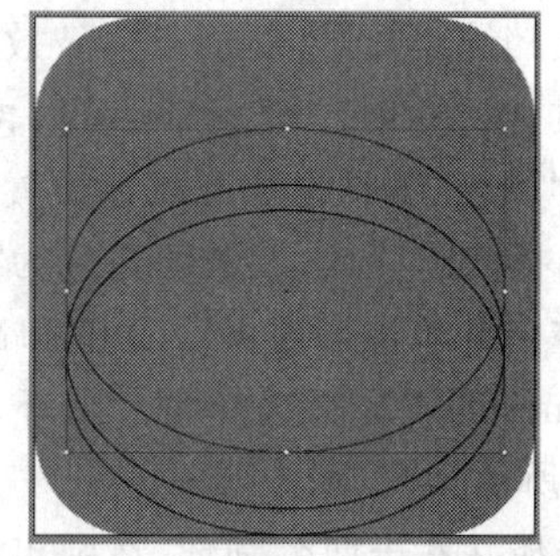

图 2.6.109　绘制并摆放多个椭圆

(5) 选择矩形工具，单击文档空白处，弹出“矩形”对话框，创建一个宽度为 74mm、高度为 80mm 的矩形，如图 2.6.110 所示。用同样方法创建一个宽度为 28mm、高度为 80mm 的矩形，如图 2.6.111 所示。框选所有形状，单击“水平居中对齐”，分别选择两个矩形，按 Shift 键再按↓键，调整垂直方向的位置，如图 2.6.112 所示。

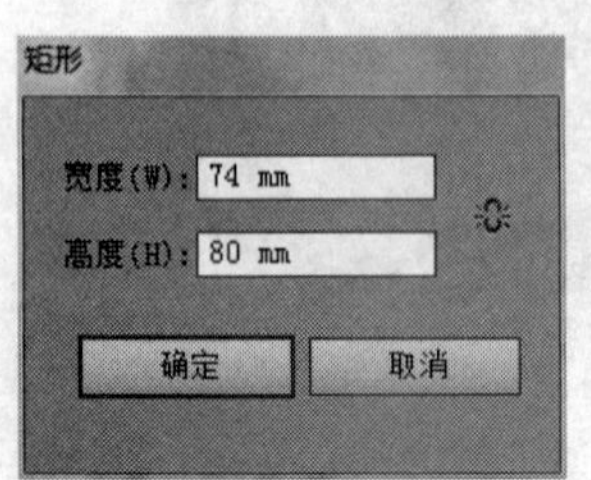

图 2.6.110 设置矩形参数 1

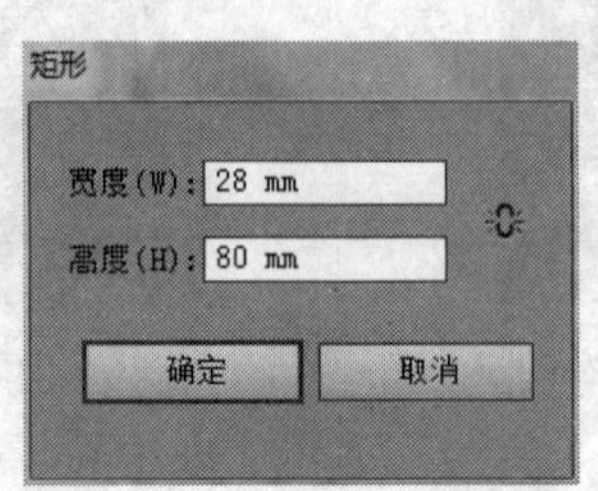

图 2.6.111 设置矩形参数 2

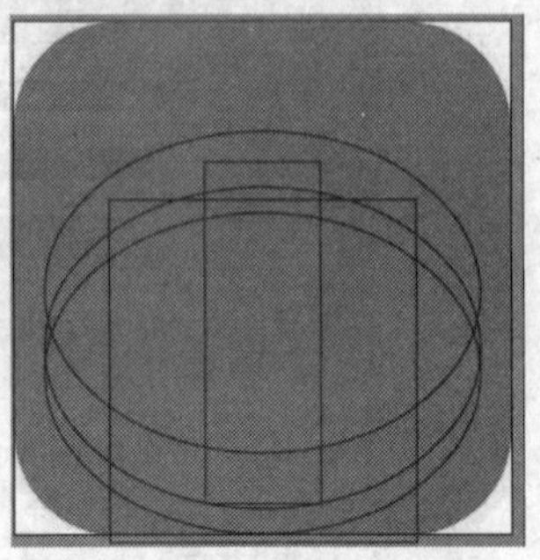
图 2.6.112 调整矩形位置

(6) 按“Ctrl+空格”组合键的同时单击放大显示区域。选择形状生成器工具，在相应的图形区域拖动，生成电话形状。如图 2.6.113 所示，阴影部分的斜线是鼠标拖动的区域；再拖动一次产生听筒形状，如图 2.6.114 所示。

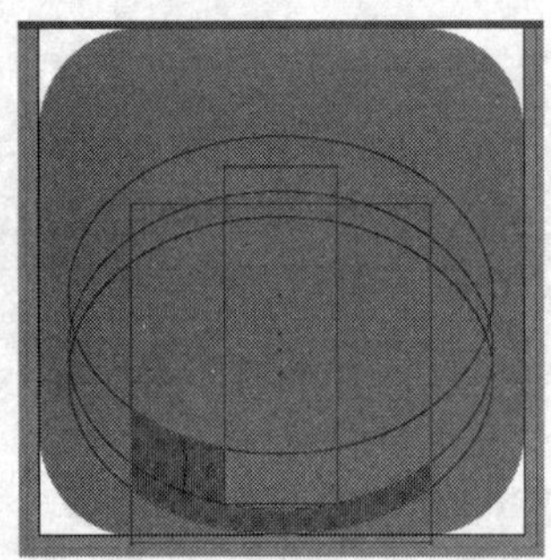
图 2.6.113 鼠标拖动的区域

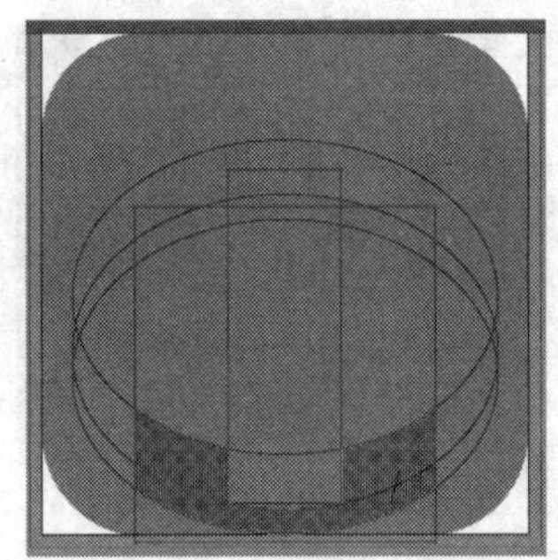
图 2.6.114 生成的听筒形状

(7) 使用移动工具选择听筒形状，将其拖到空白处，如图 2.6.115 所示。删除其余形状，选择听筒形状，单击水平居中对齐按钮和垂直居中对齐按钮，按 Ctrl+Alt 组合键的同时单击文档缩小显示区域。选择“效果”|“风格化”|“圆角”命令，设置半径为 6mm。单击选择工具，按住 Shift 键旋转听筒，再将听筒移动到左下角。单击互换填色与描边按钮，再双击“填色”工具将填充颜色设置为白色，如图 2.6.116 所示。

(8) 选择椭圆工具，设置填充色为“无”，描边为“白色”，描边为 10 像素，如图 2.6.117 所示。在空白处单击创建一个宽度和高度均为 50mm 的圆环，再次单击创建一个宽度、高度为 20mm 的圆环。选择两个圆环，单击水平居中对齐按钮和垂直居中对齐按钮，如图 2.6.118 所示。

(9) 选择并右击两个圆环，在弹出的快捷菜单中选择“变换”|“移动”命令。设置水平为 10mm，垂直为−10mm，单击“确定”按钮，选择“直接选择工具”，按住 Shift 键，选择两个圆环的左边和下面的锚点，按 Delete 键删除这两个锚点，得到最后的拨号效果，如图 2.6.119 所示。

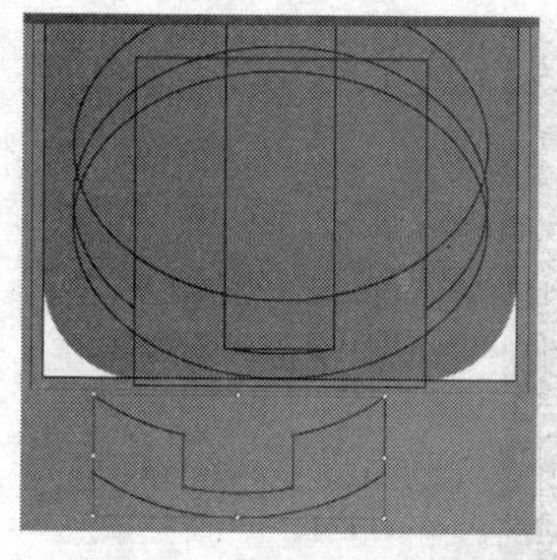

图 2.6.115　移动听筒位置

图 2.6.116　为听筒填充颜色

图 2.6.117　设置描边参数

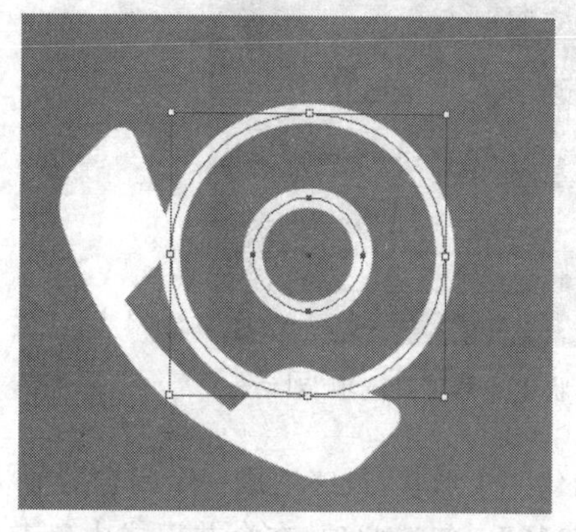

图 2.6.118　添加两个圆环

图 2.6.119　拨号效果

练习：①设置图标的制作；②通信录图标的制作。

知识点

使用形状生成器工具可以通过合并或擦除简单形状创建出复杂的形状。该工具对简单的复合路径有效，可以直观显示所选对象中可合并为新形状的边缘和选区。“边缘”是指一个路径中的一部分，该部分与所选对象的其他任何路径都没有交集。“选区”是一个边缘闭合的有界区域。

双击工具箱中的“形状生成器”按钮，弹出“形状生成器工具选项”对话框，如图 2.6.120 所示。在其中可以设置形状生成器工具的相关选项。

(1) 间隙检测。勾选此项，可以设置间隙的长度为“小”“中”“大”，或者自定义为某个精确的数值。此时，软件将查找仅接近指定间隙长度值的间隙。

(2) 将开放的填色路径视为闭合。勾选此项，为开放的路径创建一段不可见的边缘

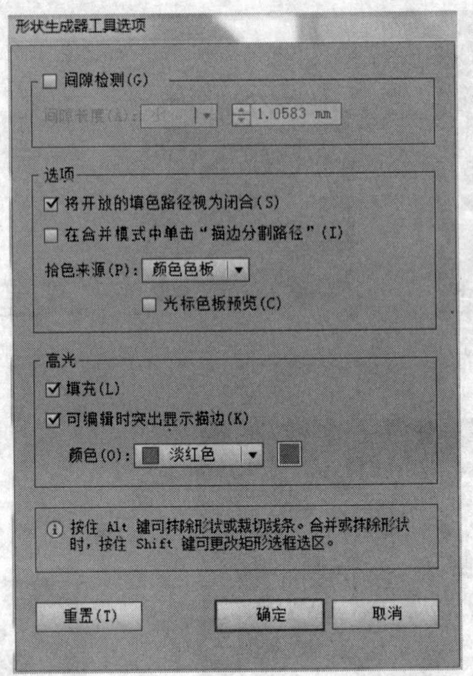

图 2.6.120 “形状生成器工具选项”对话框

以生成一个选区，单击选区内部时，会创建一个形状，最终生成一个闭合的形状。

（3）在合并模式中单击“描边分割路径”。勾选此项，在合并模式中单击描边即可分割路径。该选项允许将路径拆分为两个子路径。第一个子路径是从单击的边缘创建的，第二个子路径是父路径中除第一个路径外剩余的部分。

（4）拾色来源。用户可以从颜色色板中选择颜色，也可以从现有图稿所用的颜色中选择。当选择“颜色色板”时，可选择“光标色板预览”，此时，光标就会变成“实时上色工具”时光标的样子，可以使用方向键来选择色板中的颜色。

（5）填充。勾选该项，当鼠标指针滑过所选路径时，可以合并的路径或选区将以灰色突出显示。

（6）可编辑时突出显示描边。勾选该项，将突出显示可编辑的笔触，并可以设置笔触显示的颜色。

在使用形状生成器工具前，先选中相应的对象，如果两个形状之间没有交集，那么使用形状生成器工具将没有效果。也就是说，使用形状生成器工具的前提必须是两个形状有交集。

第3章

导航设计

导航最基本的含义就是在现实世界中，当人们从一个地方到另一个地方，需要一些引导和指示。英文单词 Navigation 来源于拉丁文，原意是：操纵船只在海上航行。所以导航就是能够帮助人们到达目的地的行为。导航的其他意思都是建立在这个原意的基础上。

UI 设计上的导航毫无疑问是可用性的一个要点。它可以定义为一系列引导用户成功地与产品互动并且实现其目标的动作组合或者技巧组合。

3.1 网页导航的概念

简单来说，能够在页面上起到指示和引导作用的元素，都可以称为导航。从专业角度来说，导航是指通过一定的技术手段，为网页的访问者提供一定的途径，使其可以方便地访问所需的内容，使人们浏览网站时可以从一个页面转到另一个页面的快速通道。导航的目的是让网站的层次结构以一种有条理的方式清晰展示，并引导用户毫不费力地找到并管理信息，让用户在浏览网站的过程中不致迷失。

网页版式与其他视觉传达媒体不同的重要一点就是，它必须具备清晰的导航性。对浏览者来说，导航是网站内容的目录。导航系统作为网站信息储备的核心构架，展示出网站的规模、储备方式和查阅方式等基础设施。网页导航应该帮助浏览者理解他们在哪里和去哪里，即让浏览者时刻清楚自己所处的位置，并能轻松进入其他页面或返回本页面。网页导航的功能是帮助人们迅速、有效地到达目的地。在设计导航系统和用户界面时，要充分了解访问者的需求，帮助浏览者迅速找到他们正在寻找的信息。

3.2 导航的分类

3.2.1 按表现形式划分

按表现形式划分，导航可以分为文本类导航（见图 3.2.1）和图像类导航（见图 3.2.2）。文本类导航视觉上看起来比较单一，但它加载速度快，比较适合信息量大的网站使用，便于进行增加或删除等更改。图像类导航视觉效果比较好，但加载速度慢。

图 3.2.1 文本类导航

图 3.2.2 图像类导航

3.2.2 按作用划分

按作用划分，导航可以分为全局性导航和局部性导航，如图 3.2.3 所示。全局性导航是网站架构中权重最高的导航，统领整个网站的信息架构，决定网站形状和整体的信息

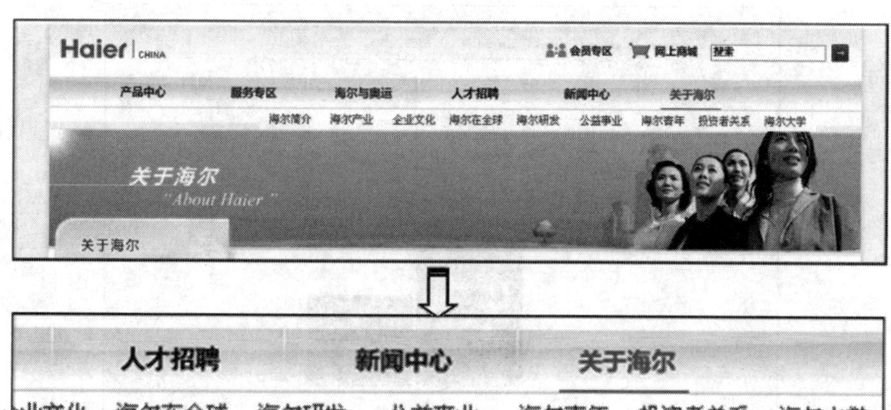

图 3.2.3　全局性导航和局部性导航

分类。

局部性导航是在全局性导航之下的用于访问下级结构的导航，经常作为全局性导航下一个分支的平铺引导。形成局部性导航的机制有很多，如树状导航、垂直菜单、动态菜单等。

3.2.3　按设计模式划分

按设计模式划分，导航可以分为顶部水平栏导航、竖直/侧边栏导航、选项卡(Tab)导航、菜单导航、面包屑导航、标签导航、搜索导航、个性化导航等。

1. 顶部水平栏导航

顶部水平栏导航(见图 3.2.4)是较流行的网站导航设计模式之一，它常用于网站的主导航菜单，用于显示网站的内容分类。有时设有下拉菜单，当鼠标移到某个菜单项上时，会弹出对应的二级子导航项，如图 3.2.5 所示。

图 3.2.4　顶部水平栏导航

2. 竖直/侧边栏导航

竖直导航(见图 3.2.6)也是当前较通用的模式之一。竖直导航常与子导航菜单一起使用，也可以单独使用。侧边栏导航(见图 3.2.7)设计模式随处可见，几乎存在于各类网站上。

图 3.2.5　下拉菜单导航

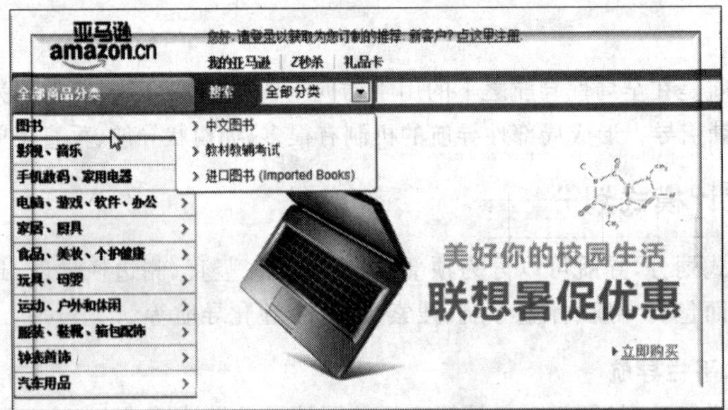

图 3.2.6　竖直导航

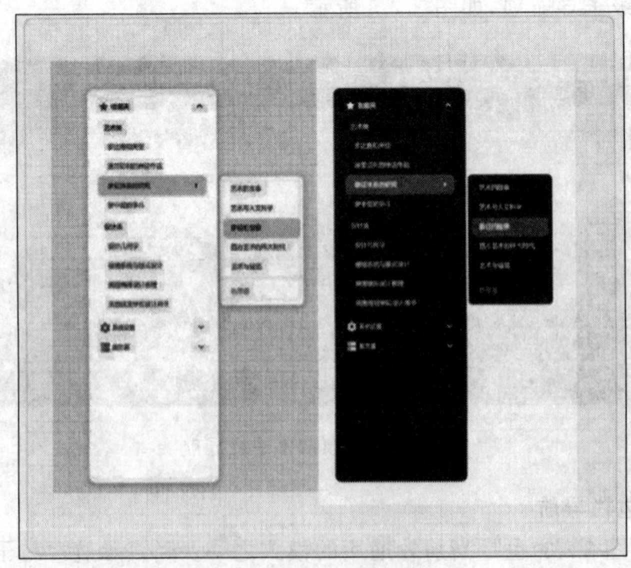

图 3.2.7　侧边栏导航

3. 选项卡导航

选项卡(Tab)导航(见图 3.2.8～图 3.2.11)几乎可以设计成用户想要的任何样式,如逼真的、有手感的、圆滑的标签,以及简单的方边标签等。选项卡导航对用户有积极的心理效应,但不太适用于链接很多的情况。

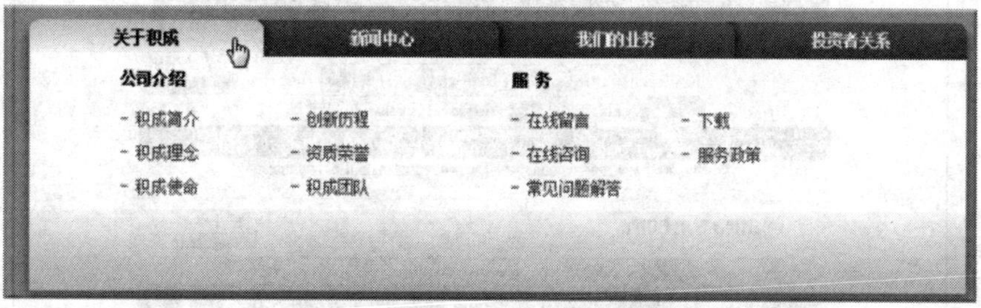

图 3.2.8　选项卡导航(1)

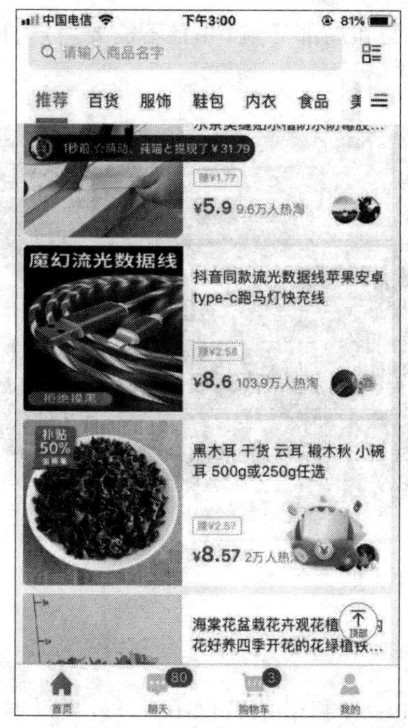

图 3.2.9　App 中底部选项卡导航(1)

图 3.2.10　App 中底部选项卡导航(2)

4. 菜单导航

菜单导航(见图 3.2.12,一般与顶部水平栏导航一起使用)是构建健全的导航系统的好方法。它使网站整体上看起来很整洁,而且使深层网页很容易被访问。它们作为网站主导航系统的一部分,通常结合水平导航、竖直导航或是选项卡导航一起使用。如果想在视觉上隐藏很广泛的或很复杂的导航层次,弹出式菜单和下拉菜单是很好的选择,因为用户可以决定他们想看见什么,以及什么时候可以看见它们。它们可以在不弄乱网页的情

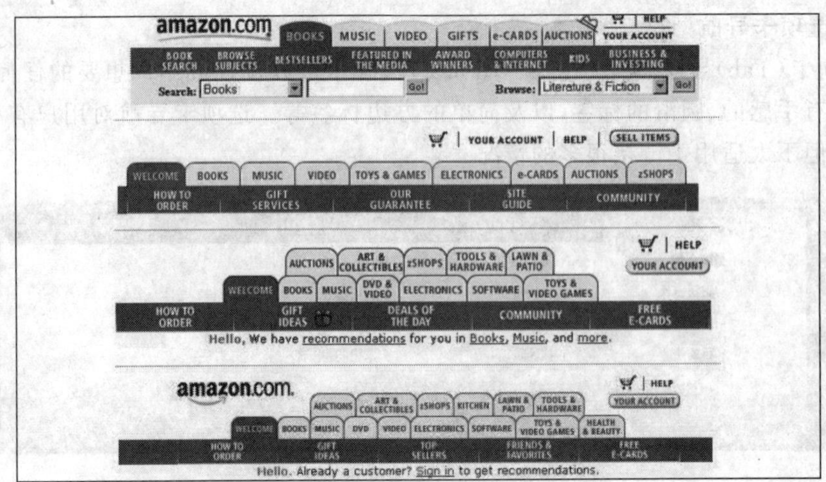

图 3.2.11 选项卡导航(2)

况下按需显示大量的链接,还可以用来显示子页面和局部导航,并且不需要用户打开新的页面。

图 3.2.12 菜单导航

5. 面包屑导航

面包屑的名字来源于童话故事《汉赛尔(Hansel)和格莱特(Gretel)》,当汉赛尔和格莱特穿过森林时,不小心迷路了,但是他们在沿途走过的地方都撒下了面包屑,让这些面包屑来帮助他们找到回家的路。所以,面包屑导航(见图 3.2.13)的作用是告诉访问者他们目前在网站中的位置以及如何返回。面包屑对于多级别、多层次结构的网站特别有用,它们可以帮助访客了解当前自己在网站中所处的位置。如果访客希望返回到某一级,它们只需要点击相应的面包屑导航项即可。

6. 标签导航

标签经常被用于博客和新闻网站。它们常常被组织成一个标签云,导航项可能按字

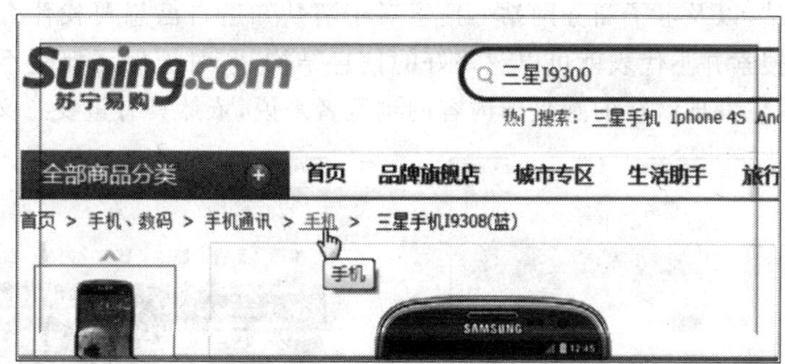

图 3.2.13　面包屑导航

母顺序排列(通常用不同大小的链接来表示这个标签下有多少内容),或者按流行程度排列(见图 3.2.14)。

图 3.2.14　标签导航

7. 搜索导航

近年来,搜索导航(见图 3.2.15～图 3.2.17)已成为流行的导航方式。它非常适合拥有无限内容的网站,如谷歌、百度等,这种网站很难使用其他的导航方式。搜索也常见于

图 3.2.15　搜索导航(1)

博客和新闻网站,以及电子商务网站。搜索对于清楚知道自己想要找什么的访客非常有用。但是有了搜索并不代表就可以忽略好的信息结构,它对于保证那些不完全知道自己要找什么,或是想发现潜在的感兴趣内容的浏览者来说,依然具有重要意义。

图 3.2.16　搜索导航(2)

图 3.2.17　搜索导航(3)

8. 个性化导航

有些网页的导航以体现网站的个性为主,风格不拘一格,采用各种样式力求使网站与众不同,如图标样式的导航、气泡样式的导航、三维样式的导航,以及 JavaScript 动画导航等(见图 3.2.18)。

图 3.2.18　个性化导航

大多数网站使用不止一种导航设计模式。例如，一个网站可能会用顶部水平栏导航作为主导航系统，并使用竖直/侧边栏导航系统来辅助它，同时还用页脚导航来做冗余，增加页面的便利度。

3.2.4　App 导航分析

App 导航承载着用户获取所需内容的快速途径。它看似简单，却是产品设计中最需要考量的一部分。App 导航的设计会直接影响用户对 App 的体验感受。所以导航菜单的设计需要考虑周全，发挥导航的价值，为构筑“怦然心动”的产品打下基础。

1. App 标签式导航

App 标签式导航(见图 3.2.19)是最常见的一种导航形式，其架构如图 3.2.20 所示。它能让用户直观地了解 App 的核心功能，且在使用时能够在几个标签中快速切换。标签的分类最好控制在 5 个以内，视觉表现上需把当前用户位置凸显，页面间的切换快速又不容易迷失，操作简单高效。标签栏位置也可以根据需要融入 Logo 或者产品核心功能(如拍照)等，从而丰富标签栏的样式。

图 3.2.19　App 标签式导航

图 3.2.20　App 标签式导航架构

优点：①用户清楚当前所在入口位置；②用户在各个入口间频繁跳转且不会迷失方向；③直接展现最重要入口的内容信息。

缺点：①会占用一定高度的显示面积；②功能不超过 5 个，功能入口过多时，显得笨重且不实用；③不利于大屏幕手机进行单手切换操作。

2. App 舵式导航

App 舵式导航(见图 3.2.21)是标签导航的一种变体,其架构如图 3.2.22 所示。中间的标签作为重要且操作频繁的入口,一般用圆形或颜色凸显出来。

图 3.2.21 App 舵式导航

图 3.2.22 App 舵式导航架构

优点:①重要且操作频繁的入口很显眼;②较大限度地引导用户进行操作。

缺点:①中间按钮极其显眼,按钮周边的两个按钮单击率较低;②对中间按钮的设计要求较高,需要有高度的设计美感,否则显得不协调。

3. App 抽屉式导航

App 抽屉式导航(见图 3.2.23)也叫侧滑导航,其架构如图 3.2.24 所示。抽屉式导航的核心是“隐藏”。隐藏非核心的操作与功能,能够让用户更专注于核心的功能操作。菜单隐藏于当前页面之后,只要单击入口就能将它拉出来。此类导航节省了页面展示空间,又可以将用户的注意力聚集在当前的页面。在不需要频繁切换内容的应用上,为了导航与界面间平滑过渡切换,此类导航需要设计切换的过渡动画。汉堡包导航,也就是三条横线的导航按钮,是一种很常见的导航方式,与抽屉式导航类似,只不过汉堡包导航更强调使用的图标,抽屉式是指导航展开的方式。

优点:①节省了页面展示空间;②扩展性好,可以放置多个入口,而标签导航最多放置 5 个入口。

缺点:①左上角的小按钮具有隐藏性,若第一次打开时不进行引导,用户可能会忽略这个入口;②对入口交互功能可见性要求较高。

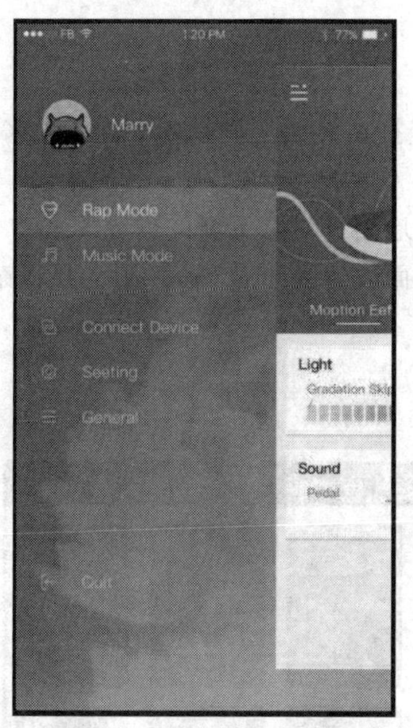

图 3.2.23　App 抽屉式导航

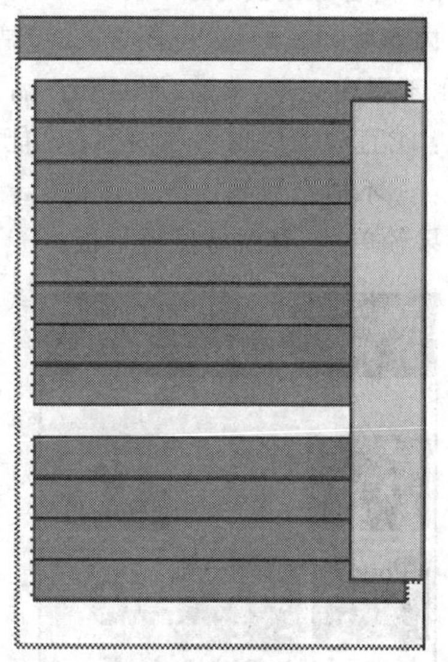

图 3.2.24　App 抽屉式导航架构

4. App 宫格式导航

App 宫格式导航(如九宫格)(见图 3.2.25)的特征是登录界面中的菜单选项就是进入各个应用的起点,其架构如图 3.2.26 所示。

图 3.2.25　App 宫格式导航

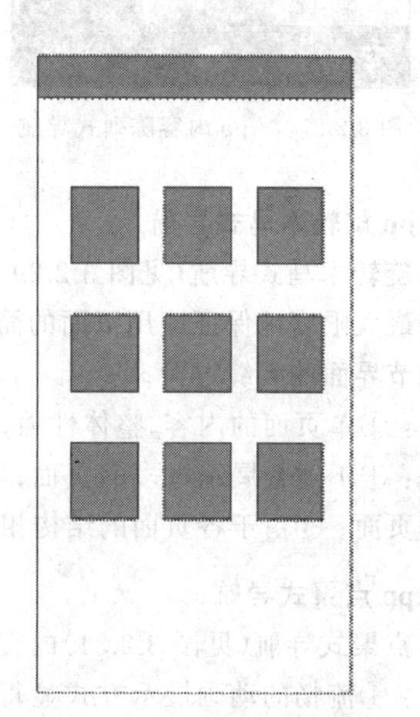

图 3.2.26　App 宫格式导航架构

优点：①清晰展现入口；②用户容易记住各入口的位置,方便快速查找。

缺点：①无法在多入口中灵活跳转,不适合多任务操作；②容易形成更深的路径；

③不能直接展现入口内容。

5. App 内容陈列式导航

App 内容陈列式导航(见图 3.2.27)是通过直接在界面上显示各个内容项来实现导航的,主要用于展现文章、菜谱、照片和产品等,其架构如图 3.2.28 所示。

优点:①直观地展现各项内容;②能够方便地浏览时常更新的内容。

缺点:①不适合展现顶级入口框架;②对界面内容要求较高,否则会显得杂乱无章;③设计效果较单一,界面易显得呆板。

图 3.2.27 App 内容陈列式导航

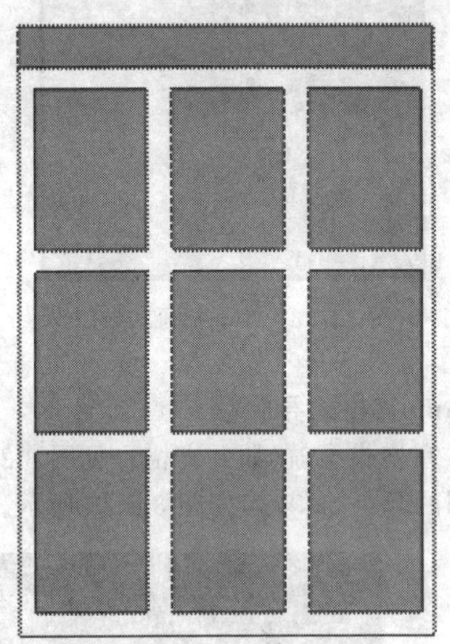

图 3.2.28 App 内容陈列式导航架构

6. App 旋转木马式导航

App 旋转木马式导航(见图 3.2.29)是一种轮播导航,其架构如图 3.2.30 所示。这种导航能够最大限度地保证应用页面的简洁,得到极为流畅的用户体验和直观的流程,实现概览和细节界面的无缝过渡。

优点:①单页面的内容,整体性强;②线性的浏览方式有顺畅感和方向感。

缺点:①不适合展示过多的页面;②不能跳跃性地查看间隔的页面,只能按顺序查看相邻的页面;③由于各页面的结构相似,容易忽略后面的内容。

7. App 点聚式导航

App 点聚式导航(见图 3.2.31)的交互方式以 Path 为代表,其架构如图 3.2.32 所示。

优点:①流畅的动画展示方式显得更加有趣;②节省空间,避免了标签导航占用空间大的问题;③具有更强的引导性,避免了抽屉式导航引导性不足的问题。

缺点:①隐藏了框架中的入口内容;②对入口交互功能可见性要求高。

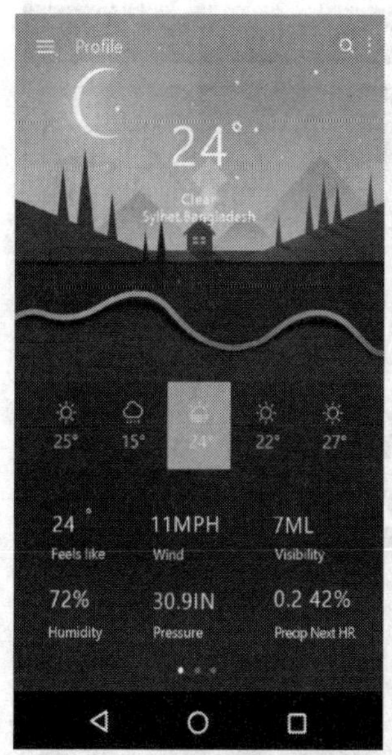

图 3.2.29　App 旋转木马式导航

图 3.2.30　App 旋转木马式导航架构

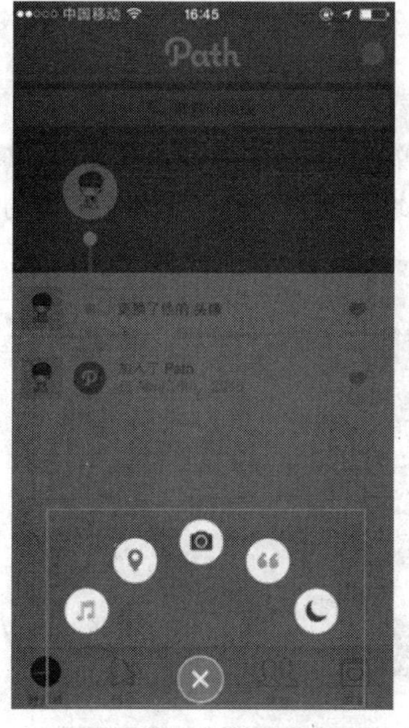

图 3.2.31　App 点聚式导航

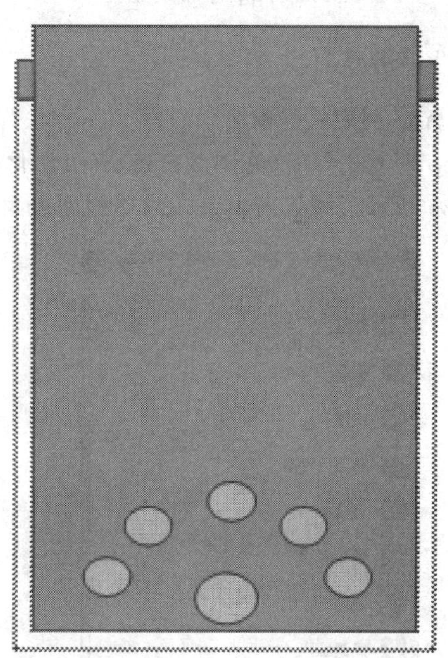

图 3.2.32　App 点聚式导航架构

8. App 瀑布式导航

App 瀑布式导航(见图 3.2.33)适合在一屏中向用户展示大量的信息,以卡片形式分割,信息展现比较复杂,其架构如图 3.2.34 所示。

优点:浏览时可感受到流畅体验。

缺点:①整体内容缺乏体积感,容易发生空间位置迷失的问题;②浏览一段时间后

图 3.2.33　App 瀑布式导航

图 3.2.34　App 瀑布式导航架构

容易产生疲劳感。

9. App 列表式导航

App 列表式导航(见图 3.2.35)有个性化列表菜单、分组列表和增强列表等,其架构如图 3.2.36 所示。增强列表是在简单的列表菜单之上增加搜索、浏览或过滤之类的功能后

图 3.2.35　App 列表式导航

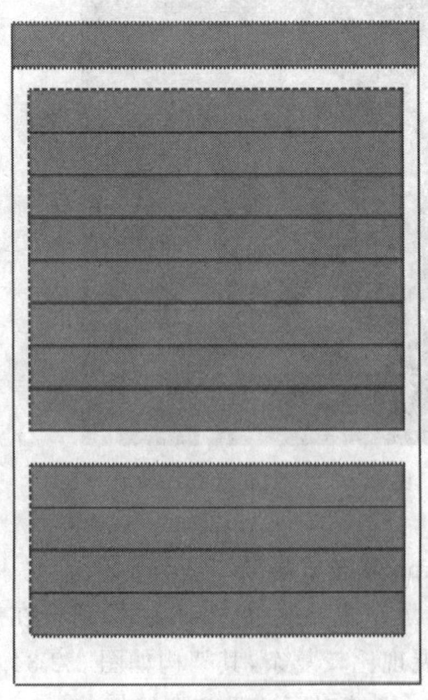

图 3.2.36　App 列表式导航架构

形成的。列表菜单适合显示较长或拥有次级文字的标题。

优点：①层次展示清晰；②可展示内容较长的标题；③可展示标题的次级内容。

缺点：①同级内容过多时，用户浏览容易产生疲劳感；②排版灵活性不是很强；③只能通过排列顺序和颜色来区分各入口的重要程度。

10. App Tab 式导航

App Tab 式导航（见图3.2.37）通常用于二级页，本质和App标签式导航相同，其架构如图3.2.38所示。应用层级较多的情况下，可以采用App Tab式导航，典型场景是用于改变当前的视图，或对当前页面内容进行分类查看。

优点：①滑动式顶部可无限添加标签，可扩展性强；②技术上，适配简单，减少开发成本；③占据空间比底部导航栏小，节省空间；④划屏切换，简单便捷。

缺点：①标签数量过多容易导致产品页面过多；②越是后面的标签越容易被遗忘，导致流量遗失。

图3.2.37　App Tab 式导航

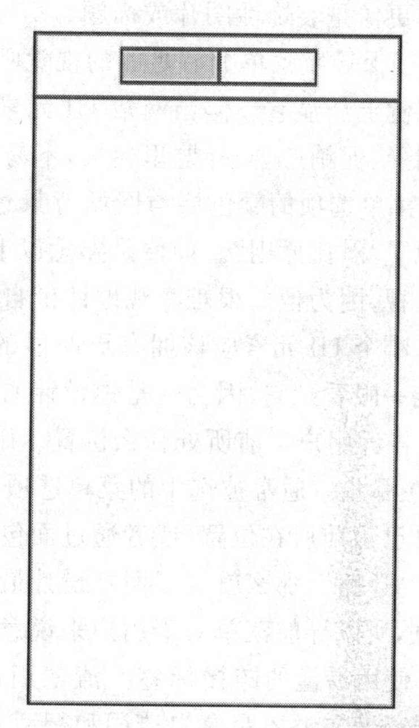

图3.2.38　App Tab 式导航架构

3.3　网站导航设计

导航是网页设计中不可缺少的部分，它是网站访问者获取所需内容的快速通道和途径。导航让网站的层次结构以一种有条理的方式清晰展示，并引导用户毫不费力地找到并管理信息，从而达到有效传递。导航一般位于网页的中上部分，也是视觉的中心区域。一个好的导航设计，在保持其合理的功能作用的同时，往往能够成为整个网页设计的点睛之笔。

一个设计师在布局和整体规划网页设计时，导航则是其中一个重要的元素。我们会思考以下问题：导航以什么形式呈现？是否能够最大限度地发挥其梳理网站结构、有效传递信息的功能？是否能够烘托和配合整个页面的设计风格？是否能够别出心裁、润色和体现该网站的特点而又不影响其功能性？是否能够精益求精使其成为整个网页设计至关重要的一笔？

3.3.1 注意事项和设计原则

(1) 导航菜单要清晰可见，大屏中的导航菜单不要太小。如果空间足够，不要将菜单隐藏。

(2) 把导航菜单放在用户熟悉的位置。通常用户希望在浏览过的网站或App中的类似位置(如网站顶部、左侧等)找到他们想要的UI元素。

(3) 让菜单链接看起来有互动感。如果菜单选项看起来不可点击，用户未必能认出它是导航。如果导航设计融入色彩太浓重的图形或刻意追求扁平化设计风格，则会使它们看起来更像是装饰性图片或标题。

(4) 确保导航菜单拥有足够的视觉吸引力。很多导航菜单的周围会留有一点空白区域以从视觉上凸显它。但当网站UI元素比较拥挤时，如果导航菜单视觉比重太小就会在各色图形、促销广告、标题里迷失，不易被用户识别。

(5) 菜单选项的颜色要与网站背景色对比鲜明。但令人惊讶的是，有非常多的设计师都忽视了"对比原则"。即便是熟悉以上规则的设计师设计出来的导航菜单也有可能会被用户忽视，因为他们很难客观地评价自己的作品——尤其是碰上比较主观的设计标准时，比如，哪个UI元素应该拥有更明显的视觉效果。如果你知道你的导航菜单在哪儿，自然就能一眼看到它，因为这是你设计的。因此，让用户参与验证十分必要。

(6) 告诉用户当前所处什么位置。用户成功导航的一个最基本的标准是他自己能发现："我在哪儿?"通常被选中的菜单选项在视觉上与其他选项是有差异的，这可以帮助用户明确自己当前所在位置(或者通过面包屑导航定位)。如果没有让用户明确所在位置，导致他们"迷路"，那么就犯了网站设计最基本的错误。讽刺的是，用户不总是通过首页到达目的页，所以导航菜单对于用户来说意义重大。

(7) 使用易懂的链接标签。清楚用户要找的是什么，使用相似且相关的类别标签。要记住导航菜单并不是拿自造词和行话去"忽悠"人的。请使用可以准确描述网站内容和特征的术语。

(8) 链接标签要容易阅读。减少用户阅读菜单具体内容的时间，如使用左对齐的垂直菜单或将关键词前置。

(9) 对于大型网站来说，让用户通过导航菜单预览子级内容。对于喜欢挖掘网站各层级内容的典型用户来说，下拉菜单可以让用户快速浏览、节省时间。

(10) 为息息相关的内容提供本地导航。如果用户喜欢对一些同类商品频繁对比，或在某个场景里完成多个任务，可以将这些临近页面做成本地导航菜单，这样用户就不需要在复杂的路径里"上蹿下跳"了。

(11) 利用视觉的传达力。图像、颜色等元素可以帮助用户理解菜单选项，但也要确保这些图形起的是积极作用(至少不能让操作变得更难)。

(12) 菜单选项要够大，方便点击。如果导航菜单的选项过小或者彼此靠得太近，会给移动用户造成很大的困扰。大型网站中导航菜单选项如果设计得选项过小或彼此靠得太近，就会很难操作。

(13) 确保下拉菜单不会太大或太小。鼠标悬停触发的下拉菜单呈现的时间太过短暂会给用户带来挫败感，因为用户还没来得及点击菜单里的某个链接时，下拉菜单就消失了。另外，太长的垂直导航菜单也不利于底部选项的点击，除非滚动屏幕。此外，鼠标悬停触发的下拉菜单不能太宽，否则会让用户误以为是新页面，并且好奇为什么自己还没点击就出现了新的"页面"。

(14) 当页面内容很长时，可以考虑悬浮吸顶(或固底)菜单。已浏览到页面底部的用户要想回到首屏需要一次又一次地回滚鼠标(移动端则是不断向上划动屏幕)。如果导航可以悬浮吸顶，用户就可以很方便地进行其他菜单选项的切换。这很适合小屏幕场景，尽可能缩短导航菜单最常用操作的物理距离。下拉菜单内容比较多时，将用户最常点击的链接放到离鼠标悬停的选项最近的地方，可以减少鼠标移动的距离(移动端也类似)。最近一些 App 中流行的饼状菜单则将所有菜单选项呈圆(有的是半圆)状围绕在菜单周围，这样每一个选项链接的物理点击距离都是最短的。炫酷的效果并非设计的首要目标，对于用户来说，最能打动他们的还是网站的精彩内容，以及熟悉且操作简单的导航菜单。

3.3.2　导航创意

千篇一律的导航形式，用户早已习惯。如果在网站建设时将用户最先注意到的导航加点创意，那么是否能起到画龙点睛的作用呢？事实上，导航在指引用户搜索内容时，还能改变用户浏览网站的心情。浏览网站也像一场旅行，有创意的导航栏让用户赏心悦目，从而增加对网站的兴趣，例如采用别致的图标式导航、情景式导航等。

网站导航在网站建设中占有举足重轻的地位，一个好的网站导航设计是整个网站成功的重要一步，因此针对不同网站以及内容展示的需要，做好这一步是不容忽视的。

导航的设计会根据网站的基本类别、属性和各自的特点而有所定位。下面介绍一些非系统、门户等类型，有明确特点、用户定位、产品及品牌特色的品牌类、专题类网站。对于这些网站来说，导航的设计将突破常见的横向长条导航或者竖式导航，会更加有趣味，是能让设计师们尽情拓展设计创意和思维的"有点儿意思"的导航设计。

1. 材质类——给导航加点材质

材质类导航(见图 3.3.1)是润色导航、增加导航趣味最常用的设计方法。在有特殊定位和用户导向的网站设计里，是设计师们经常使用的手法。这种快速、简单、效果直接的设计方式，能够迅速将产品的特性和设计师的巧妙构思呈现出来。并且材质类的导航设计往往不必打破导航的基本形态，能够很好地保持导航的功能性、页面排版的整齐感。因此，可以在固定的网页原型的结构和位置上灵活地表达产品的特性。设计师们可以随心所欲地雕琢内部的材质，从而打造一个不一样的趣味导航，使它成为整个页面的小小亮点。

2. 拟物类——让导航不仅仅是导航

如何让一个页面让用户感觉融入了该网站产品的世界？那就要让用户通过视觉体验

图 3.3.1 材质类导航

真实地感受到该产品特性的存在。这时,一个普通呆板的导航,远远不能满足页面的设计需要。即使产品图片再诱人,一个呆板的导航,在页面上也无法让人产生兴趣。所以,越来越多的设计,让导航成了烘托、增强网页和产品氛围的振奋一笔。拟物类导航(见图 3.3.2)就像变色龙,在不同定位的网页设计中捕捉和适应环境的特点,从而化身为环境的一部分。拟物类导航可以是抽屉,可以是布条,可以是树木,可以是任何你能想到和创意出来的东西。打破一切既定的规则,不必一定要长条四方,不必一定要整齐划一,拟物类导航可以将设计师的能动性发挥到极点。这样的导航设计,在整个网页中可以达到另外一层的功能性,即辅助提升产品给用户的强大视觉认知度,还未见其产品的详细信息,你就能提前感受到它是干什么的,有什么样的风格,有什么样的追求。让导航不仅仅只是导航。

3. 形态类——换个形状设计导航

若问到导航是什么样的,大多数人都会立刻浮现出几种基本的形状和样式,顶部的横栏、侧边的竖栏。即便是风格各异、颜色各异、材质各异,大多数的导航都不会跨出基本的界限。那么导航是不是一定要遵守形状这个“规矩”呢?答案是否定的。用户虽然习惯了导航的“规矩性”,但是另类形态的导航设计却无疑给了用户一个新的视角,原来导航也可以“没规没矩”,这就是形态类导航(见图 3.3.3)。那么是否可以随意改变导航的形态设计

图 3.3.2　拟物类导航

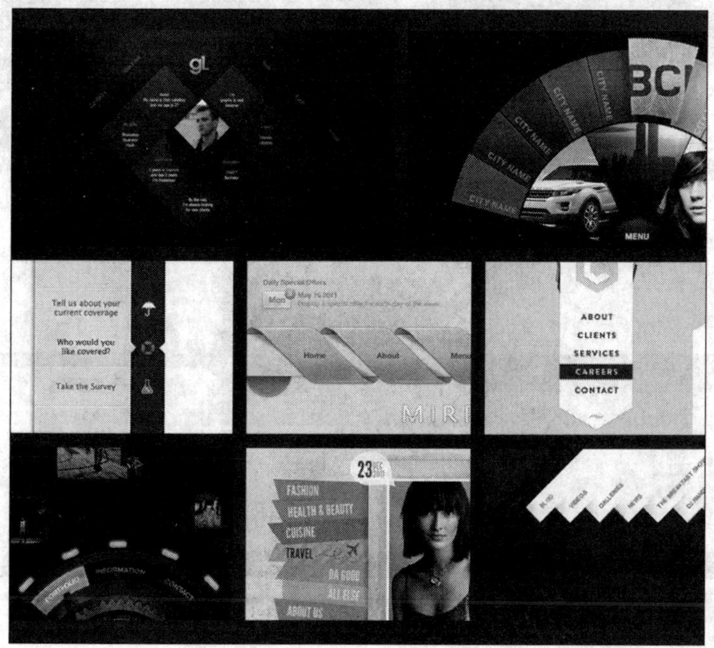

图 3.3.3　形态类导航

呢？答案也是否定的，设计师们始终都要记住导航的根本属性和用途，让导航不能脱离它在页面设计中的核心作用。如果你是一个大胆的设计师，又有新颖的设计理念和产品诉求，那么不妨尝试做一次大的调整，换个形状设计导航。

4. 融合类——“和谐共进”的导航设计

在某些网页设计中，需求的导向性会要求将导航一定程度的削弱，以此来突出产品的主体内容。那么对于这部分的导航设计，设计师们该如何取舍呢？是简单地罗列文字？还是将导航舍弃在边角的位置？如何才能使被削弱的导航不失设计感，甚至还能够辅助主体内容的凸显？这时，对导航的处理和设计就更能体现出一个设计师对宏观大局的把控，以及对细节局部的掌控，让局部服从整体，但又不是简单粗糙，反而精致得恰到好处，这就是融合类导航(见图 3.3.4)。削弱并不是不需要设计，和谐并不是隐藏和消失。很多优秀的设计作品，在处理这类情况时，通常将导航和网页主体背景进行关联性的融合，从色彩的恰接、风格感受、背景图片的关联、线框等多方面都可以进行处理和设计。让导航自然地呈现，仿佛为主体的一部分，又退而求其次，把更多的视觉焦点留给了主体内容。从而完美地保持其功能性，又能与整体页面“和谐共进”。

图 3.3.4 融合类导航

5. 延展类——导航设计的更多可能性

设计是在不断进步的，随着用户体验的提高、用户认知度的拓展、产品需求的多样性、设计师理念的不断探索和更新，使我们相信，导航设计将存在更多的可能性，也许下一个新的设计形式就诞生在你我之间。越来越多关于导航设计的研究和探索，将会给用户带来全新的视觉和使用体验。下面欣赏几个创意类导航。

3.4　网站导航赏析

3.4.1　真功夫

真功夫的官网页面分类清晰，各种食品、优惠、外卖等功能，让用户一目了然；在偏左的位置是它最新食品的广告，让用户很容易产生食欲，同时广告篇幅又不影响其他分类的布局；最后真功夫以红色为主的配色也使它拥有浓郁的“中国风”，并且很温暖，会让用户产生一种“吃年夜饭”的感觉，如图 3.4.1 所示。

图 3.4.1　真功夫

3.4.2　汇源果汁

汇源果汁的官网看起来更像一幅海报，导航的设计非常简单，但却突出汇源非常亲近自然，选料优质；两旁的果树加上蓝天、白云和绿草，以及快乐的一家四口，配色清新、朴素，非常完美地诠释了它的广告词：“天天有汇源，健康每一天”，如图 3.4.2 所示。

3.4.3　可口可乐

可口可乐的官网设计很有趣，中间一瓶“可口”突出了红框，代表不拘一格，并且周围围绕着各种产品信息和活动等，一目了然的同时也非常吸引用户去关注；红白的配色给人一种后现代的时尚感觉，如图 3.4.3 所示。

图 3.4.2 汇源果汁

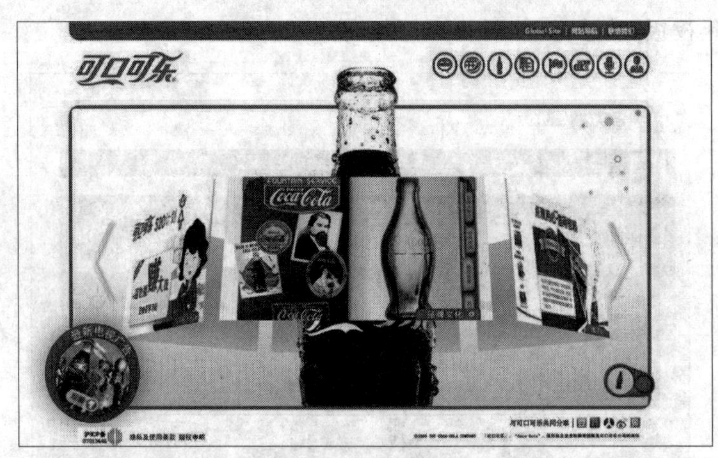

图 3.4.3 可口可乐

3.4.4 李宁

李宁的官网设计得很简单，却让人感觉很有内涵：新品介绍的海报占据了网页很大的位置，两边围绕着各种活动和产品信息，以及不同运动项目的“奥运冠军”的照片，让用户不禁想了解“李宁与冠军之间的故事”；同时木地板的背景，以及黑色与暖色的配色，给人一种运动、力量、安全和受保护的感觉，如图 3.4.4 所示。

3.4.5 乐途

乐途官网的设计突出了主题：“有特色，才能称奇！”网页的拼图设计很新颖，当鼠标移动过去，有些被分成一块的拼图会反转过来，显示一些产品信息，同时清新的配色，非常符合乐途阳光、活力、时尚的感觉，如图 3.4.5 所示。

图 3.4.4　李宁

图 3.4.5　乐途

3.4.6　相宜本草

首先，相宜本草官网的页面设计简洁，具有中国古典气息，是国内护肤品少有的设计风格；其次，它的布局非常吸引人，进入页面之后显示大概占了 3/5 的广告，突出主题，激发用户想要了解的欲望；最后，网页基本以绿色为主的配色，让用户有非常放松的感觉，并且符合护肤品给皮肤带来温和的感觉，如图 3.4.6 所示。

3.4.7　露得清

露得清的官网页面整体让人感觉非常简洁，并且导航分类很清晰实用，这样的布局更加突出产品的多样化，也可以让用户更快捷地了解到产品信息；以白色为主的配色显得网页时尚、大方、干净，如图 3.4.7 所示。

图 3.4.6 相宜本草

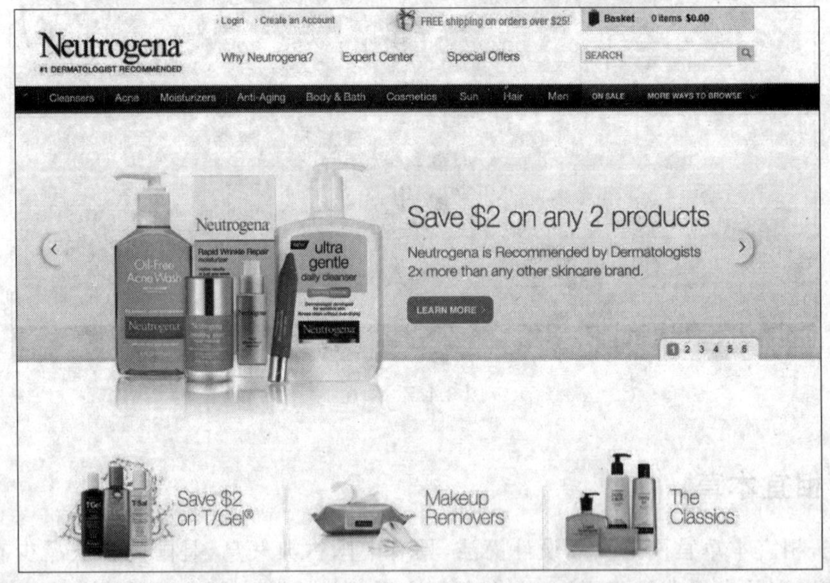

图 3.4.7 露得清

3.5 导航制作案例

3.5.1 门牌导航的制作

1. 效果分析

下面介绍一款门牌导航的制作(见图 3.5.1),其看似简单,但却精致。我们先来分析一下它的细节。

(1) 竖线条：有左、右两条。它的特点是上、下有渐变；左边有虚化；右边整齐；右边条跟左边条相对称。

(2) 横线条：有四组，每组的效果一样。颜色上深下浅；左边深，右边渐淡；四组垂直等间距排列。

2. 制作技术分析

下面分析它的制作技术。

1) 左右边条

打开源文件，首先看到的是 5 个图层组，如图 3.5.2 所示。其中前 4 个图层组是 4 组横线条，还有一个图层组是左右边条。下面从上到下把图层组一一关闭，只留左右边条图层不关闭。看看左右边条的图层，左边部分是图层的内容，右边部分是图层蒙版。按 A 键，选择路径选择工具，单击左边的图层内容，在属性面板中可以看出，它是一个黑色矩形，有羽化。再看右边的蒙版，蒙版上有对称渐变，还有一个黑色的矩形，如图 3.5.3 所示。

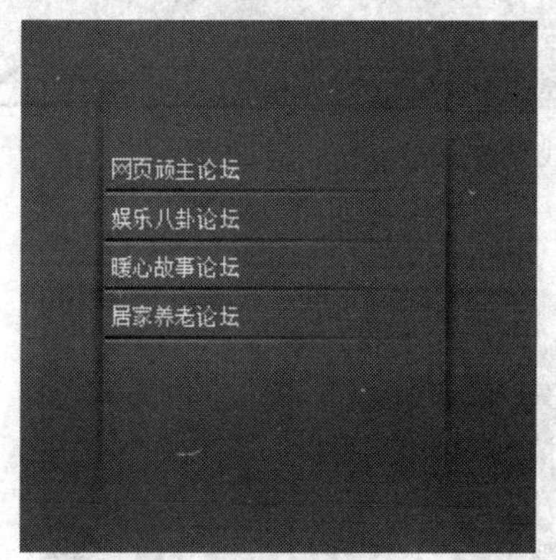

图 3.5.1　门牌导航

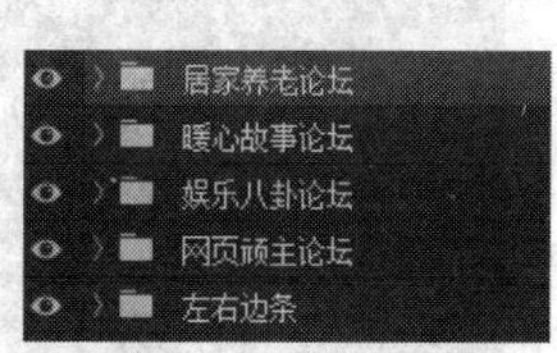

图 3.5.2　源文件图层

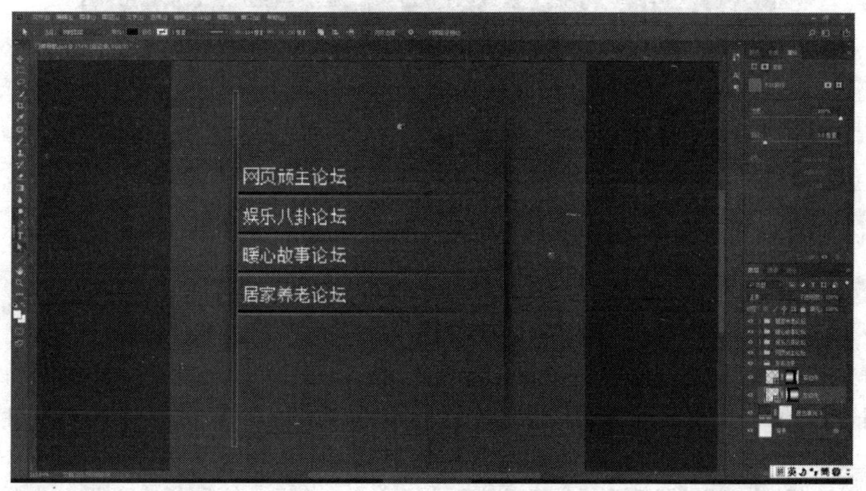

图 3.5.3　左右边条的内容

2）横线条

再来研究一下第一组横线条：左边是图层内容，右边是图层蒙版。按 A 键，用路径选择工具来单击图层内容，发现是一个矩形；再看右边的图层蒙版，蒙版上有渐变，如图 3.5.4 所示。下面是图层样式，有图层投影。双击投影，弹出“图层样式”对话框，从中看到混合模式正常颜色为白色，不透明度为 33%，角度为 90°，距离为 2 像素，扩展和大小均为 0，如图 3.5.5 所示。

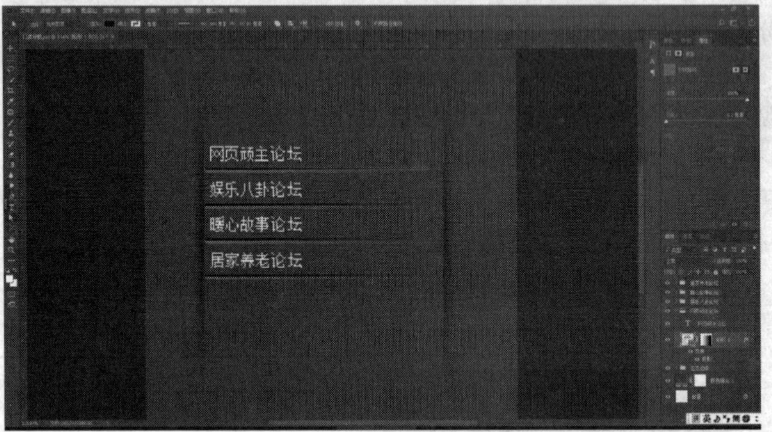

图 3.5.4　横线条的图层内容

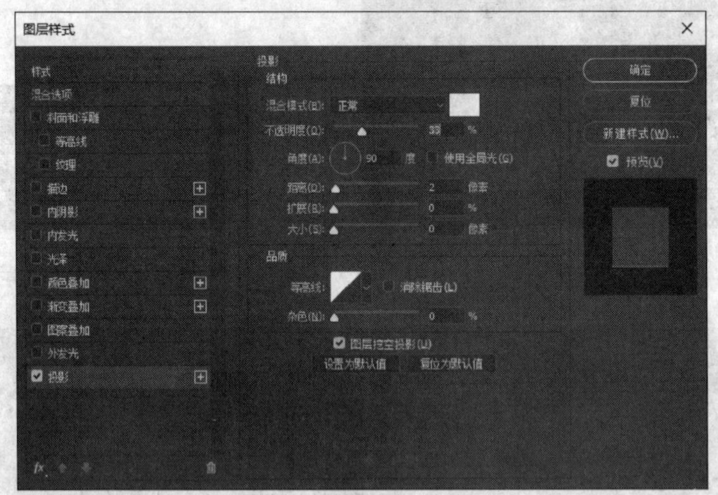

图 3.5.5　图层特效的设置

3. 操作步骤

1）新建文件

（1）把光标定位在源文件白色背景图层上，按 Ctrl＋A 组合键全选，按 Ctrl＋C 组合键复制，按 Ctrl＋N 组合键新建文件，用这种方法新建一个跟源文件大小属性一样的文件。

（2）选择“窗口”|“排列”|“全部垂直贴拼”命令，把源文件和新建文件左右排列并设

置它们的视图缩放为相同大小，以便参考，如图 3.5.6 所示。

图 3.5.6　新建文件与源文件左右排列

(3) 填充背景色。把光标定位在新建文件窗口。单击图层面板上的第 4 个按钮，在弹出的菜单中选择“纯色”以调整颜色。这样做的好处是可以随时更改背景色，如图 3.5.7 和图 3.5.8 所示。

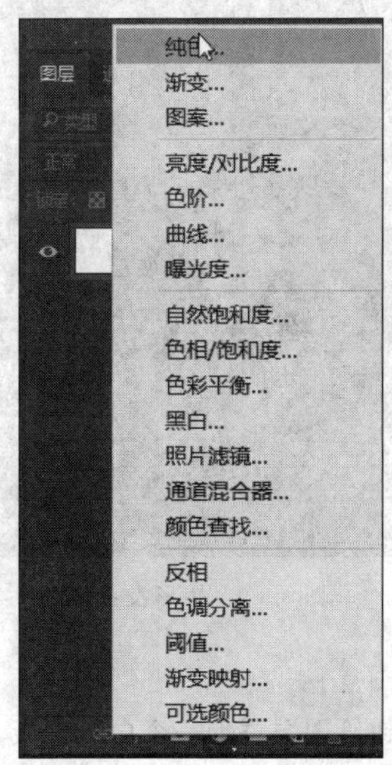

图 3.5.7　纯色填充

2) 制作左右边条

(1) 在工具面板中选择矩形工具，设置填充色为黑色，边框线颜色为无，绘制一个宽 4 像素、高 250 像素、羽化为 3 像素的矩形（没有羽化的矩形如图 3.5.9 所示，有羽化的矩

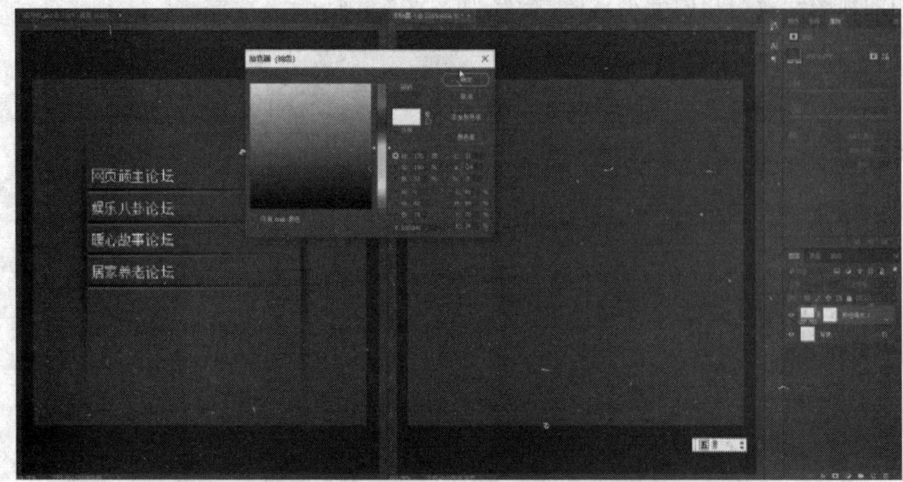

图 3.5.8　纯色填充结果

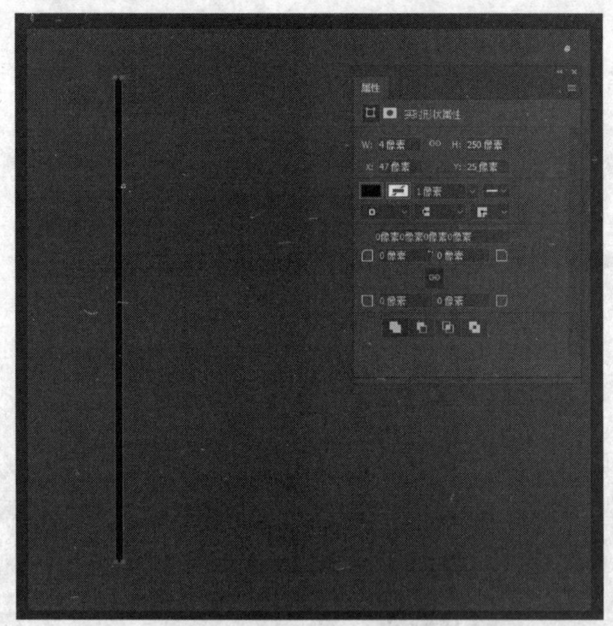

图 3.5.9　矩形没羽化

形如图 3.5.10 所示)。

(2) 单击添加图层蒙版按钮给图层添加一个白色蒙版,如图 3.5.11 所示。

(3) 在图层蒙版上添加黑色的对称渐变,选择工具栏中的渐变工具,调整三个色标全为黑色,中间一个色标不透明度为 0,左右两个不透明度为 100%,如图 3.5.12 所示。单击“确定”按钮,选择图层蒙版,再选择渐变工具,按住 Shift 键从上往下拖动,填充后的效果如图 3.5.13 所示。

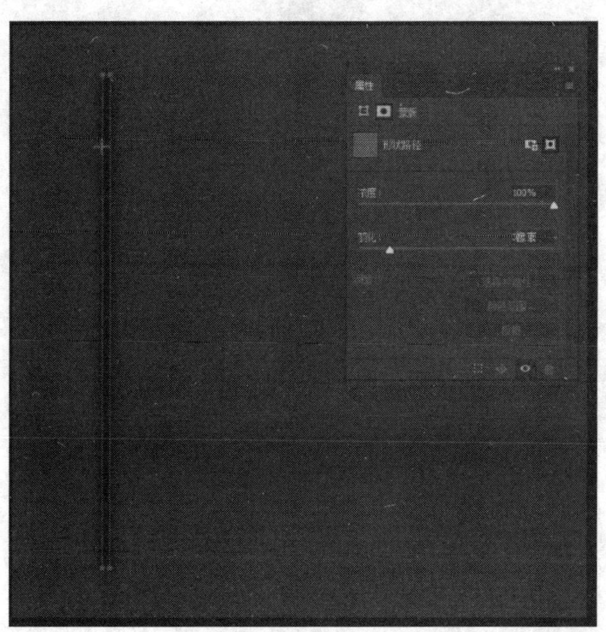

图 3.5.10　矩形有羽化

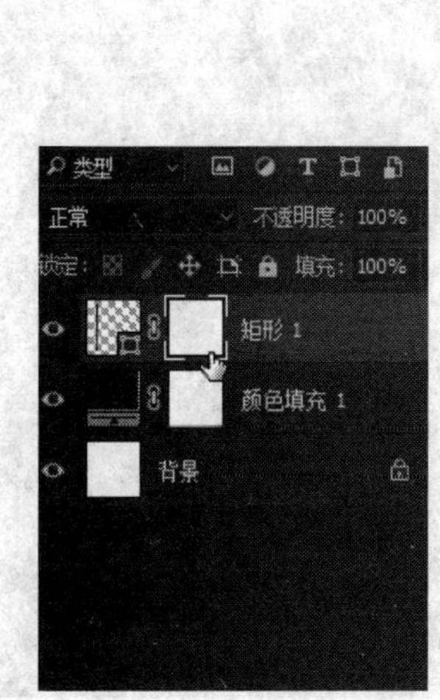

图 3.5.11　添加图层蒙版

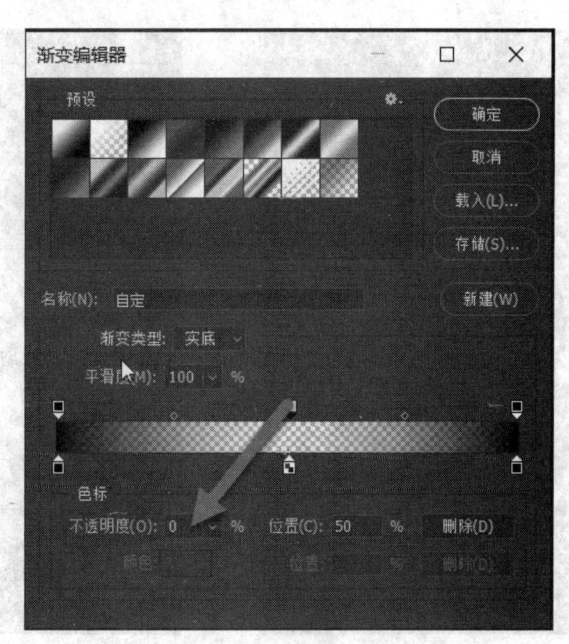

图 3.5.12　渐变参数的设置

(4) 用选框工具选中黑色矩形的右边一半，如图 3.5.14 所示。单击图层蒙版，填充黑色后的效果如图 3.5.15 所示。左边条制作完毕，把图层名称改为“左边条”。

图 3.5.13　填充渐变后的效果

图 3.5.14　选择矩形右半边

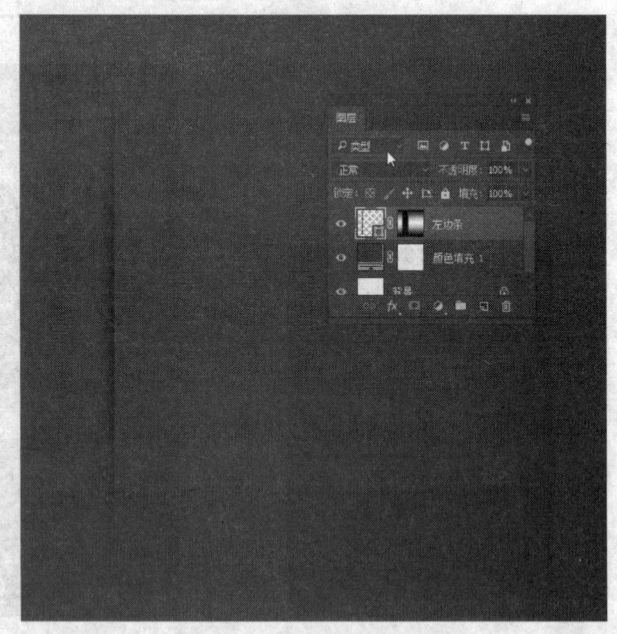

图 3.5.15　左边条效果

(5) 把左边条的图层复制一份，选择复制出来的图层按 Ctrl＋T 组合键，右击，在弹出的快捷菜单中选择“水平翻转”|“移动位置”命令。右边条制作完成，把图层名称改为“右边条”，如图 3.5.16 所示。

(6) 同时选中左边条和右边条，按 Ctrl＋G 组合键群组，把群组名称改为“左右边

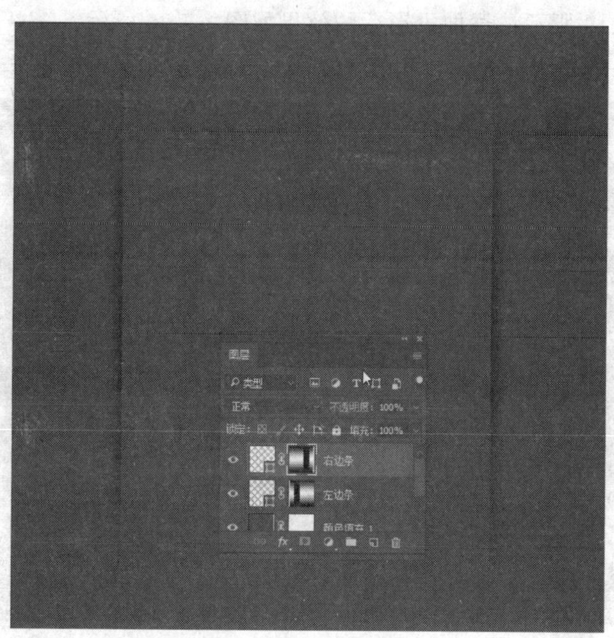

图 3.5.16　右边条效果

条”,如图 3.5.17 所示。左右边条制作完毕。

3) 制作横线条

(1) 选择矩形工具,设置填充色为黑色,边框线颜色为无,绘制一个宽 180 像素、高 2 像素的矢量矩形(横线条),如图 3.5.18 所示。

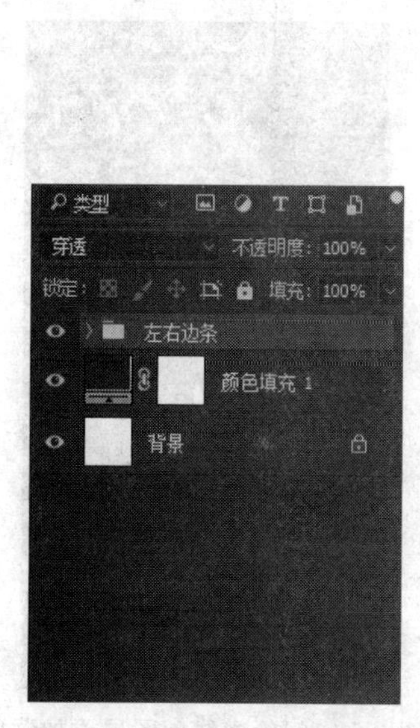

图 3.5.17　群组左右边条图层

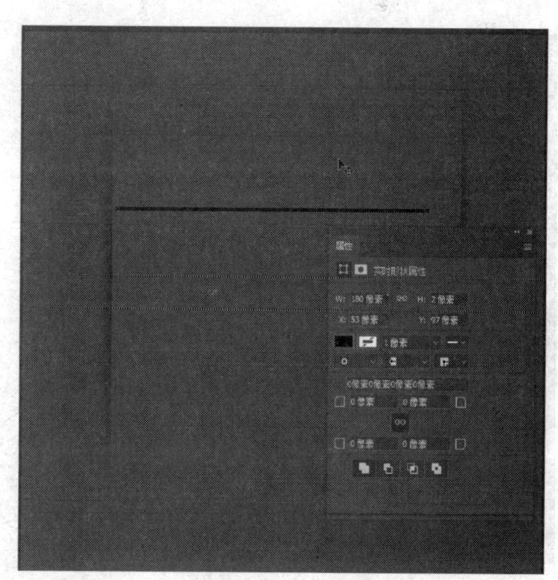

图 3.5.18　横线条

(2) 设置图层投影。单击图层样式按钮,给图层添加投影并设置投影参数:混合模式为正常,投影颜色为白色,投影角度为 90°,不透明度为 33%,距离为 2 像素,扩展和大小均为 0,如图 3.5.19 所示。添加投影后的效果如图 3.5.20 所示。

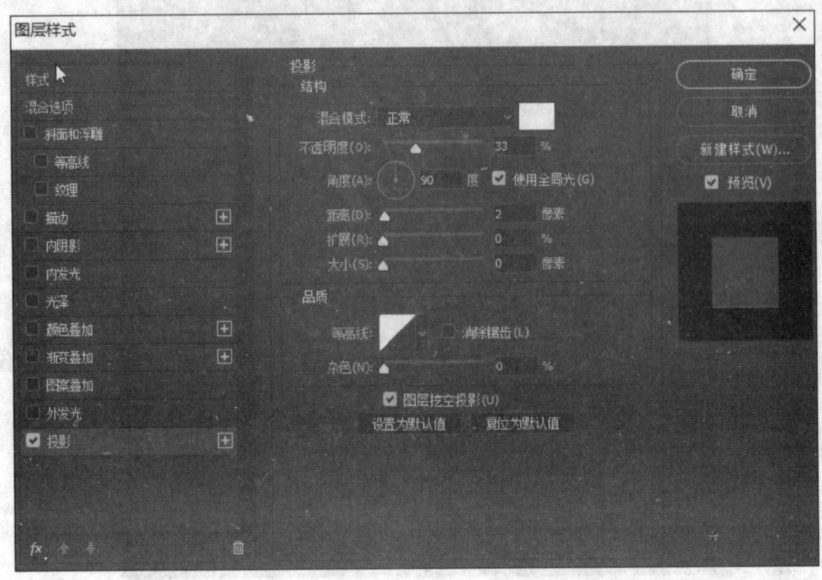

图 3.5.19 图层样式设置

(3) 添加图层蒙版如图 3.5.21 所示。在图层蒙版中添加左右渐变效果。选择图层蒙版,再选择工具栏中的渐变工具,调整两个色标全为黑色,如图 3.5.22 所示。设置左边色标不透明度为 0,右边色标不透明度为 100%。单击“确定”按钮后,选择图层蒙版,再选择渐变工具,按住 Shift 键从左往右拖动,效果如图 3.5.23 所示。

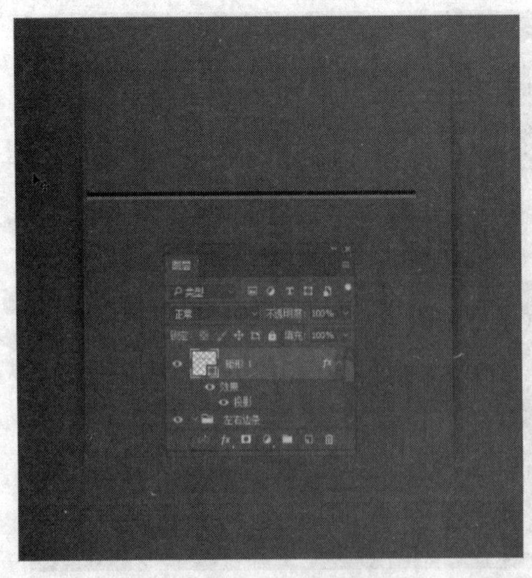

图 3.5.20 添加投影后效果

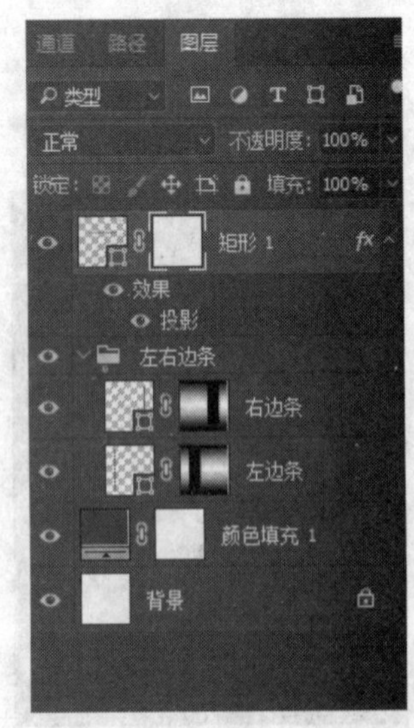

图 3.5.21 给横线条图层添加蒙版

(4) 输入文本。选择文本工具,设置字体为微软件雅黑,字号为 12 磅,颜色为白色,输入“网页顽主论坛”文本。把线条图层和文本图层同时选中,按 Ctrl+G 组合键使其成

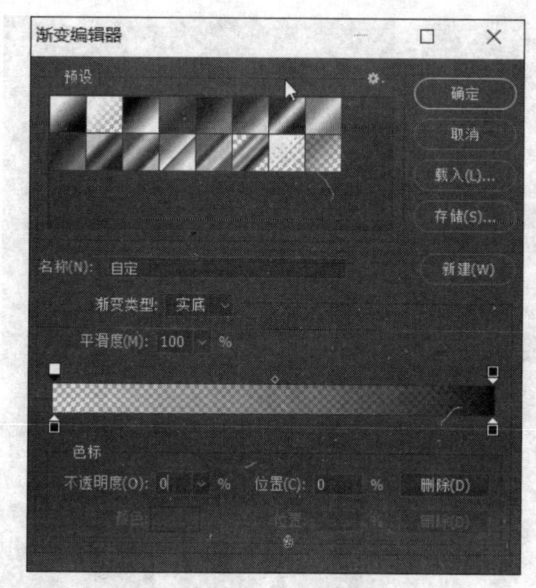

图 3.5.22　设置渐变

图 3.5.23　给横线条添加渐变后的效果

为群组。把群组名称改为“网页顽主论坛”,如图 3.5.24 所示。

（5）复制“网页顽主论坛”群组,把复制后的群组移动位置,把名称改为“娱乐八卦论坛”。单击文本图层,把文本内容改为“娱乐八卦论坛”。用同样的方法制作其他群组,如图 3.5.25 所示。最后同时选择 4 个群组,单击“垂直等间距排列对象位置”按钮,效果如图 3.5.26 所示。

制作总结：本例用到的关键技术是图层蒙版、渐变、群组图层、垂直等间距排列。

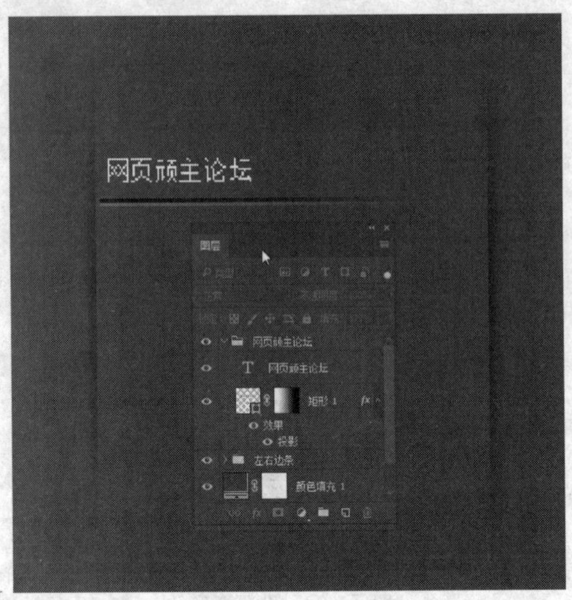

图 3.5.24 横线条与文本

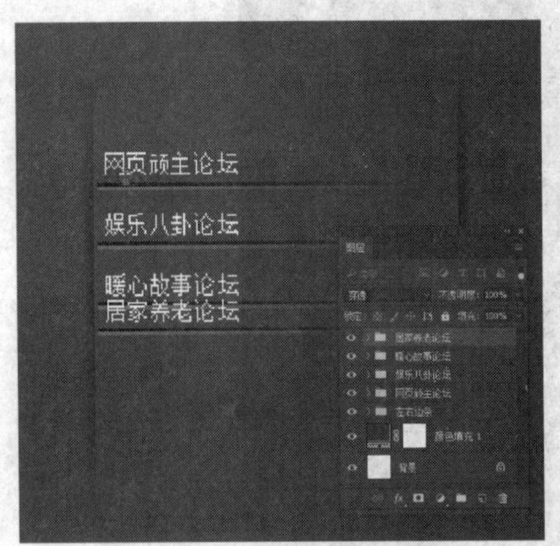

图 3.5.25 4 组横线条群组

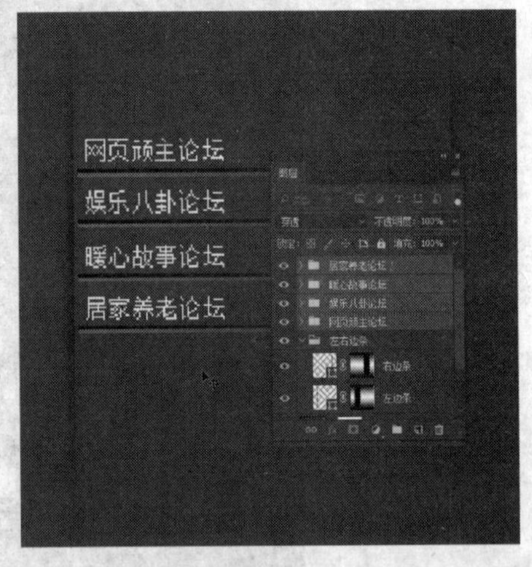

图 3.5.26 排列后的效果

3.5.2 苹果下载按钮的制作

1. 效果展示

苹果下载按钮的效果及其所包含的元素如图 3.5.27 所示。

2. 设计分析

(1) 这是个按钮类导航,其目的是引导受众去点击下载,做得非常精致。

(2) 配色方案:用同色系配色,简洁大方,用不同明度的蓝色营造一种轻松、自然、严肃、传统的氛围。

图 3.5.27　效果展示

（3）主要元素：主标题文字——iPhone 版，次标题文字——适用 iPhone/iPod 下载；苹果 Logo；底纹；高光和投影等装饰。

（4）版面安排：左右结构。

3. 制作步骤

（1）收集素材如图 3.5.28 和图 3.5.29 所示。

图 3.5.28　底纹

图 3.5.29　Logo

（2）打开参考的源文件，分析图层关系，先把图层一层一层地关闭，看清楚每个图层所包含的元素。然后把图层一层一层地打开，显示上面的内容。首先显示的是投影 2 图层，这是单独绘制的有羽化的椭圆，用来补充制作投影效果，因为图层模式中的投影做出来不够真实。接下来的图层就是圆角矩形图层，它填充的是三色的线性渐变以及黑色的投影。随后是底纹图层，它有图层蒙版，蒙版上由渐变来产生底纹上、下部的渐隐关系。高光 1 是一个白色椭圆，有羽化，用图层蒙版隐去两端的亮度。高光 2 也是一个白色椭圆，有羽化。Logo 图层和标题文本图层有白色的投影，如图 3.5.30 所示。

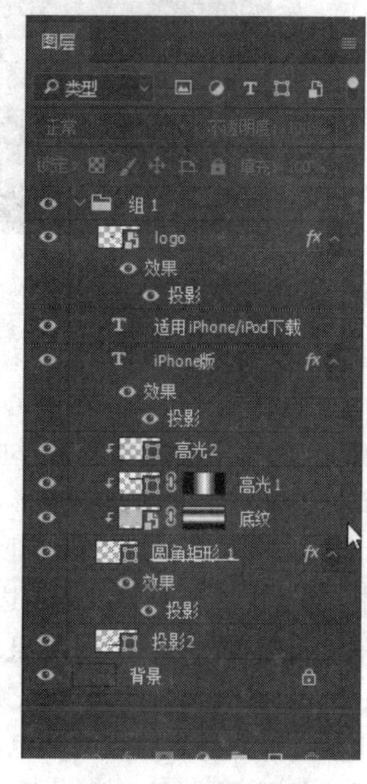

图 3.5.30　图层结构

（3）新建文件。依次按 Ctrl+A 组合键、Ctrl+C 组合键、Ctrl+N 组合键新建一个新文件，选择“排列”|“全部水平拼贴”命令，把参考文件和新建文件对比排列以便于参考，如图 3.5.31 所示。

（4）添加参考线。给画面添加一根竖直居中参考

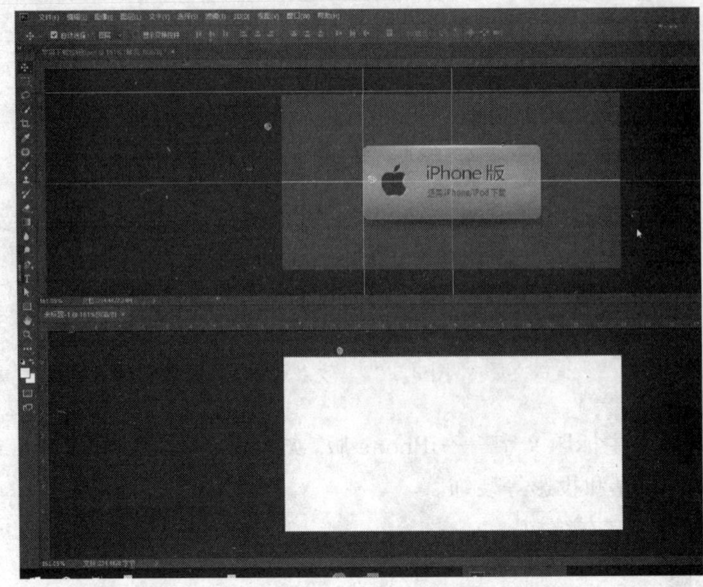

图 3.5.31　新建文件

线和一根水平居中参考线,两条参考线的相交处就是中心点。定位好中心点,便于布局,如图 3.5.32 所示。

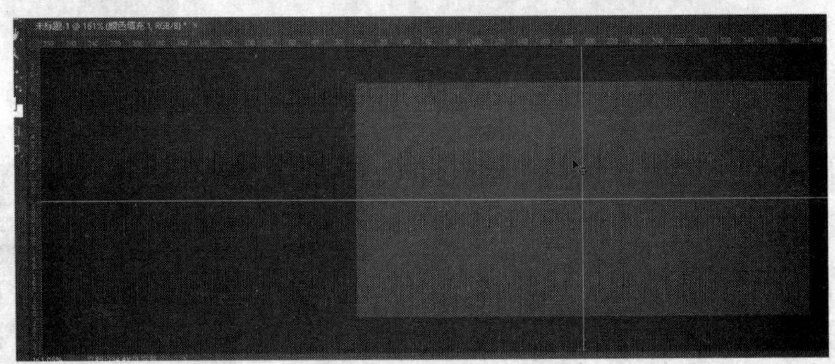

图 3.5.32　建立参考线

(5) 绘制圆角矩形。

① 选择矩形工具,在中心点处单击,在弹出的对话框中,设置宽为 210 像素,高为 84 像素,圆角半径为 6 像素,勾选"从中心"复选框,如图 3.5.33 所示。按 Enter 键绘制出一个位于画布中心的圆角矩形,如图 3.5.34 所示。

② 在刚才绘制的圆角矩形被选中的情况下,单击属性栏上的颜色框,在弹出的调色板中,选择线性渐变。双击左边的色标,设置颜色为淡蓝色;按住 Alt 键单击该色标,复制出一个同样的色标。把复制出来的色标稍往右移一点。双击该色标,在拾色器中选取跟第一个色标同色相、低明度的颜色。现把该色标复制一份移到右边,同样选取同色相而明度比第二个色标高一点的颜色,如图 3.5.35 所示。单击"确定"按钮,这样圆角矩形就填上了三色渐变,如图 3.5.36 所示。

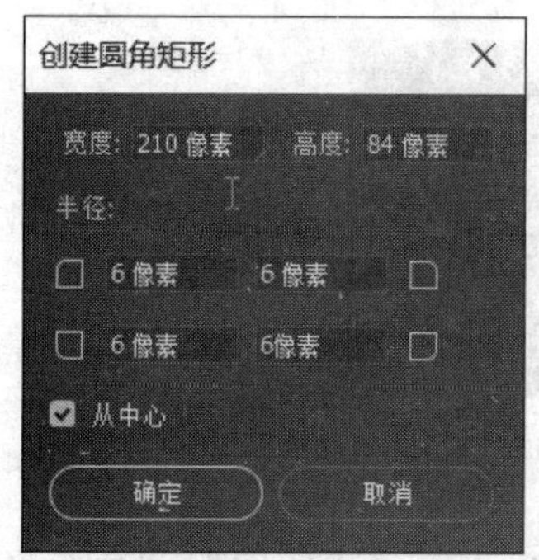

图 3.5.33　圆角矩形参数

图 3.5.34　圆角矩形

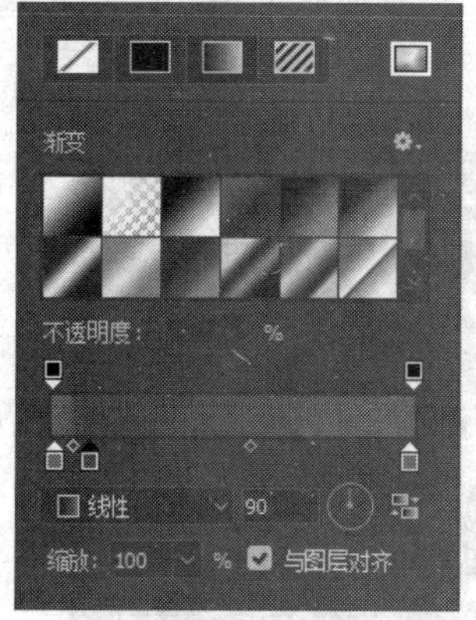

图 3.5.35　三色渐变设置

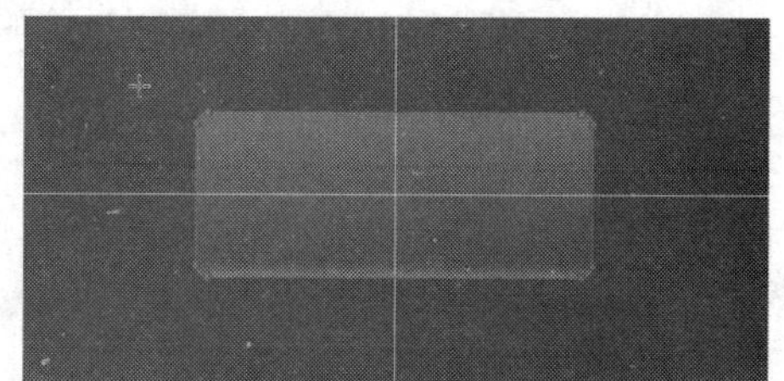

图 3.5.36　三色渐变效果

③ 选择投影，在弹出的“图层样式”对话框中设置参数，混合模式为正常，颜色为黑色，不透明度为 60%，角度为 120°，勾选“使用全局光”复选框，距离为 0，扩展为 0；大小为 3 像素，如图 3.5.37 所示。单击“确定”按钮，效果如图 3.5.38 所示。

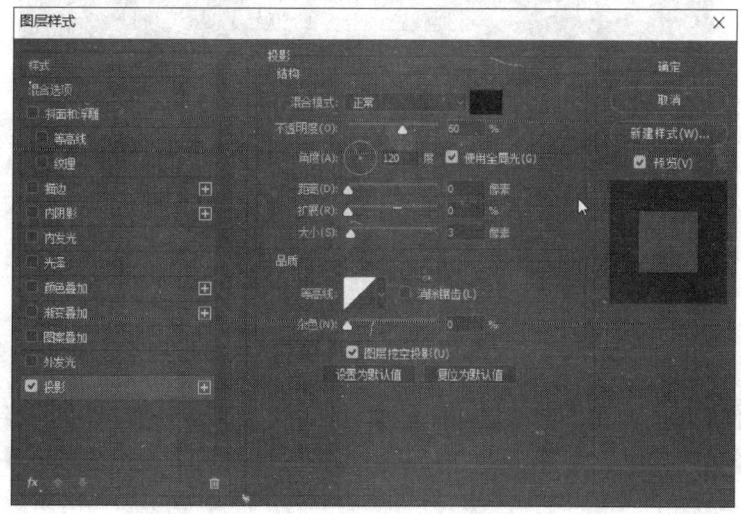

图 3.5.37　投影参数

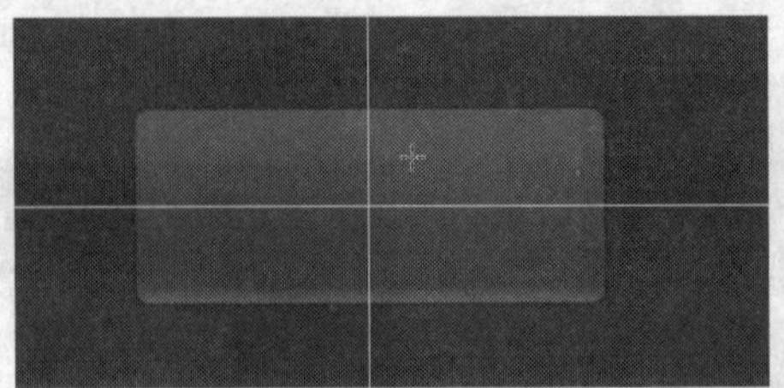

图 3.5.38 投影效果(1)

(6) 制作投影 2。单击背景图层,选择椭圆工具,单击垂直中心线跟圆角矩形下边的相交点,在弹出的对话框中设置宽为 210 像素、高为 6 像素,勾选“从中心”复选框,创建一个椭圆,把颜色设置为黑色。选择椭圆,单击属性中的“实时形状属性”,把羽化设为 5,如图 3.5.39～图 3.5.41 所示。

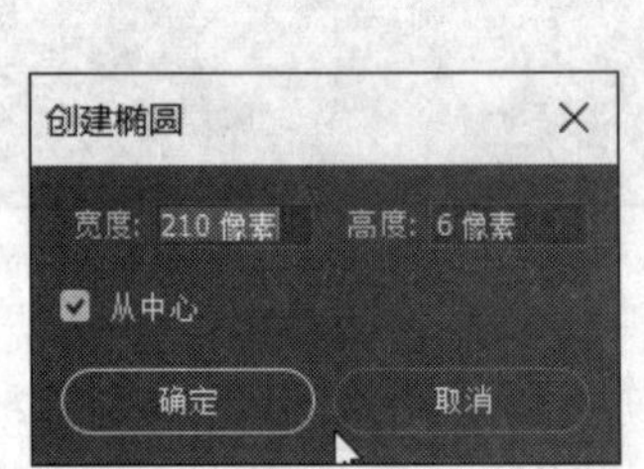

图 3.5.39 创建椭圆

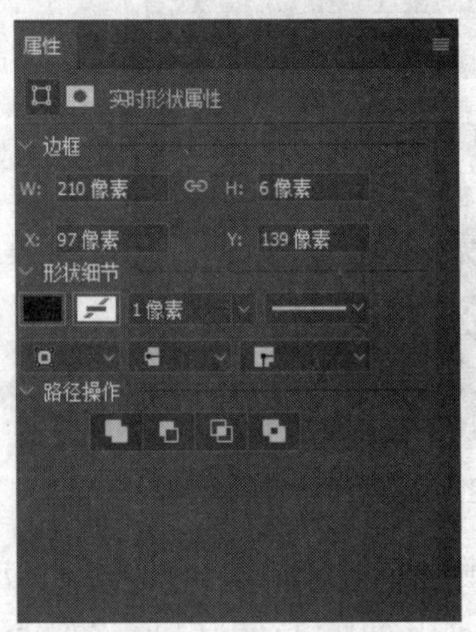

图 3.5.40 设置椭圆的羽化值为 5

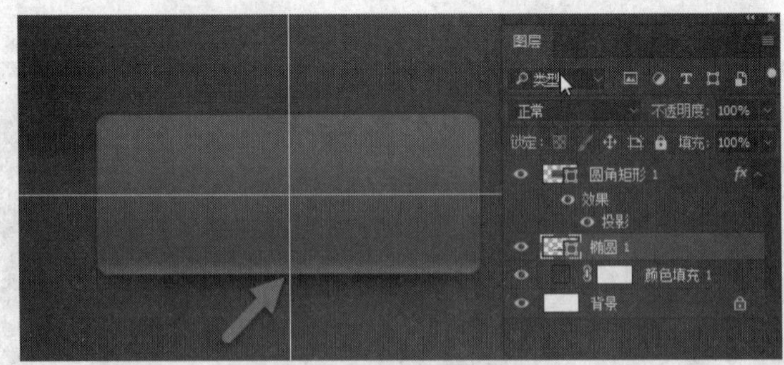

图 3.5.41 投影效果(2)

(7) 制作底纹。单击椭圆图层,选择“文件”|“置入智能对象”命令,找到底纹素材并导入,把该图层模式命名为“明度”,并把其不透明度改为 50%。按住 Alt 键,把光标移到底纹素材图层和圆角矩形之间,单击,剪切蒙版。为底纹图层添加图层蒙版,选择渐变工具,单击线性渐变,把左、中、右三个色标颜色都设为黑色,其中左、右两个色标的不透明度

为 100%，中间的不透明度为 0，单击“确定”按钮。再把图层蒙版选中，选择渐变工具，按住 Shift 键从上往下拖动，如图 3.5.42 和图 3.5.43 所示。

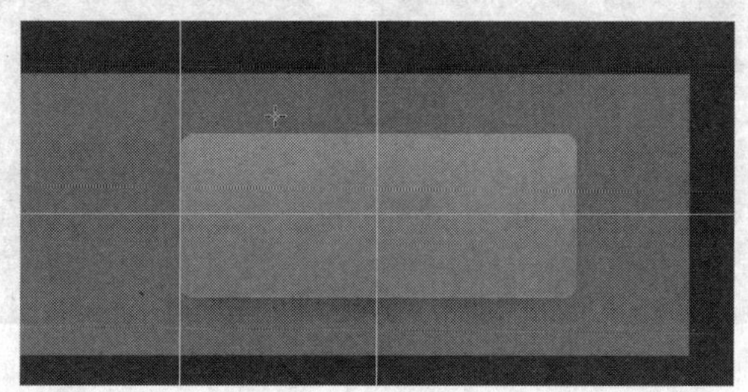

图 3.5.42　置入底纹

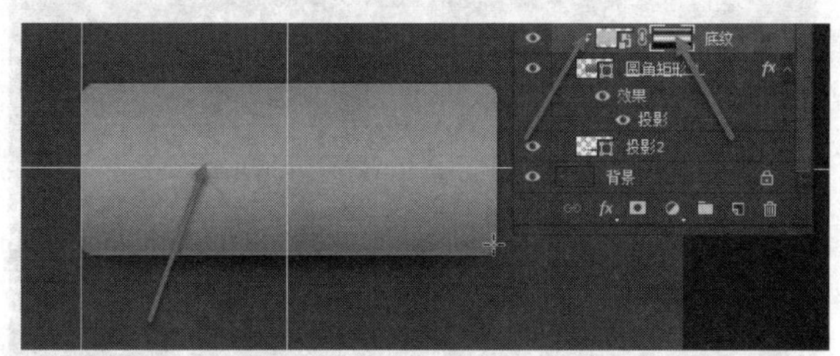

图 3.5.43　底纹效果

(8) 绘制高光 1。单击圆角底纹图层，选择椭圆工具，绘制一个宽 210 像素、高 4 像素的椭圆，颜色为白色，羽化为 1，调整位置，剪切蒙版。给图层添加图层蒙版，用同样的方法，把图层蒙版填充左、中、右渐变以隐去左、右两端部分。效果如图 3.5.44 所示。

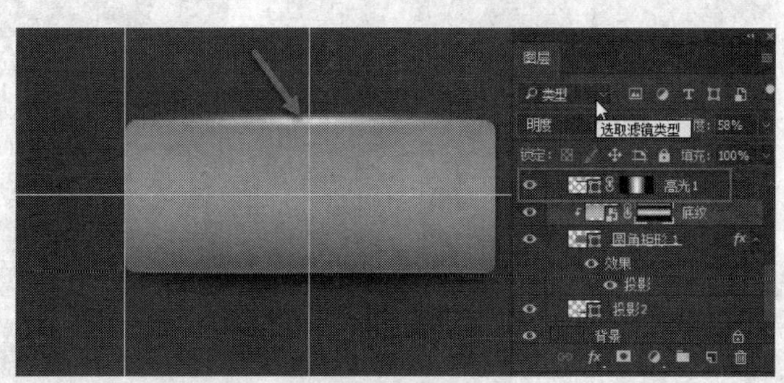

图 3.5.44　高光 1 效果

(9) 绘制高光 2。用同样的方法，绘制一个白色的宽 210 像素、高 4 像素，羽化为 5 的椭圆，调整位置，剪切蒙版。效果如图 3.5.45 和图 3.5.46 所示。

(10) 置入 Logo。调整其大小及位置，添加投影，设置投影参数，模式为叠加，颜色为白色，不透明度为 60%，角度为 120°，勾选“使用全局光”复选框，距离为 1 像素，扩展为 0，大小为 0，如图 3.5.47 和图 3.5.48 所示。

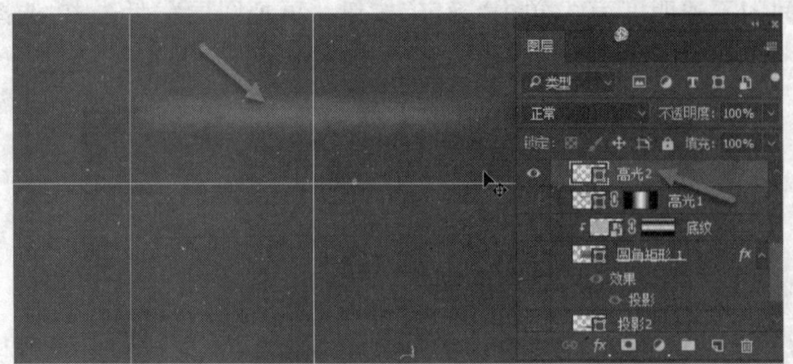

图 3.5.45　隐去其他图层高光 2 的效果

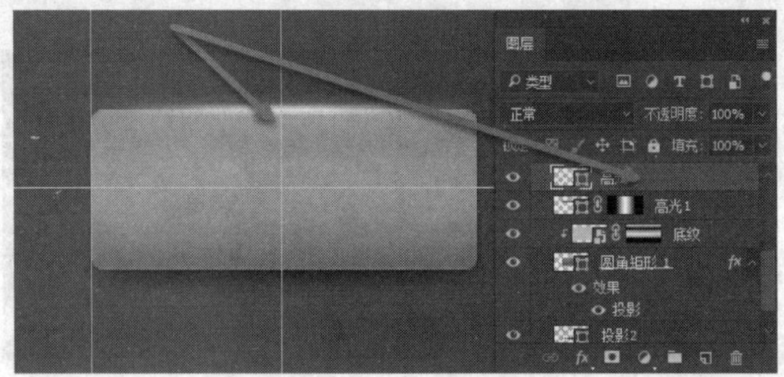

图 3.5.46　高光 2 效果

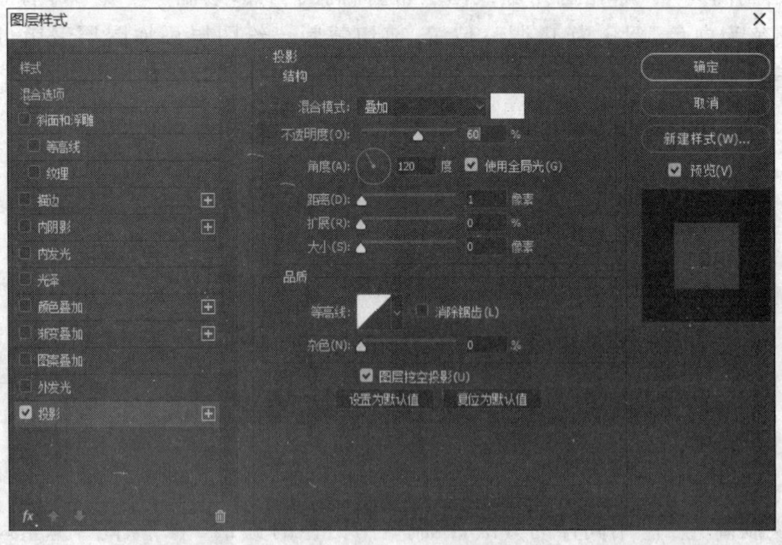

图 3.5.47　Logo 投影参数

(11) 制作大标题文字。输入文本，设置投影，参数跟 Logo 相同。制作小标题文字。最后效果如图 3.5.49 所示。

图 3.5.48　Logo 效果

图 3.5.49　最后效果

3.6　课堂实训

3.6.1　新浪微博导航的制作

新浪微博导航的效果及所用素材如图 3.6.1 和图 3.6.2 所示。

图 3.6.1　效果

图 3.6.2　素材

具体操作步骤如下。

(1) 选择圆角矩形工具，设置圆角度为 90°，填充类型为渐变，两边两个色标颜色为 f87c4f，中间色标颜色为 d62c2b，宽为 150 像素，高为 40 像素，如图 3.6.3 和图 3.6.4 所示。

给圆角矩形图层添加内发光及描边，如图 3.6.5～图 3.6.7 所示。

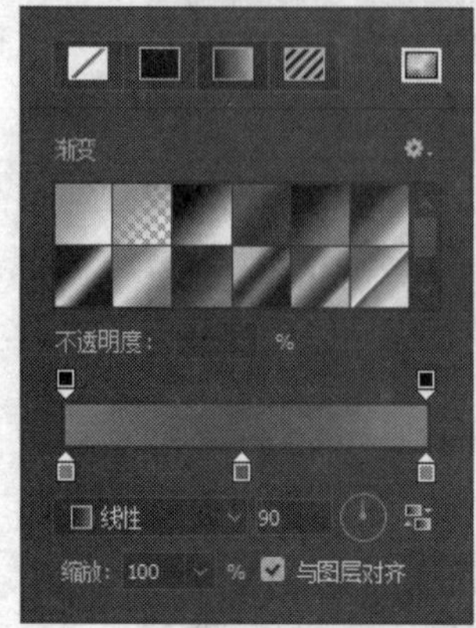

图 3.6.3 渐变色设置

图 3.6.4 渐变色填充

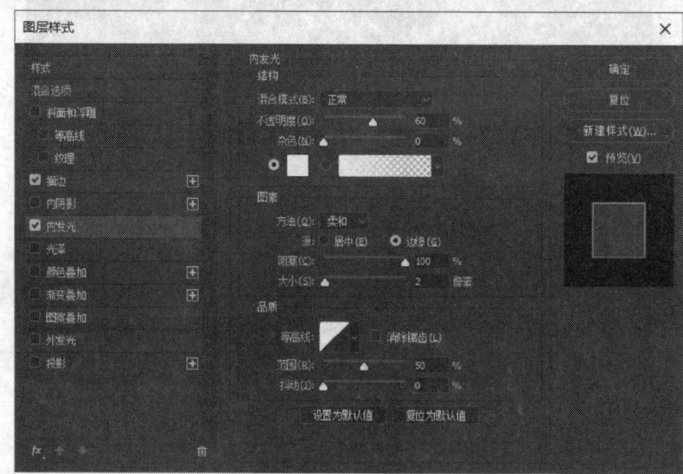

图 3.6.5 内发光参数

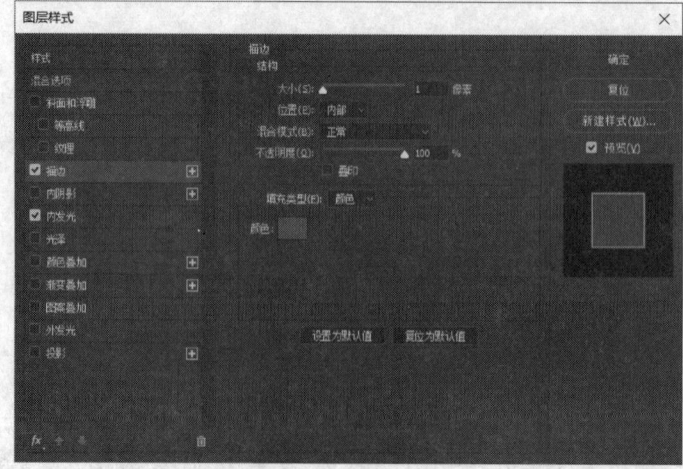

图 3.6.6 描边参数(1)

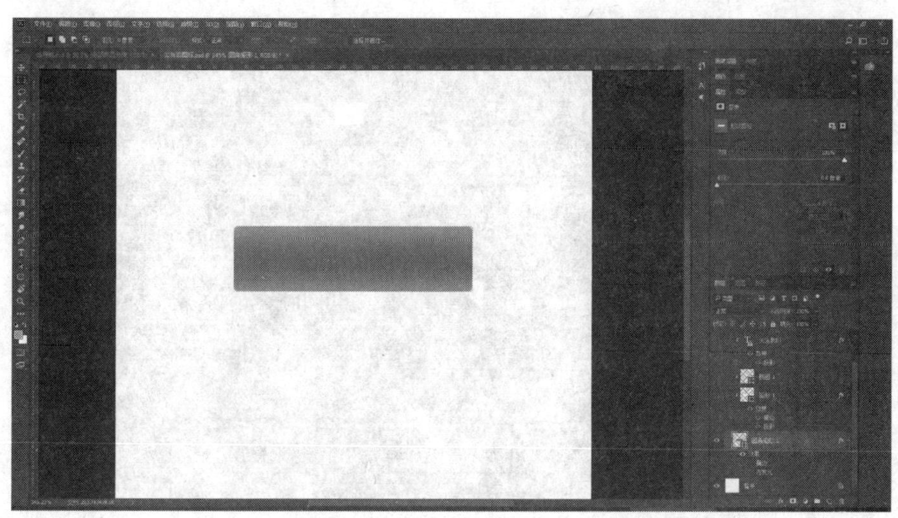

图 3.6.7　描边及内发光效果

(2) 新建一个宽为 38 像素、高为 38 像素、填充色为白色的矩形，并设置描边及投影，如图 3.6.8～图 3.6.10 所示。

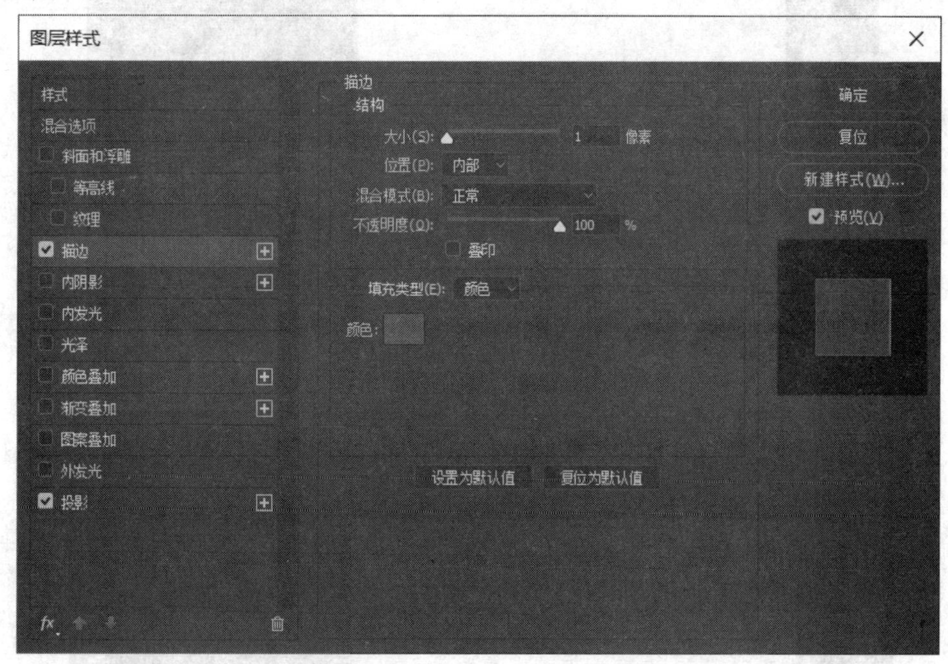

图 3.6.8　描边参数(2)

(3) 选择椭圆工具，设置填充色为 ed8034，绘制两个椭圆，移动其位置，并把它们的羽化设为 7.5 像素。剪切蒙版如图 3.6.11 和图 3.6.12 所示。

(4) 输入文本“关注我们”，并设置投影，如图 3.6.13 所示。

(5) 选择“文件”|“置入智能对象”命令，导入微博图标并调整位置，如图 3.6.14 所示。

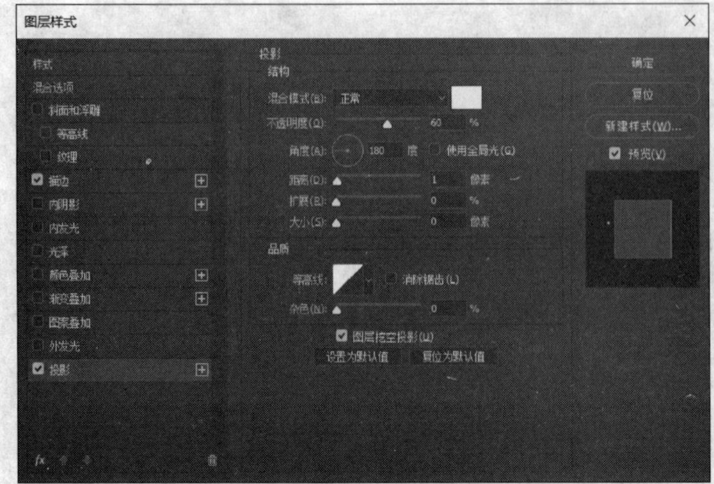

图 3.6.9 投影参数

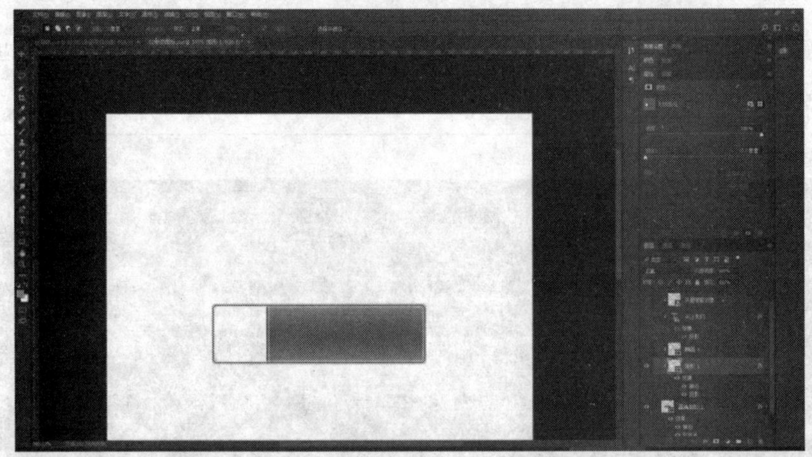

图 3.6.10 描边投影后的效果

图 3.6.11 椭圆

图 3.6.12　剪切蒙版后效果

图 3.6.13　输入文字后效果

图 3.6.14　最后效果

3.6.2　苹果导航栏的制作

苹果官网导航栏的效果和所用素材如图 3.6.15 和图 3.6.16 所示。

图 3.6.15　效果

图 3.6.16　素材

具体操作步骤如下。

(1) 制作背景。背景是由一个添加描边、内发光、渐变叠加、投影效果的矩形组成的，如图 3.6.17和图 3.6.18 所示。

图 3.6.17　背景

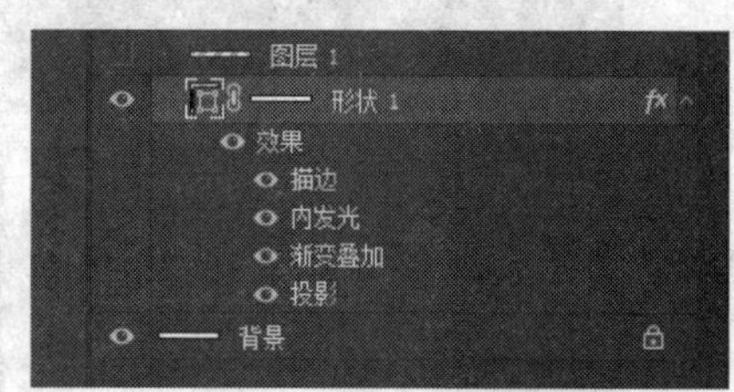

图 3.6.18　背景图层样式

(2) 制作竖线条。竖线条由中间一条1像素的深灰色及左、右两条分别为 1 像素浅灰色线条组成，如图 3.6.19 所示。

(3) 添加文本。文本加了投影，效果如图 3.6.20 所示。

(4) 制作圆角矩形效果。圆角矩形效果是由圆角矩形加了描边、内发光、渐变叠加、投影组成的，如图 3.6.21 所示。

图 3.6.19　竖线条

图 3.6.20　文本

图 3.6.21　圆角矩形效果

3.7　拓展练习

1. 气泡按钮式导航的制作(见图 3.7.1)。

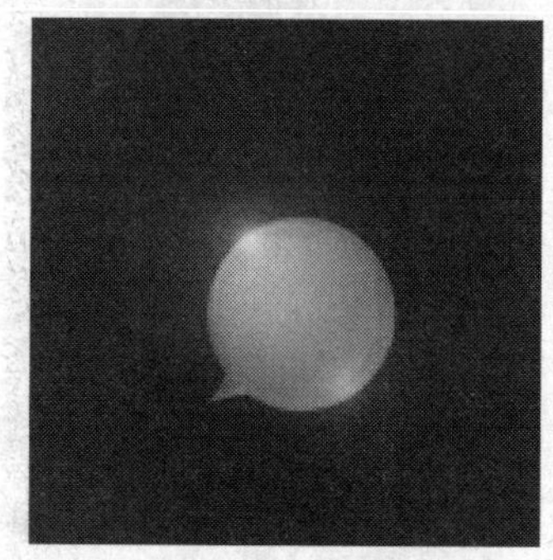

图 3.7.1　气泡按钮

2. 页脚导航条的制作(见图 3.7.2)。

图 3.7.2　页脚导航条

3. 确认对话框的制作(见图 3.7.3)。
4. 标签式导航的制作(见图 3.7.4)。

图 3.7.3　确认对话框

图 3.7.4　标签式导航

3.8 知识拓展

3.8.1 二分环的制作

二分环的效果如图 3.8.1 所示。

先看看制作出来的效果。它由两个形状相同、排列不同的图形组成,且颜色有渐变,如图 3.8.2 和图 3.8.3 所示。

图 3.8.1 二分环效果

图 3.8.2 分片(1)

图 3.8.3 分片(2)

操作步骤如下。

(1) 新建一个文件,参考效果图设置它的背景颜色。单击图层面板上的第 4 个按钮,在弹出的快捷菜单中选择纯色,然后选取所需要的背景颜色。这样的好处是可以随时更改背景颜色。接下来,绘制一条竖直居中的参考线和一条水平居中的参考线,两参考线的交点就是画布的中心点,如图 3.8.4 所示。

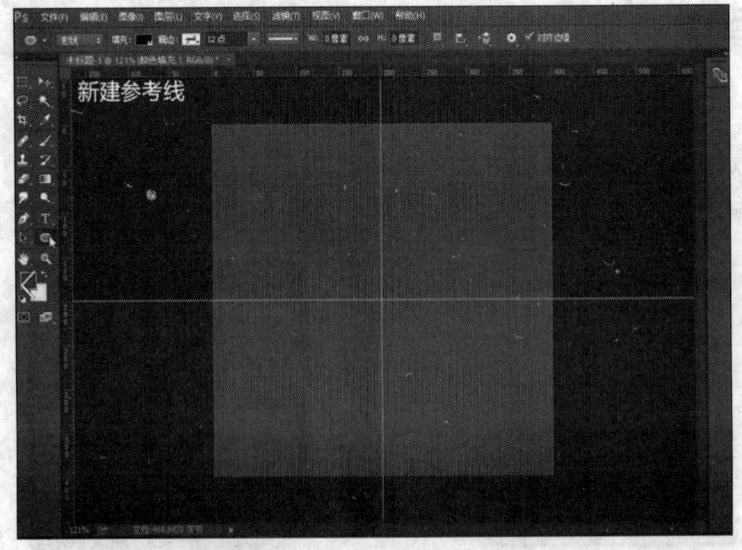

图 3.8.4 参考线

(2) 选择椭圆工具,单击中心点,在弹出的对话框中,设置宽为 300 像素,高为 300 像素，勾选“从中心”复选框，单击“确定”按钮。这样就绘制了一个以中心点为中心的椭圆，将其命名为椭圆 1，如图 3.8.5 所示。

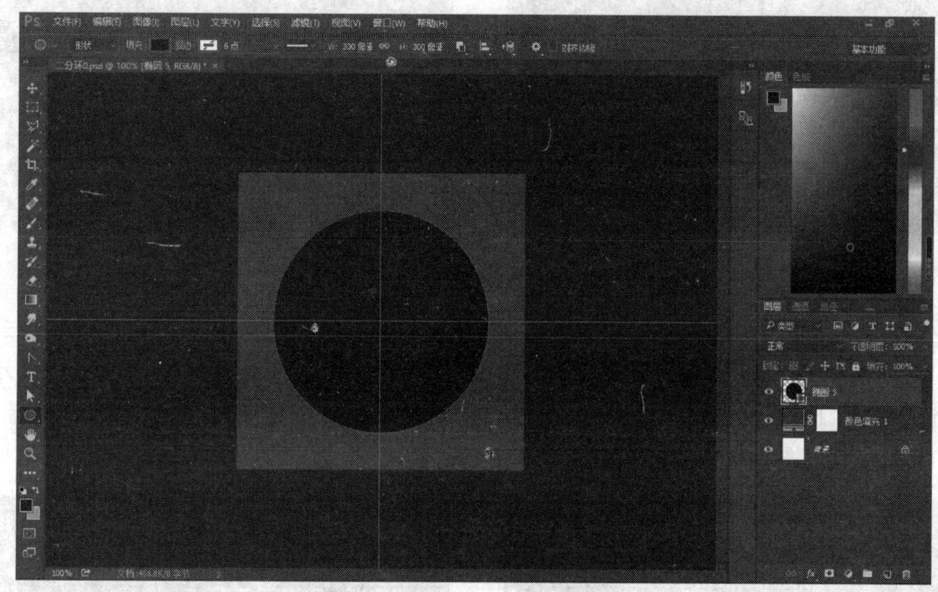

图 3.8.5　椭圆 1

(3) 再绘制一个高和宽均为 200 像素的椭圆。从图层上来看，这两个椭圆不在同一个图层，同时选中这两个图层，按 Ctrl+E 组合键合并两个图层中的形状。用路径选择工具，把两个椭圆都选中，使其左对齐，如图 3.8.6 和图 3.8.7 所示。

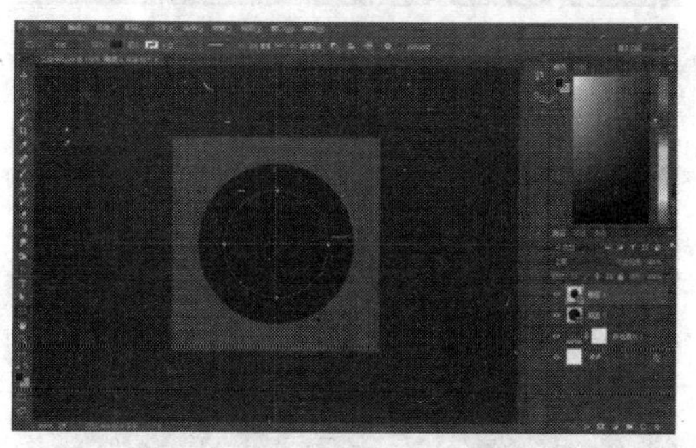

图 3.8.6　合并前

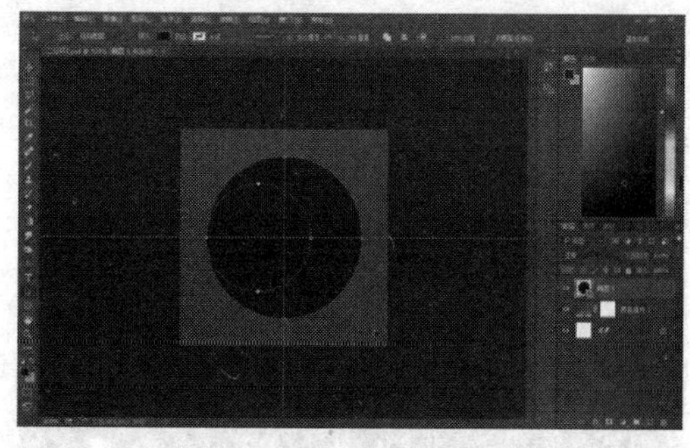

图 3.8.7　合并后

(4) 选择路径选择工具，在空白的地方单击，重新选择小的椭圆，减去顶层形状，得到一个月亮形。然后，在选中月亮形的状态下，选择矩形工具，按住 Alt 键，拖动月亮形的上半部，这样，上半部分的形状被减去，只剩下下半部分的形状。单击“合并形状组件”，如图 3.8.8 和图 3.8.9 所示。

(5) 选择椭圆工具，单击中心点，在弹出的对话框中，将宽、高均设置为 200 像素。这样就绘制了一个以中心点为中心的椭圆。用同样的方法绘制一个宽、高均为 100 像素的椭圆，如图 3.8.10 所示。把两个椭圆同时选中，按 Ctrl+E 组合键合并形状。用路径选择

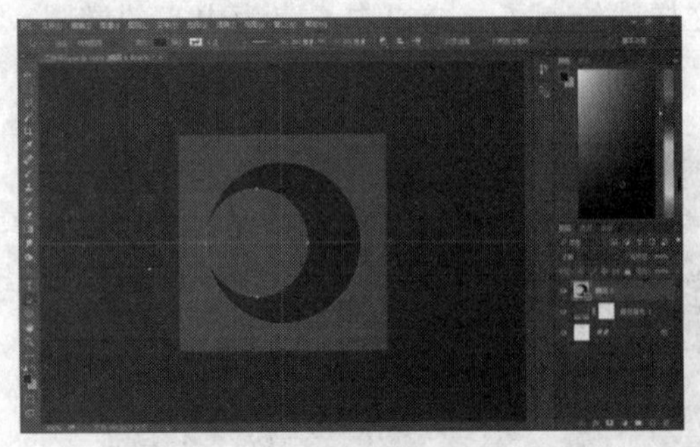

图 3.8.8　减去顶层形状

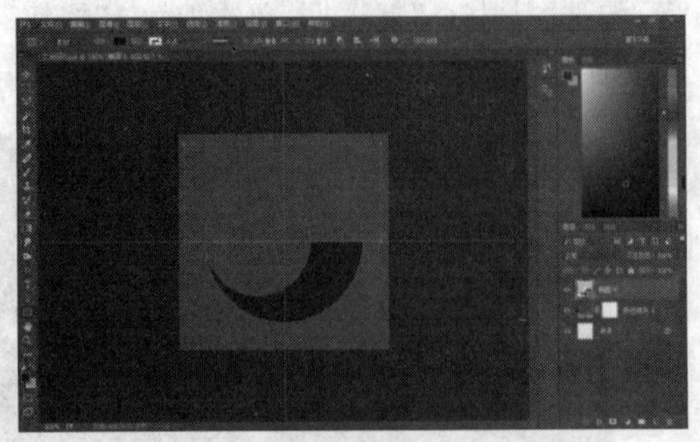

图 3.8.9　减去矩形

工具把两个椭圆同时选中，使其左对齐，如图 3.8.11 所示。把里面的小椭圆选中，减去顶层形状，这样又得一个月亮形，如图 3.8.12 所示。把这个月亮形的下半部分减去，方法是：选择矩形工具，按住 Alt 键，在月亮形的下半部分拖动，就得到了上半部分。单击“合并形状组件”，如图 3.8.13 所示。

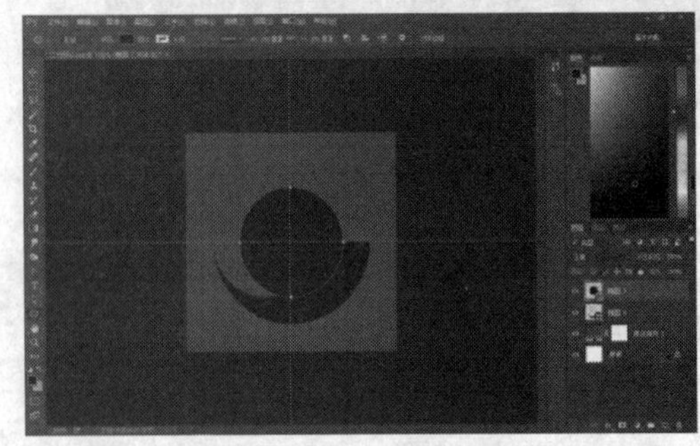

图 3.8.10　两个圆

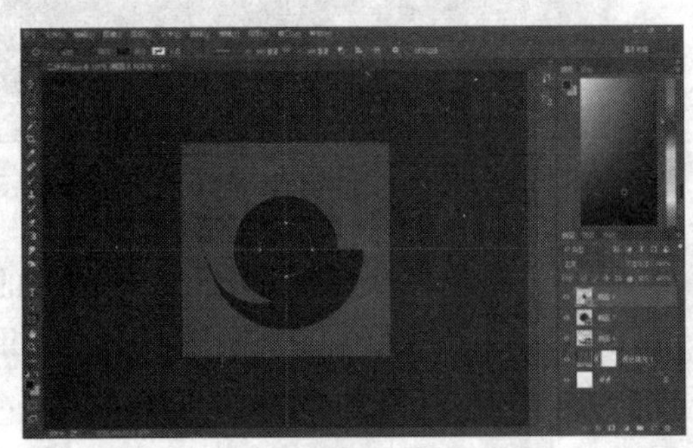

图 3.8.11　对齐

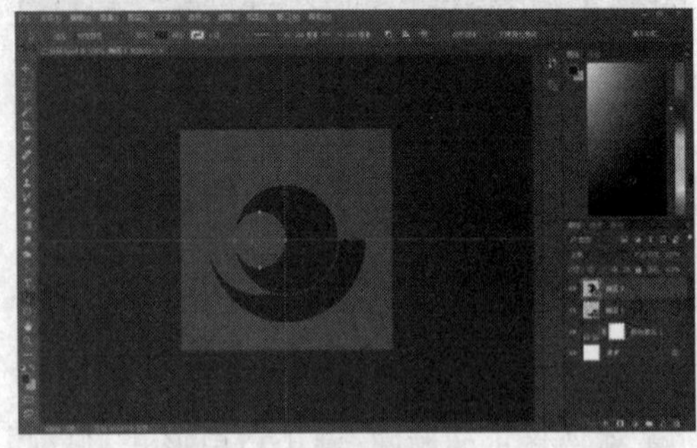

图 3.8.12　减去顶层形状

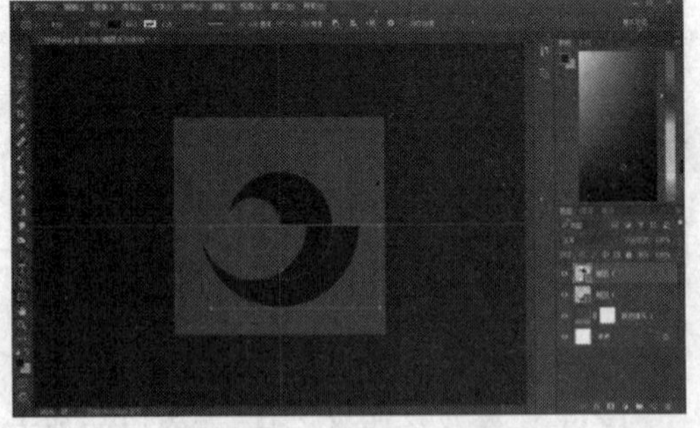

图 3.8.13　减去下半部分

(6) 把这两部分形状对齐，然后选择这两个图层，按 Ctrl＋E 组合键合并形状，如图 3.8.14和图 3.8.15 所示。右击该图层，在弹出的快捷菜单中，选择“转换为智能对象”，单击“添加图层样式”，选择渐变叠加。然后选择线性渐变，再调整线性渐变的颜色，如图 3.8.16 和图 3.8.17 所示。

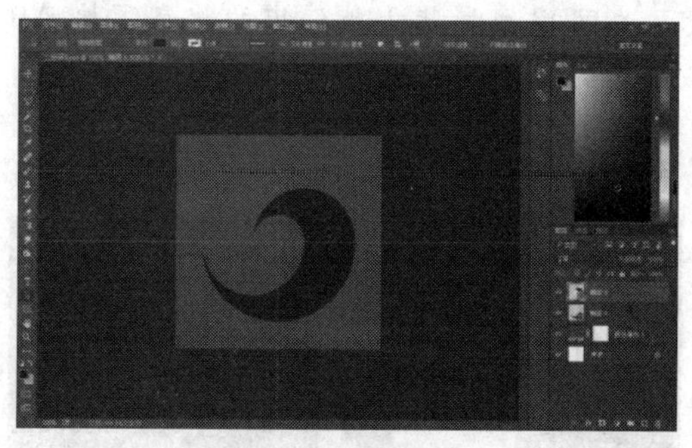

图 3.8.14　对齐后

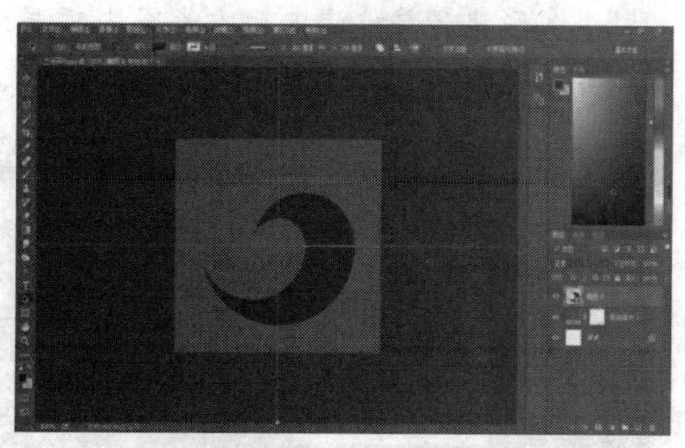

图 3.8.15　合并形状后

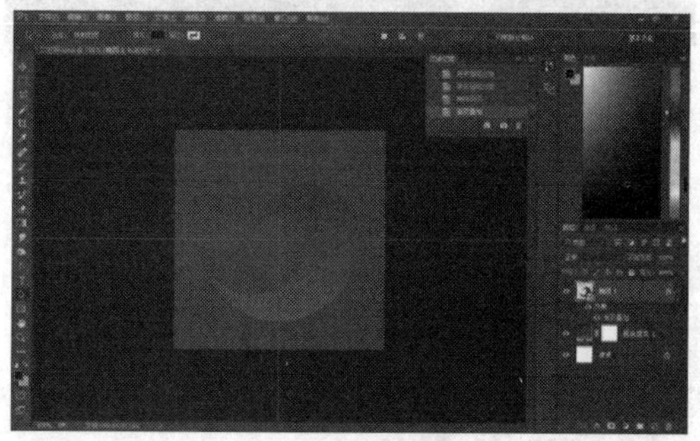

图 3.8.16　渐变叠加

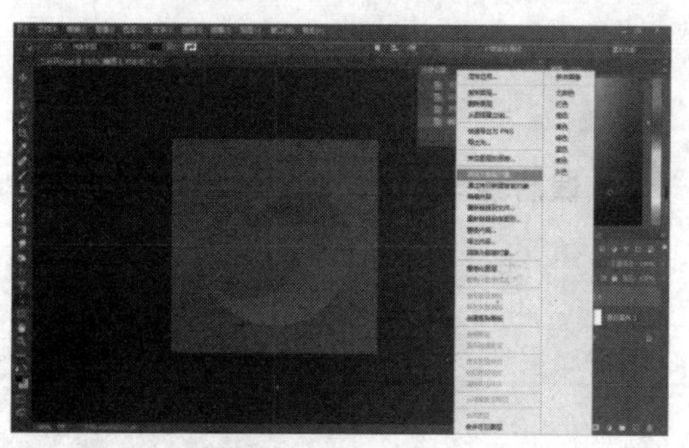

图 3.8.17　转换为智能对象

(7) 把这个图层复制一份,选择复制出来的图层,按 Ctrl+T 组合键移动参考点到中心点,设置旋转角度为 180°,然后再进行微调,如图 3.8.18 和图 3.8.19 所示。

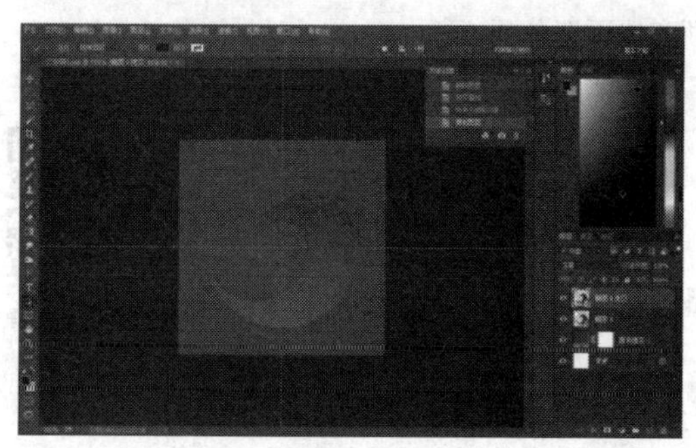

图 3.8.18　复制图层

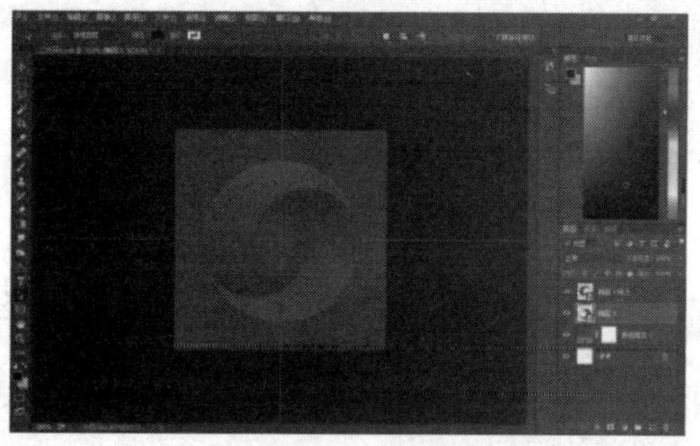

图 3.8.19　旋转图层

要点分析:

(1) 转换为智能对象的好处:①可以随时调整智能对象的内容,比如,把智能对象的颜色进行更改,然后再保存更改的结果,可以事先预览对象是否更改。②对这个图层添加了渐变叠加,如果不转换为智能对象,当这个图层进行旋转时,渐变的效果也会改变,就达不到二分的效果。

(2) 减去顶层形状操作要点:①两个形状必须在同一图层内(见图 3.8.20);②减去的形状 2 要叠放在被减的形状 1 上层,如不在上层则要选中形状 2,执行"将形状置为顶层”。③形状2要被选中后才能减去顶层形状。也可以在形状1被选中的状态下按Alt键,再绘制形状2,这样就可以直接被减去。减去后的效果如图3.8.21所示。

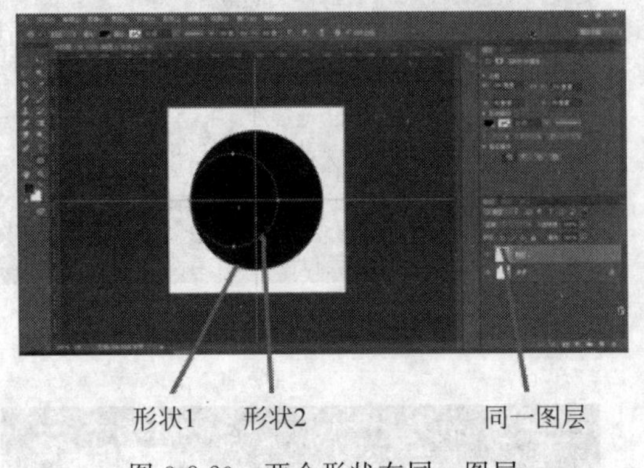

图3.8.20 两个形状在同一图层

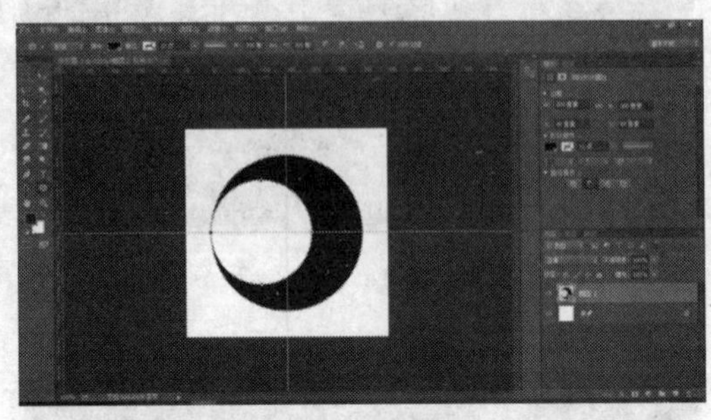

图3.8.21 减去后

课后练习:大家回去可以学一学四分环和曲面四分环(见图3.8.22)的制作。

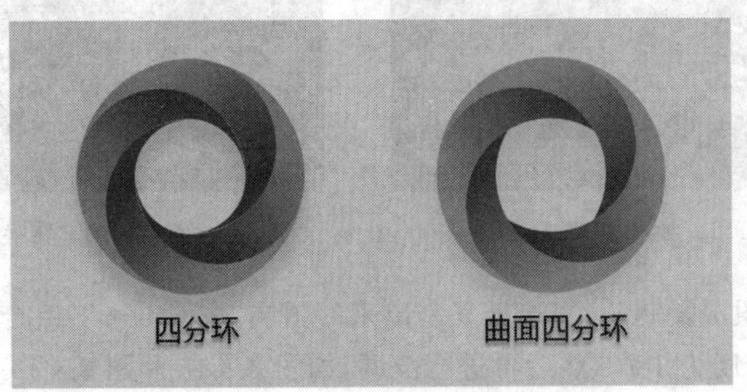

图3.8.22 四分环和曲面四分环

3.8.2 钢笔工具的运用

1. 绘制简单的形状

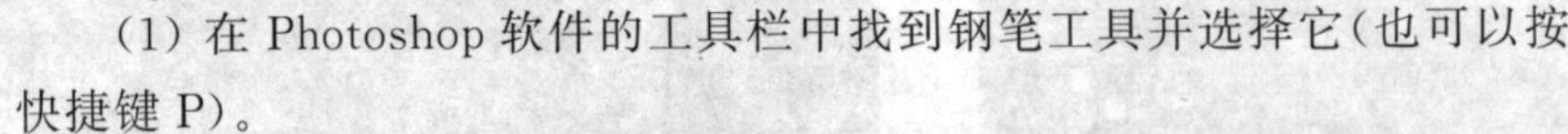

(1) 在Photoshop软件的工具栏中找到钢笔工具并选择它(也可以按快捷键P)。

(2) 在右上方的“路径”选项中可以看到有形状、路径、像素3种模式,选择形状。

(3) 选择形状后,在填充栏中设定需要填充的颜色,在旁边的描边栏中设定描边的颜色及线粗和线型。

(4) 单击建立一个锚点,在另一个位置再次单击形成第二个锚点,这两个锚点都是角点,两点间连成一条直线。在第三个锚点的位置按住鼠标左键不放并拖动,发现调杆的长度和方向都可以改变,如图3.8.23和图3.8.24所示。

(5) 第三个锚点是平滑点,如果继续单击第四个位置,又会形成一条曲线,如图3.8.25和图3.8.26所示。若想形成一条直线,则要按住Alt键单击第三个锚点,把它改成角点,继续单击第三个锚点则会形成一条直线。如果要添加锚点,在钢笔工具被选中的情况下单击“开关边缘”;如果要删除锚点,用同样的方法单击锚点即可。

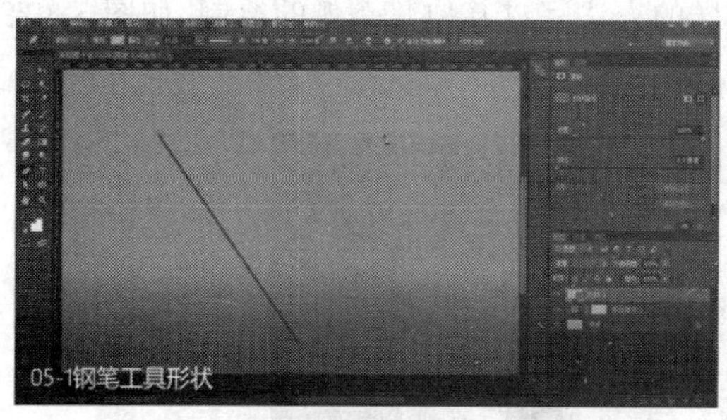

图 3.8.23　绘制直线

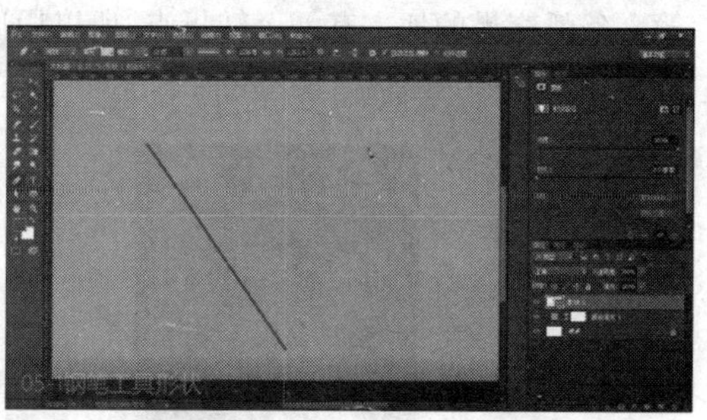

图 3.8.24　调整长度和方向

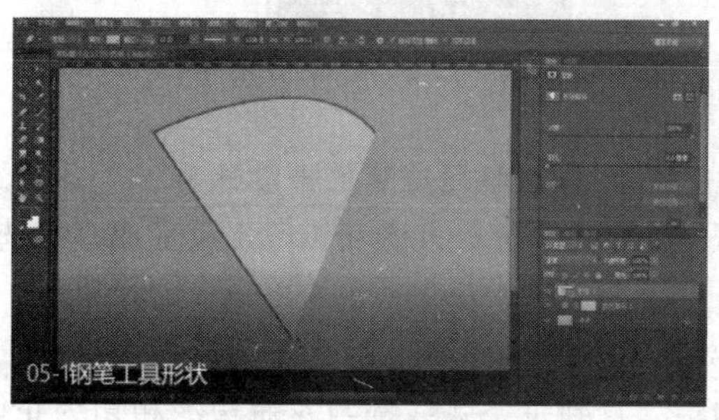

图 3.8.25　绘制曲线(1)

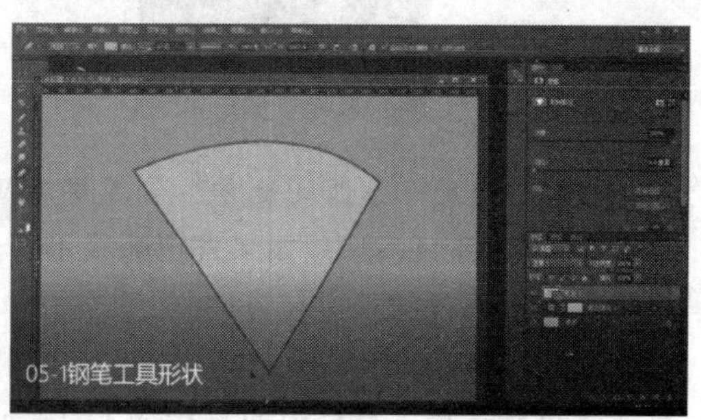

图 3.8.26　绘制曲线(2)

小结

如果要绘制一条直线,直接单击第一个锚点,再单击第二个锚点;如果要绘制曲线,在单击第二个锚点的同时不要松开鼠标左键。按住左键不放拖动鼠标,可以调整曲线的方向和曲率。

2. 路径描图演示

(1) 选择钢笔工具,在右上方的“路径”选项中选择路径。

(2) 单击花瓶左上方的第一个锚点。单击第二个锚点并按住鼠标左键不放,拖动鼠标调节手柄的长短及方向来调整曲线的曲率,使之与花瓶的边缘相切,如图 3.8.27 所示。

(3) 按住 Alt 键,单击第二个锚点使之变成角点,如图 3.8.28 所示。因为第二条弧跟

图 3.8.27　抠花瓶(1)

图 3.8.28　变成角点

第一条弧交界的地方有一个转折点，所以用同样的方法完成其他几条弧的绘制，如图 3.8.29 和图 3.8.30 所示。

图 3.8.29 抠花瓶(2)

图 3.8.30 全部

注意：能用一条弧的地方尽量不要用两条弧，以保持抠图边缘的平滑性。

(4) 在绘制过程中，如果发现弧线不合适，随时可按住 Ctrl 键使钢笔工具变成直接选择工具调整调杆的长短与方向。

(5) 待全部的路径绘制完毕，再把视图放大。按住 Ctrl 键把钢笔工具转为直接选工具或者重新选择工具栏中的直接选工具来调整。直到每条弧线都与花瓶边缘相切为止，如图 3.8.31 所示。

(6) 按 Ctrl+Enter 组合键把路径转换为选区，按 Ctrl+J 组合键，把选中的内容复制到新图层中，在背景图层和新图层中新建一个调整图层，就可以清楚地看到抠图的效果，如图 3.8.32 和图 3.8.33 所示。

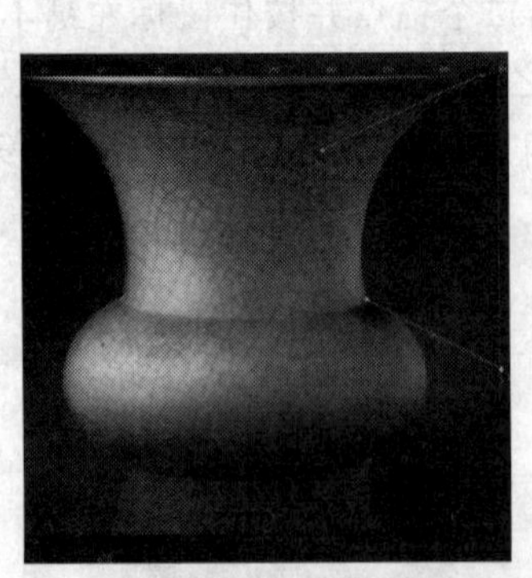
图 3.8.31 放大调整

图 3.8.32 转换成选区

注：路径抠图的优点是抠出来的边缘平整清晰，没有锯齿形。

(7) 如果对抠出来的形状不满意，还可以在路径面板中把刚才绘制的路径重新调出来进行修改，不需要从头再修改。

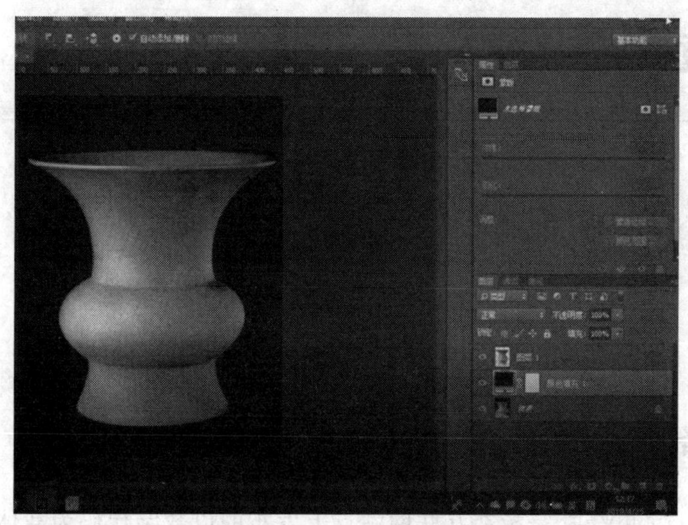

图 3.8.33　加背景图层

提示：使用钢笔工具抠图记住两个键：Ctrl 和 Alt。

第 4 章

网络广告设计

4.1 网络广告概述

网络广告,简单来讲,是指在互联网站点上发布的以数字代码为载体的经营性广告。

网络广告的主要形式有:网幅广告、视频广告、弹出式广告、文本链接广告、电子邮件广告、主页型广告、分类广告、新闻式广告等。

网幅广告是以 GIF、JPG、Flash 等格式建立的图像文件,放在网页中用来表现广告内容。同时,还可使用 Java 等语言使其产生交互性,用 Shockwave 等插件工具增强其表现力,主要包括旗帜广告、按钮广告、竖边广告、通栏广告、巨幅广告、全屏广告等。

(1) 旗帜广告:位于页面的最上方,具有较强的视觉冲击力。

(2) 固定按钮:动态的图片推广方式,尺寸较小。

(3) 悬停按钮:在页面滚动中始终可以看到。

注:以上三种广告形式如图 4.1.1 所示。

旗帜广告

固定按钮

悬停按钮

图 4.1.1 旗帜广告、固定按钮和悬停按钮

(4) 通栏广告：图片横贯页面，广告尺寸大，视觉冲击力强，能给上网者留下深刻的印象，如图 4.1.2 所示。

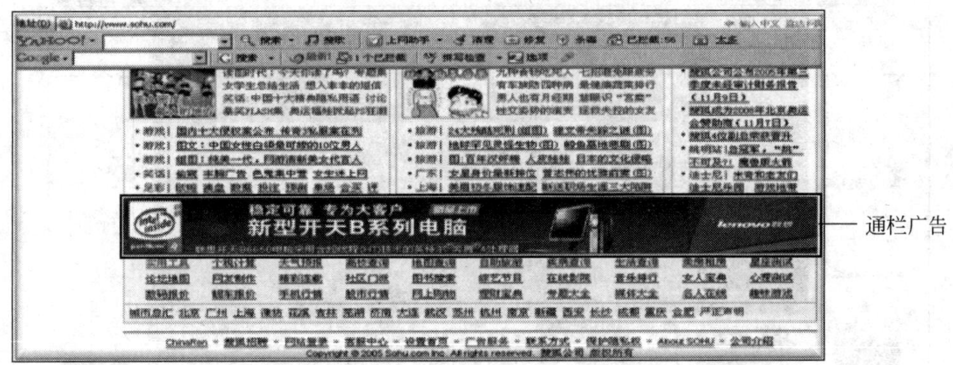

图 4.1.2　通栏广告

(5) 巨幅广告：在一堆文字内容中出现的大尺寸图片广告，用户认真阅读文字的同时也对广告投以更多的关注，如图 4.1.3 所示。

(6) 竖边广告(摩天楼广告)：出现在文章页面的两侧，竖型的广告幅面，如图 4.1.3 所示。

图 4.1.3　巨幅广告

(7) 巨形广告：一般要占屏幕 1/3 的空间，版面增大后，可以增加广告显示的信息，形式也更多样化，可以吸引访问者更多的注意力，如图 4.1.4 所示。

(8) 全屏广告：用户打开浏览页面时，广告以全屏形式出现 3～5 秒，然后进入正常阅读页面。一般为静态图片或 Flash 动画，如图 4.1.5 所示。

图 4.1.4 巨形广告

图 4.1.5 全屏广告

4.2 网络广告设计的目标和创意

网络广告是信息型广告，网络广告的浏览者都是各类信息的寻求者。他们不会单凭某种印象做出网上购买的决定，而是习惯于对信息进行理性的分析。因此，网络广告应向他们提供足够详尽的、具有逻辑和说服力的信息，才能促成消费者的最终购买。

4.2.1 网络广告设计的目标

网络广告设计的目标通俗点来说是一看、二点、三买，意思是通过真实有效的信息传达来吸引用户点击了解，继而不断地实现广告的商业价值。

网络广告策划的任务就是使企业的品牌、广告形式、诉求内容满足目标受众的需求，它是决定广告表现的关键，也是吸引受众注意并浏览广告信息的决定性步骤。说到需求，很多人会想到马斯洛的需求层次理论：生理需求、安全需求、归属和爱的需求、尊重需求、自我实现需求。如果用一句话简单地概括，需求即是用户尚未满足又渴望被满足的愿望。当我们在设计广告前，要先思考广告的投放渠道、产品定位等来分析目标用户的需求，从而让设计更易被目标用户接受。例如，设计一个广告投放在拼多多 App 上，如图 4.2.1 所示。我们会先通过大量现有的数据，分析出拼多多用户群体的三大主要特点：①学历低；②一二线城市以外人群较多；③追求低价格。从追求低价高端产品入手，从而思考在设计广告图时能不能突出制造对比来抓住用户需求。

图 4.2.1　拼多多广告

4.2.2　网络广告的创意

网络广告信息设计是根据广告的目标、公司的发展阶段、产品生命周期、竞争者状况分析等信息，确定广告诉求重点，设计网络广告。广告活动因为不同的创意而产生很大差异。因此，创意因素的效果要比所费资金重要得多，广告只有在引起观众注意后，才能有助于提高品牌形象和销售业绩。

网络广告的创意可分为两种：①内容、形式、视觉表现、广告诉求的创意；②技术上的创意。

1. 网络广告感性诉求的创意

网络广告的感性诉求是指通过挖掘或附加商品情感，来激发人们心中相同的情感，使人们对商品产生好感而购买。以下是几种网络广告感性诉求的创意方法。

(1) 感知效应：品质的冲击力。网络广告所显示的商品经常具有独特的品质和功能，让消费者真正感知到这一点是网络广告设计最有效的手段和目的。

(2) 情趣效应：情节的吸引力。网络广告可以制作成动画，这样它就可以像影视广告一样，表现一定的情节，具有情节的广告容易吸引浏览者的注意力和好奇心，获得认同感，达到更好的广告效果。

(3) 情感效应：氛围的感染力。在网上，富有情感的广告更易激发人点击的欲望。设计师通过色彩、文字、图像和构图等手段营造出一种氛围，使观看广告的人产生一种情绪,使人们接受并点击广告,从而接受了广告所推出的服务或产品。

(4) 理解效应:事实的说服力。运用理解效应的基本原理就是帮助消费者找出他们购买商品的动机,并将产品与此动机直接联系起来。有时消费者并不清楚产品会给他们带来什么好处,因此可以强调商品某方面功能的重要性。

(5) 记忆效应:品牌的亲和力。利用对企业形象的突出和强调能够唤起人们对已经认可的事务的再度认可,也是一种提升广告效果的方法。

(6) 社会效应:文化的影响力。中国是一个历史悠久的国家,几千年的古老文化传统,塑造了中国人特有的价值观和审美观。

(7) 机会效应:利益的诱惑力。机会效应是指在网络广告中告诉网友,点击这则广告可以获得除产品信息以外的其他好处,而不点击就会失去。

2. 网络广告的创意方法

(1) 提炼主题:选择一个有吸引力的网络广告创作的主题。

(2) 进行有针对性的诉求:在卖点的设计上,应站在访问者的角度,注意与广告内容的相关性,从而提高广告的点击率。

(3) 品牌亲和力:广告不仅是推销产品,广告同时也是建立品牌形象的一种方式,利用树立企业的品牌让用户对产品产生信心和认同。但要注意过分的品牌宣传会降低浏览者的好奇心,降低点击率。因此,在广告创意上要注重对品牌亲和力的塑造。

(4) 营造浓郁的文化氛围:应用传统文化进行网络广告的创意设计,既易于受众接受,又能起到很好的效果。

(5) 利益诱惑:抓住消费者注重自身利益的心理特点,注重宣传该网络广告活动给浏览者带来的好处,吸引浏览者参与活动。

(6) 其他方法:如使用鲜明的色彩、动画、经常更换图片等。

正确的广告创意程序是从商品、市场、目标消费者入手,首先确定有没有必要说,再确定对谁说,继而确定说什么,然后是怎么说。广告创意的核心在于提出理由,继而讲究说服,以促成行动。而这一理由应具有独创性,是别人未曾使用过的。

4.3 网络广告案例赏析

1. 信息学院通栏广告

这是一个由 Flash 动画构成的通栏广告,左上方是 Logo,右边是广告语及主体图像,还有背景及其他的装饰;主色调是蓝色,跟橙色的 Logo 形成强烈的对比,如图 4.3.1 所示。

图 4.3.1 信息学院通栏

2. 女装广告

如图 4.3.2 所示，广告在用色和样式上很好地渲染和融入了环境，通过丰富的联想别出心裁地展示了浪漫色彩。对文字进行设计，在造型上把握女性的固有特征——柔美。

图 4.3.2　女装广告

3. 男装广告

如图 4.3.3 所示，广告以无色彩系的黑、白、灰为主，深色的背景表现了男性的深沉魅力，标题文字用白色与背景深灰形成明暗对比，又与模特衣服上的白色相呼应；文字 139 采用有色彩系的橙色，既与模特衣服上的色彩形成呼应，又与背景形成对比。

图 4.3.3　男装广告

4. 立体版式广告

如图 4.3.4 所示，立体的版面要营造了一种真实的感觉，让人有伸手去拿的举动，比较舒服、规整，不会显得凌乱。

图 4.3.4　立体版式广告

5. 场景感形式广告

场景感形式的背景形成热闹的气氛，如图 4.3.5 所示。

6. 文字变形广告

文字变形可以使画面变得动感、有趣、炫酷，如图 4.3.6 所示。

图 4.3.5 场景感形式广告

图 4.3.6 文字变形广告

7. 立体化文字广告

立体化文字可以让你的设计更加丰富、有力量，产生不一样的视觉感受，如图 4.3.7 所示。

图 4.3.7 立体文字广告

8. 文字加边框

在标题文字上加外框可以突出文字，增加设计感，如图 4.3.8 所示。

9. 美容美妆广告

美容美妆广告主打单品，结构是上下结构。

(1) 配色：粉色会更吸引购买化妆品的年轻女性，粉色属于比较梦幻、可爱的颜色，适合美护、女装类商品使用，如图 4.3.9 所示。

(2) 商品图：直接且鲜明地告诉买家卖场的主题，“热销××件”突出了商品的优质。

(3) 主题噱头：综合榜单的形式(美妆热卖榜 ××商品××元)给没有购买方向的顾客以建议。

图 4.3.8　文字加边框

图 4.3.9　美容美妆广告

4.4　Banner 的设计

网站页面的 Banner 是指网站页面的横幅广告，是网络广告的主要形式，一般使用 GIF 格式的图像文件(可以使用静态图形，也可以使用多帧图像拼接为动画图像)。Banner 的核心使命其实是吸引用户关注，然后被点击。Banner 是多数新产品、新事物、各种优惠活动呈现给客户的主要途径之一，所以它是主题性明确、突出关键内容，并可以有效地抓住用户眼球的一种广告。

4.4.1　Banner 设计的目标

(1) 抓住注意力：可以用色彩、广告语、动画、模特、图片等来抓住受众注意力。

(2) 传递信息：就是告诉受众，你要推销的产品是什么，即主题；有什么优惠；有什么特别的功能；折扣价格；等等。

（3）诱使点击：通过商品、广告语、模特、立即抢购等按钮诱使用户点击。

4.4.2　Banner 的主要构成元素

Banner 的主要构成元素如图 4.4.1 所示。

图 4.4.1　Banner 的主要构成元素

1. 背景

一幅画面不可能面面俱到，重点的内容需要细致刻画，有的一笔带过即可。设计一个 Banner 有时就像画画，首先要有大的环境。Banner 的背景就好比大环境，主要起到衬托、烘托气氛的作用，如图 4.4.2 所示。一个需求的提出，首先要考虑营造一个什么样的环境，什么样的气氛，是欢快的、悲伤的、可爱的……比如过年，可能就用红橙色；而儿童类的，颜色上就要纯一点、活泼点，等等。

图 4.4.2　Banner 的背景

2. 主视觉元素

主视觉元素是指要促销的商品，它可以用商品图或模特来体现。Banner 中的主视觉要清楚，主题元素不可太多，否则看起来就会混乱。如图 4.4.3 所示的主视觉看起来很清晰。

3. 文字

文字包括标题文字和一些辅助信息。标题文字非常重要，是整个 Banner 的主题，要做到文案尽量简洁通俗、文案内容的行数尽量控制在三行以内，确保可读性，在设计上，不仅要做到舒服、显眼，还要有信息层级，合理突出用户的第一眼信息内容，如图 4.4.4 所

图 4.4.3　主视觉

示。重点文字一定要在背景中凸显出来，无论用颜色对比、放大、变形设计，还是做立体效果等。

图 4.4.4　凸显文字

4. 装饰

装饰由一些小图案或者花纹组成，起烘托氛围的作用，如图 4.4.5 所示。

图 4.4.5　装饰

4.4.3　Banner 的设计方法

（1）突出主题。分析项目的目标受众，客户的年龄、性别、收入、职业、位置和生活方式，然后思考怎么样才能突出想表达的主题。

（2）选用合适的风格。为了突出主题，运用一些视觉表现手法：民族风——古典的、复古的、文化底蕴的；扁平风——活泼的、简单的；写实风——场景再现，增加真实和代入感；小清新——色彩清爽，气氛轻盈；舞台风——大促或者颁奖的镁光灯聚集感。

(3) 合理构图。设定好风格之后，开始考虑画面的结构，大多数情况下会根据使用场景的宽高比决定。比较扁的位置，布局时不建议太复杂，文案应尽量醒目。最常用的三种结构为左右、左中右、居中，如图 4.4.6 所示。

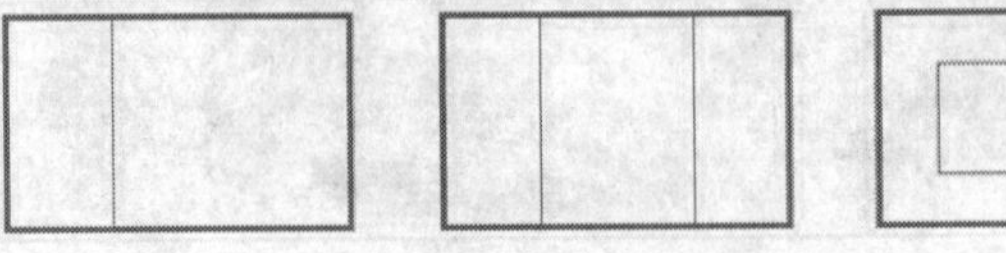

图 4.4.6　构图

① 左右结构及示例如图 4.4.7 和图 4.4.8 所示。

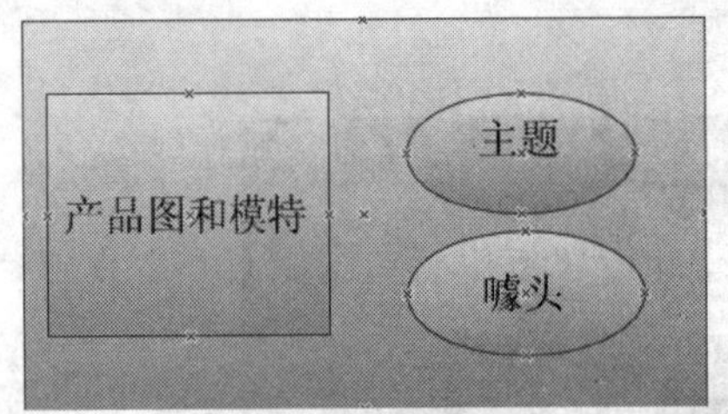

图 4.4.7　左右结构

图 4.4.8　左右结构示例

② 左中右结构及示例如图 4.4.9 和图 4.4.10 所示。

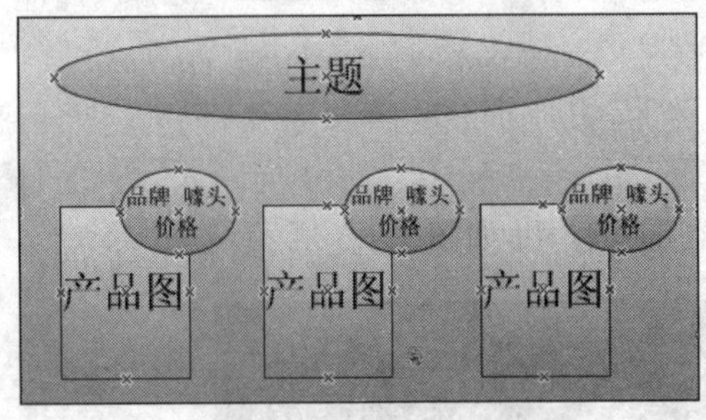

图 4.4.9　左中右结构

图 4.4.10　左中右结构示例

③ 上下结构及示例如图 4.4.11 和图 4.4.12 所示。

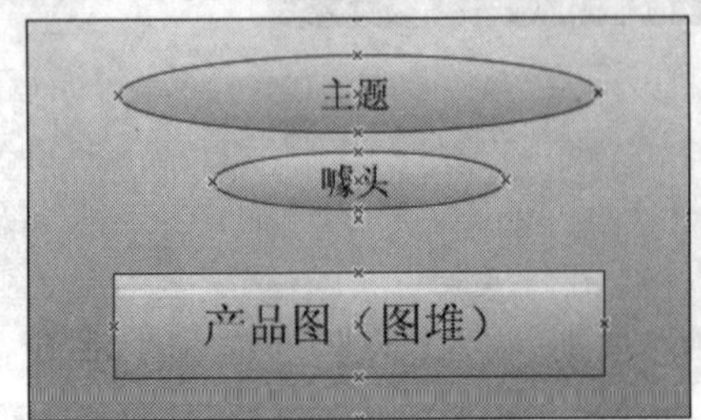

图 4.4.11　上下结构

图 4.4.12　上下结构示例

（4）选择合适的字体。可以通过提问的方式找到答案：什么样的字体适合这个主题？字体变形是为了表达什么？变形后容易识别吗？受众看到这种字体后会想到什么？字体的大小是否合适？

（5）搭建背景。背景素材的目的是衬托主题，增加联系，丰富血肉。比如，Banner 上可以用飘落的树叶、飞鸟、花瓣之类的小元素来增加画面的生气；有些景物可以模糊处理，焦点可以处理得更清晰，周边可以处理得更模糊；用远近、虚实关系增强图片的纵深感和感染力。

（6）最后进行调整。整体到局部，再由局部到整体。常用的两个方法如下。

① 眼睛离开画面一会儿，再次回到画面的时候有没有一眼获取重要信息。

② 黑白模式下对比黑、白、灰关系。

4.4.4 Banner 的设计原则和设计要求

1. 设计原则

1）真实性原则

Banner 传播的经济信息要真实。Banner 文案要真实准确，客观实在，要言之有物，不能虚夸，更不能伪造虚构。

2）主题明确原则

主题明确是指在进行产品宣传时，要突出产品的特性，要简单明了，不能出现一些与主题无关的词语和画面。在对产品进行市场定位之后，要旗帜鲜明地贯彻广告策略，有针对性地对广告对象进行诉求，要尽量将创意文字化和视觉化。

3）形式美原则

为了加强 Banner 的感染力，激发人们的审美情趣，在设计中进行必要的艺术夸张和创意，以增强消费者的印象。在设计制作 Banner 时要运用美学原理，给人以美的享受，提高 Banner 的视觉效果和感染力。

4）思想性原则

思想性原则是指 Banner 的内容与形式要健康，绝不能以颓废的内容来吸引消费者注意，诱发他们的购买兴趣和购买欲望。

2. Banner 设计规范

（1）文案：要真实准确，客观存在，不能虚夸，更不能伪造虚构。

（2）用色：①色彩要明亮干净，要与整个页面相协调；②不能为了 Banner 更加吸引人而大面积地使用一些浓重的颜色（如大面积的黑色，大面积跟首页相同的红色）。

（3）图片：①图片不能有版权问题或出现禁止使用的图片；②图片的选用要符合创意主题；③要选择精度高的图片，同时也要经过艺术处理来增加美观性。

（4）字体：①根据文案的重要性进行颜色和样式的变化来突出主次，以增强视觉上的吸引力；②字体使用不超过三种，避免造成 Banner 视觉上的混乱；③字体的应用和处理一定要保证用户能快速识别。

(5) 动画：①无论 Banner 多么动感，必须要保证用户有足够的时间可以看完主要的文字，才能切换到下一个场景；②切换的页面不能超过三个，每个页面切换时间为 1～2 秒，总共不能超过 6 秒。

(6) 创意：①创意要符合主题；②创意不能让人误解，或对用户产生误导；③创意要帮助主题来加深和加强广告传递的信息；④类似文案不能要求多种创意。

(7) 格式与大小：①格式为 JPG、GIF 或 FLV；②分辨率为 72dpi；③大小不能超过长×宽÷2250 这个标准，Flash 动画的大小也以这个为准；④在不超过 Banner 大小的前提下，根据图片特点选择输出格式，最大限度地提高质量。

3. Banner 分析

(1) 某卫衣广告如图 4.4.13 所示。

图 4.4.13　卫衣广告

① Banner 中的元素：吸引人的商品名，清晰美观的图片，醒目的折扣和价格，活动主题、规格，商品特性。

② 结构：左右结构。

③ 配色：颜色对比鲜明，吸引眼球，红色和橙色给人一种购买的冲动和欲望。

④ 标志：下降标志更给人一种降价的视觉感。

⑤ 产品图：左边商品图和模特突出了卖场的主题和内容。

(2) 某化妆品广告如图 4.4.14 所示，该广告噱头足：下单立减 100，实付 99 元。

图 4.4.14　化妆品广告

(3) 按钮型小 Banner 如图 4.4.15 所示。

① 配色：尺寸小的 Banner 多使用像红和黄亮色系的搭配，这样更吸引眼球，能带动

图 4.4.15　按钮型小 Banner

顾客消费。

② 商品图也选择了亮色系，与整体色调呼应，单品的抢购价更有吸引力。

③ 主题噱头：以低至 1 折的折扣噱头吸引顾客。

④ 按钮：立即抢购的闪动按钮引导了顾客点击，也更能抓住眼球。

(4) 无按钮型通栏 Banner 如图 4.4.16 所示。

① 配色：紫色背景上的黄色字体醒目，紫色的背景也显得商品很有品质感。

② 知名品牌 Logo 的放置：对于一些知名的品牌，品牌 Logo 也是吸引顾客点击的一大原因。

③ 主题强、噱头足：换季疯狂购 3 折起，突出了商品是换季商品折扣低。

④ 产品图：右边的商品陈列也是大众款式，增大了被商品图吸引而点击的概率。

图 4.4.16　麦包包通栏广告

4.5　Banner 制作案例

4.5.1　浙江音乐学院研究生处官网通栏效果

如图 4.5.1 所示是浙江音乐学院研究生处官网上通栏的效果图。

图 4.5.1　浙江音乐学院研究生处官网通栏

4.5.2　设计分析

(1) 通栏的作用。学校网站上的通栏主要起宣传音乐学院研究生处，并美化网页的作用。漂亮、整洁、协调的网页横幅会给人留下深刻的印象，所以要用图文结合的方式制作，把所要表达的内容鲜明、直观地表现出来，给人较强的视觉冲击力。

(2) 配色方案：根据音乐学院研究生处的受众特点选择具有文艺风格的配色，用低明度的背景烘托出深沉内敛的氛围；而主体文字及图片则以高明度来表现，用明度上的对比突出重点。

(3) 主要元素：主标题文字——研究生处；音乐学院的Logo；音乐学院图片；有关音乐的装饰。

(4) 版面安排：左中右结构。为避免呆板，把主标题文字略微下沉。为丰富画面把主标题文字做倒影效果，添加装饰图案。

4.5.3 制作要点分析

(1) 收集素材。音乐学院Logo、装饰图、音乐学院图片，如图4.5.2～图4.5.4所示。

图4.5.2 音乐学院Logo

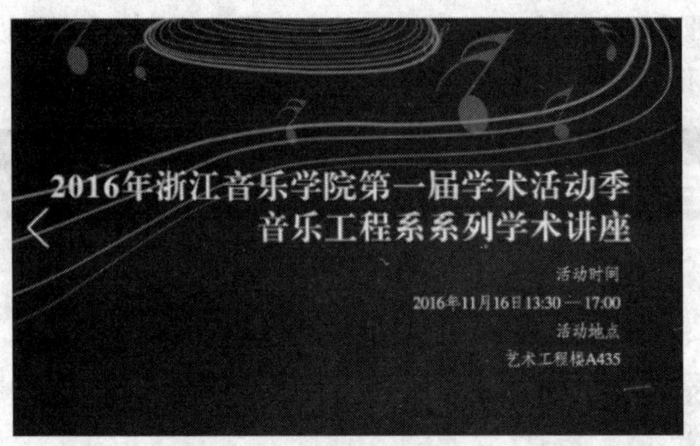

图4.5.3 装饰图

图4.5.4 音乐学院图片

(2) 用矩形工具绘制背景图。

(3) 置入Logo图片，设置图层模式为明度；添加图层蒙版，给图层蒙版设置渐变。用同样的方法置入音乐学院图片和装饰图片。

(4) 添加标题文字，添加投影。

(5) 调整修饰。

4.5.4 操作过程

(1) 新建文件。选择"文件"|"新建"命令,新建一个宽 1900 像素、高 160 像素的文件。

(2) 用矩形工具绘制背景图。选择矩形工具,设置颜色为褐色。在画布中单击,在弹出的对话框中输入 1900、160,单击"确定"按钮。把绘制出来的图形与画布对齐,有两种方法:①用 **A** 工具选中矩形,单击属性栏上的对齐按钮,在弹出的快捷菜单中选择"对齐到画布",然后依次单击"左对齐""上对齐";②选中矩形,将属性对话框中 x、y 后面的参数均设为 0。

(3) 添加参考线。调出标尺,在水平(53 像素)、竖直(106 像素)方向的位置分别创建一条水平参考线,在水平(600 像素)、竖直(1200 像素)方向的位置分别创建一条垂直参考线,如图 4.5.5 所示。

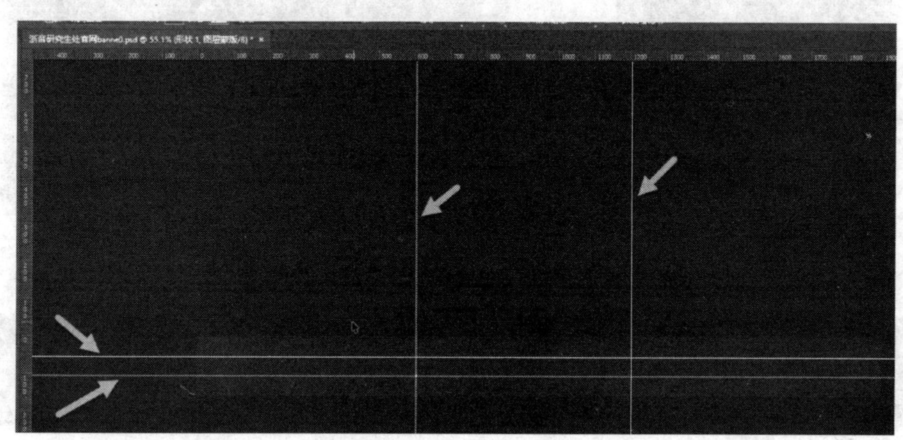

图 4.5.5　添加参考线

(4) 置入素材。选择"文件"|"置入"|"嵌入对象"命令,找到音乐学院的 Logo 文件以置入 Logo,然后把它移到左侧。再用同样的方法把装饰图片置入中间位置,再把音乐学院图片置入图中右侧,如图 4.5.6 所示。

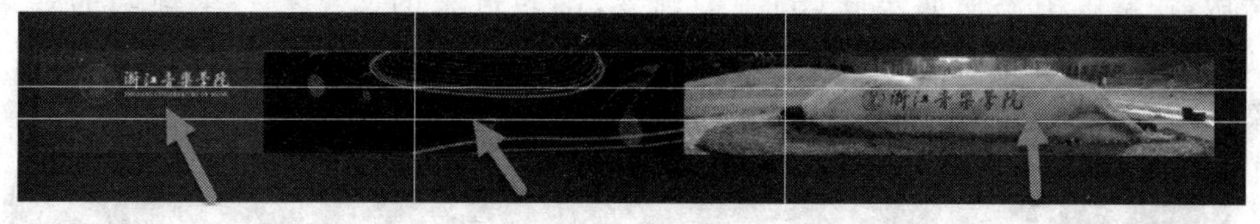

图 4.5.6　置入素材

(5) 调整素材。把装饰素材的图层模式设置为"明度",不透明度设置为 42%,如图 4.5.7 所示。由于该图层的颜色跟背景没有完全整合,所以添加一个图层蒙版,选择渐变工具,设置线性渐变,两边的两种颜色为黑色,左边不透明度为 0,右边不透明度为 100%,如图 4.5.8 所示。单击蒙版图层,用渐变工具在该图层中从左到右或从右到左拖动，让置入的音乐学院图片背景完美融合。适当调整图片的大小，并把它剪切蒙版到背景矩形中。用同样的方法把音乐学院图片素材所在图层的模式设置为“明度”，不透明不变，再添加蒙版，用渐变工具进行处理，让它跟整个环境整合，效果如图 4.5.9 所示。

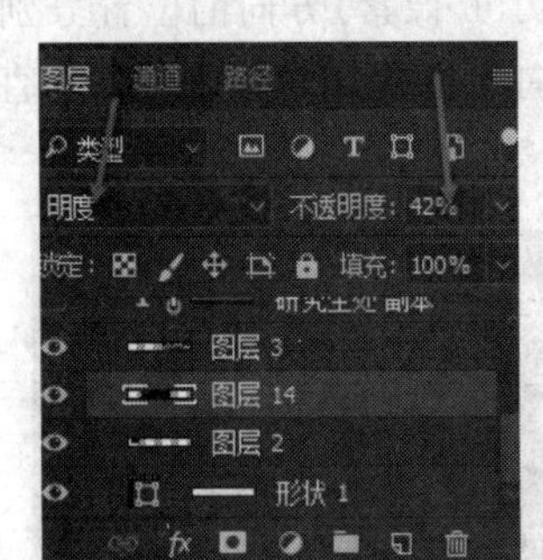

图 4.5.7 素材图层设置

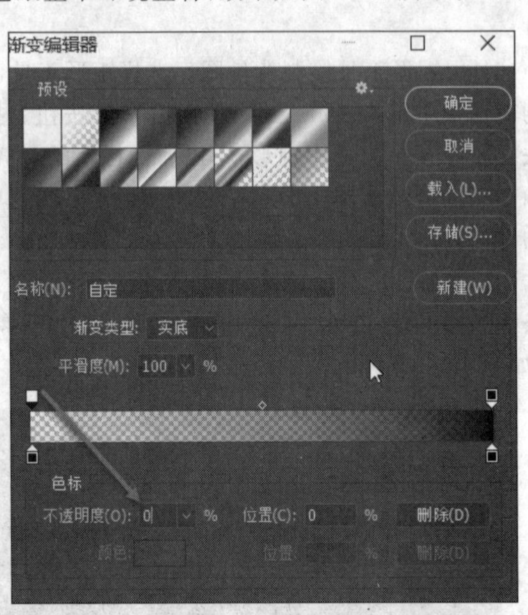

图 4.5.8 渐变设置

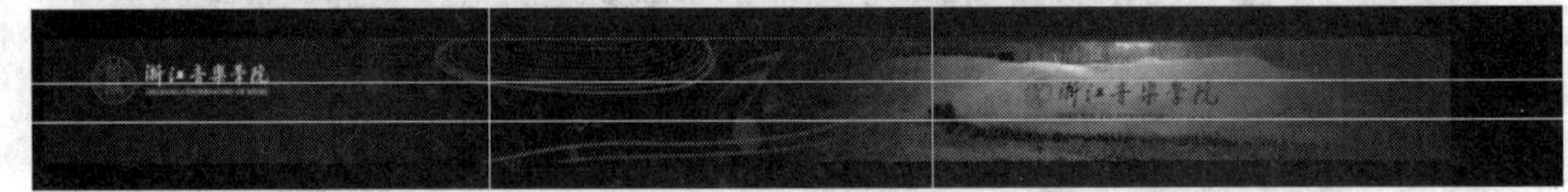

图 4.5.9 渐变设置后的效果

(6) 创建文字。选择文本工具，设置颜色为白色，字体为“Adobe 黑体 Std R”，字号为 48 磅，输入“研究生处”，并把它放置在图 4.5.10 所示位置。把这个文字图层复制一份，并把复制出来的图层文字选中，选择“编辑”|“垂直翻转并调整位置”命令。再给该图层添加蒙版，在蒙版中添加如步骤(5)中的渐变，翻转过来的文字有一个渐隐的效果，如图 4.5.11 所示。把刚才的“研究生处”图层选中，添加描边，将描边的大小参数设置为 1 像素，位置为外部，不透明度为 21%，颜色为白色，效果如图 4.5.12 所示。

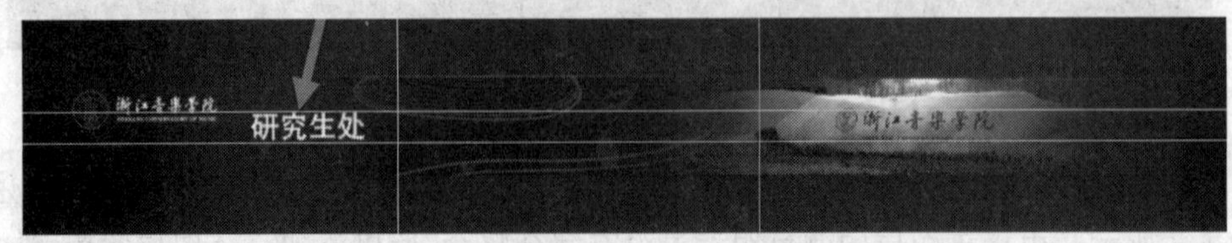

图 4.5.10 输入文字

(7) 调整修饰。远近观察制作好的作品，单击图层面板下方的第 4 个按钮(创建新的

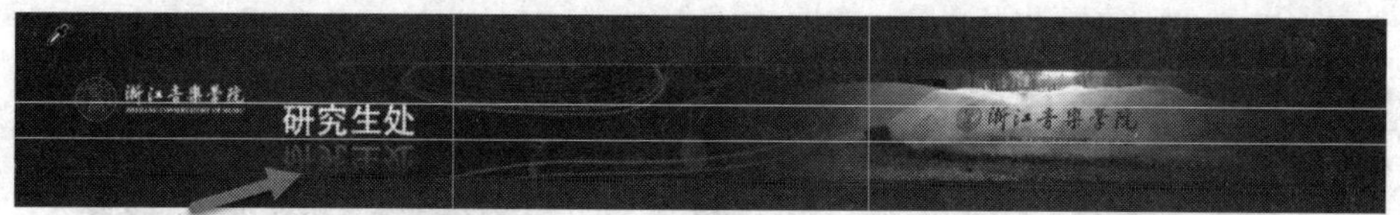

图 4.5.11　文字倒影

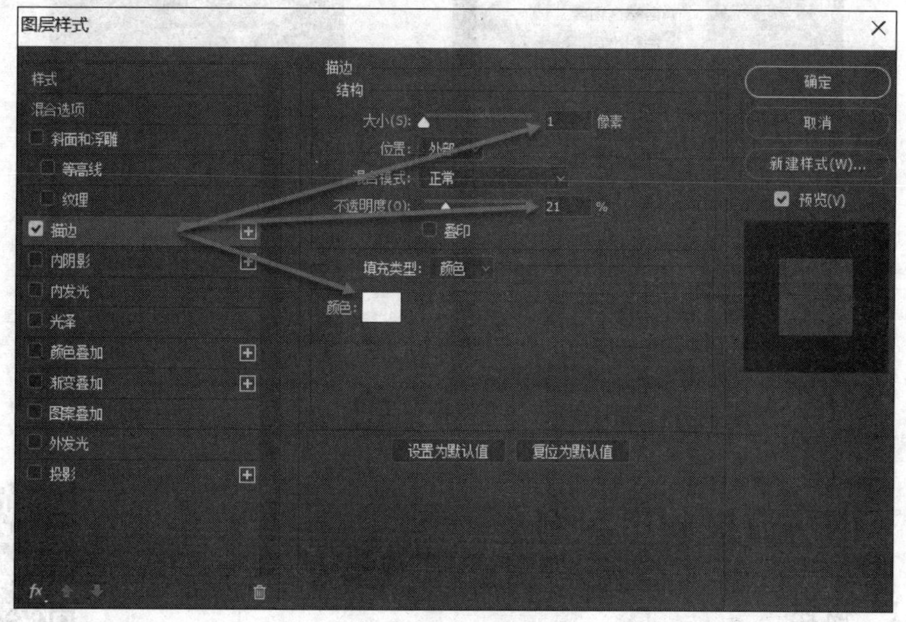

图 4.5.12　文字描边设置

填充或调整图层)。如图 4.5.13 所示,在弹出的快捷菜单中分别选择色阶、色相/饱和度、色彩平衡来进行最后的效果调整,如图 4.5.14 所示。最后的参数可自已设定,调成自己满意的效果即可,如图 4.5.15 所示。

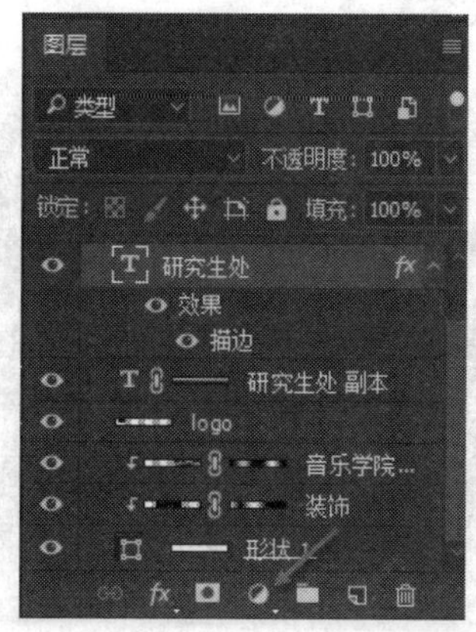

图 4.5.13　图层上第 4 个按钮

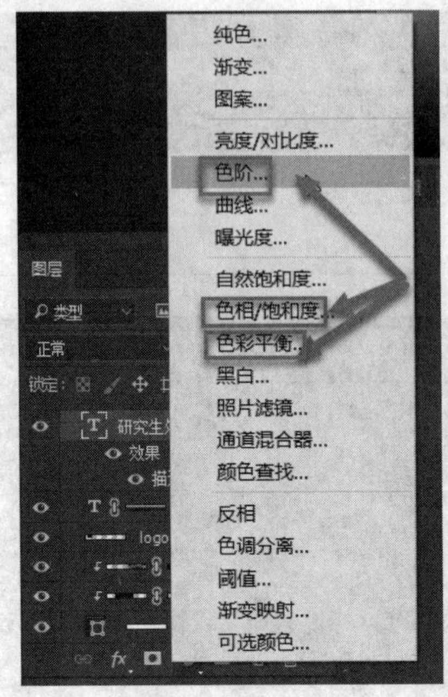

图 4.5.14 调整图层

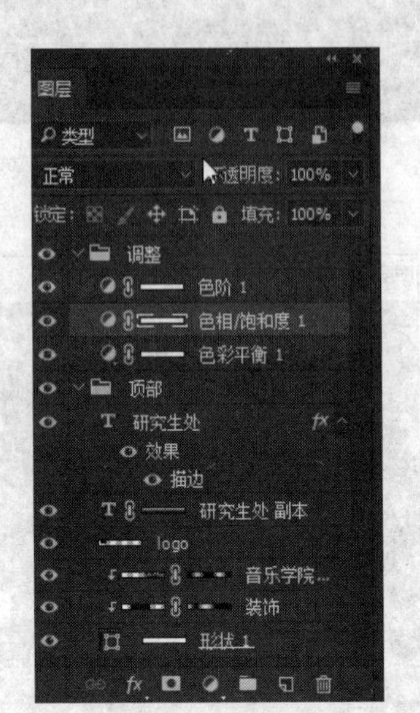

图 4.5.15 最后的图层参数

4.6 网店海报制作案例

4.6.1 概述

(1) 设计目标：网店海报是网络广告的一种形式，它的设计目标是让客户在纷繁的信息中，快速地找到所需的产品，并给客户以美的享受，以提高广告的点击率。

(2) 设计原则：突出主题；目标明确；形式美观。

① 突出主题：就是把海报的中心思想凸显出来。如图 4.6.1 所示，该图中用更大的面积、更粗的字体来突出主题文字。

图 4.6.1 突出主题

② 目标明确：就是要搞清楚所卖产品的受众人群，并在设计时找准这群人的心理特征。如图 4.6.2 所示，本例的受众是具有一定文化气质的人，书法具有很强的设计感与艺术表现力，运用好的话往往是点睛之笔。各式各样的书法有自己独特的、细腻的特点，把握好这一点，既能增加文化内涵，也能衬托出产品的气质。

图 4.6.2　面向文化人

图 4.6.3 所示的广告面向的客户群是文艺青年，所用的字体包括方正标宋体、方正静蕾体、方正清刻本悦宋体、康熙字典体。宋体的衍生体有很多，有长有扁，有胖有瘦。旅游类电商网站经常会用到此类字体。运用宋体进行排版处理，显得既清新又文艺。

图 4.6.3　面向文艺青年

③ 形式美观：如图 4.6.4 所示，此广告无论构图布局还是色彩的搭配、图片的选择都得符合一定的审美规范。

图 4.6.4　形式美观

(3) 设计要素：海报设计的四要素如图 4.6.5 所示。

图 4.6.5 网店海报的四要素

4.6.2 Coccinelle 广告设计过程分析

(1) 确定主体。如图 4.6.6 所示,红色手提包是要着重表现的主体。

图 4.6.6 海报主体

(2) 设计背景。考虑受众群体为年轻知性女性,既要表现温柔、婉约、随性、浪漫,又要表现高档的质感,所以背景用深色的皮质底纹,再增添一些白色的高光,以增加背景的层次感和质感,如图 4.6.7 所示。

图 4.6.7 海报背景

背景加主体的设计效果如图 4.6.8 所示。深色的背景和红色手提包形成一定的对比,更加突出了主体。为了增强质感、真实感,还给主体添加了倒影。

(3) 文案设计。

① 文案内容设计。主标题:coccinelle;副标题:魅惑全城凸显女性极致诱惑;辅助文字:ITALY STYLE、TO LEAD THE TREND OF THE TIMES。

图 4.6.8　背景加主体

② 女性字体。一般女性商品的海报，比如女装、饰品、内衣等都需要柔美、纤细、细腻一点的字体，所以在选择字体时，也要选择一些纤细、柔美一点的字体，如方正兰亭超细黑、didot、方正大标宋简体等，表现女性修长、秀气、气质、纤细、随意等特性。

③ 表达方式。突出主标题，用较大的字号，放在居中的位置。副标题比主标题略小，以其他字来衬托，字的大小不同、颜色不同，再以圆形图来装饰，以增加设计感。

加文案设计后的效果如图 4.6.9 所示。

图 4.6.9　加文案后的效果

(4) 装饰。为了丰富画面，也为了更好地衬托主体，增加一些装饰，如图 4.6.10 所示。

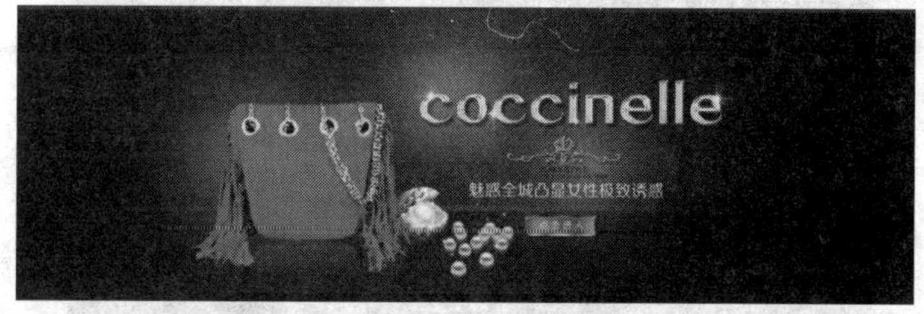

图 4.6.10　最后效果

4.6.3　经验分享

广告设计中的基本元素如下。

(1) 电商类广告中最重要的是商品图的展现。

① 商品的选择切合主题，且受众群体广，广告图片中能看出商品用途。

② 图片一定要清晰，且精致、美观、有吸引力。

(2) 主题明确，突出卖点。

① 卖点通常打组合拳，如主题＋促销、产品＋促销等。

② 广告中不宜宣扬过多卖点，特别是小尺寸广告，突出1～2点即可。

(3) 促销类卖场，其高价商品可突出折扣，直降××元等(并可带上市场价对比)折扣和价格应显著标出。

(4) 热销商品可以适当展示商品的销量，以增强用户对商品的兴趣。

(5) 广告中的文案简短有力，切勿堆积，提炼要点，不要在文案中叙事。

(6) 站外投放的广告可带有明显的购买按钮式链接，有益提高点击率，但由于广告中的按钮式链接会影响整体页面视觉效果，故须慎重使用。

(7) 品牌商家突出品牌名或者Logo，建议使用"品牌＋正品提示＋折扣"的信息组合方式。

(8) 对时间较短的卖场，可在广告中突出活动时间，增强紧迫感。

(9) 广告或卖场的风格因主题而异。

① 促销类主题宜用浓烈色彩，以烘托促销气氛。

② 女性类主题风格偏感性，可设计很美丽的场景，色彩淡雅但明亮，背景不厚重。

③ 时尚类主题卖场特别重视选品、模特的时尚感和质感，且色彩可以更明亮些(除非是个性店铺)。

④ 男性类主题风格偏硬朗、沉稳，主要凸显商品功能性及丰富度。

4.7 课堂实训

4.7.1 数码广告的制作

1. 效果图

数码广告的效果如图4.7.1所示。

图4.7.1 数码广告的效果

2. 素材

电子产品、iPhone、iPod、iPad、三星手机等，如图4.7.2～图4.7.7所示。

3. 制作要点

1) 背景底纹的制作

(1) 新建一个4像素×4像素的文件。

(2) 显示网格线，填充如图4.7.8所示的底纹和图4.7.9所示的图案。

FREEPLAY ILLUST ELEMENT DESIGN

图 4.7.2　电子产品

图 4.7.3　iPhone 和 iPad

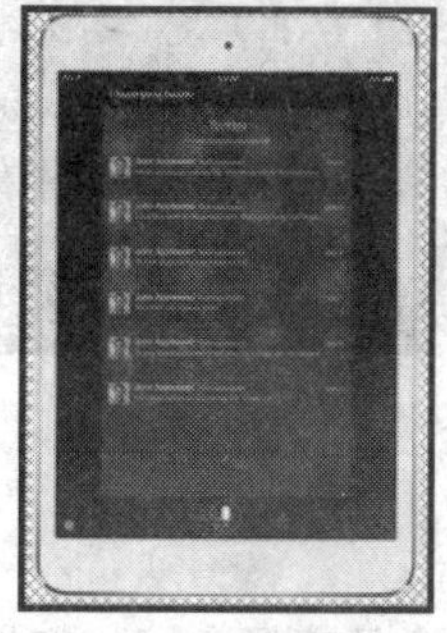

图 4.7.4　iPad

图 4.7.5　iPhone

图 4.7.6　iPod

图 4.7.7　三星手机

图 4.7.8　底纹(1)

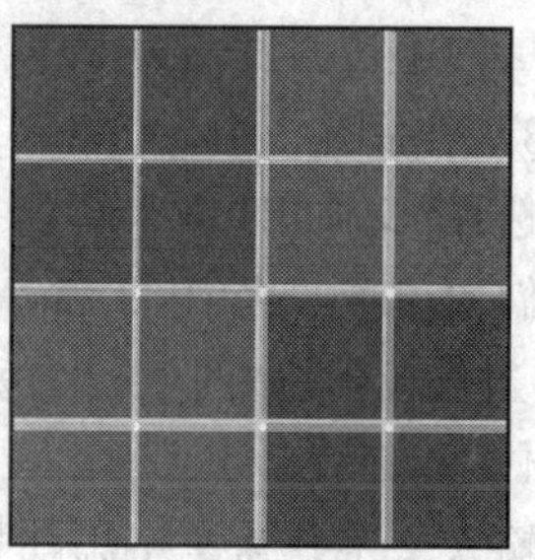

图 4.7.9　图案

(3) 选择“编辑”|“定义图案”命令。

(4) 新建文件,选择“编辑”|“填充”命令,填充自定义的图案,即完成如图 4.7.10 所示底纹的制作。

图 4.7.10 底纹(2)

2) 背景其他元素的制作

(1) 利用矩形工具绘制一个填充色为 ea62a0 的矩形,再把它倾斜 6°,如图 4.7.11 所示。

(2) 利用多边形工具绘制一个填充色为 bc3961 的三角形,如图 4.7.12 所示。

(3) 利用矩形工具绘制一个填充色为 56c5bc 的矩形,再把它倾斜 6°,如图 4.7.13 所示。

图 4.7.11 矩形倾斜

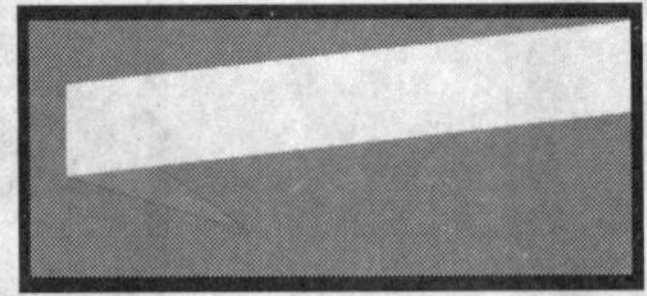

图 4.7.12 加三角形

图 4.7.13 加矩形

(4) 选择“文件”|“嵌入智能对象”命令,一一置入电子元件并调整它们的位置,设置各图层的不透明度均为 50%,如图 4.7.14 所示。

3) 产品图

选择“文件”|“嵌入智能对象”命令,一一置入 iPad、iPod、iPhone、三星等产品图并调整它们的位置。在 iPod 和 iPhone 手机图层下面分别绘制一个黑色的椭圆并把羽化设置为 2,当作投影,如图 4.7.15 所示。

4) 文字

输入文字并为文字添加投影效果。在文字“9.9 元起”上下用钢笔工具勾出来的两撇形状进行装饰,如图 4.7.16 所示。

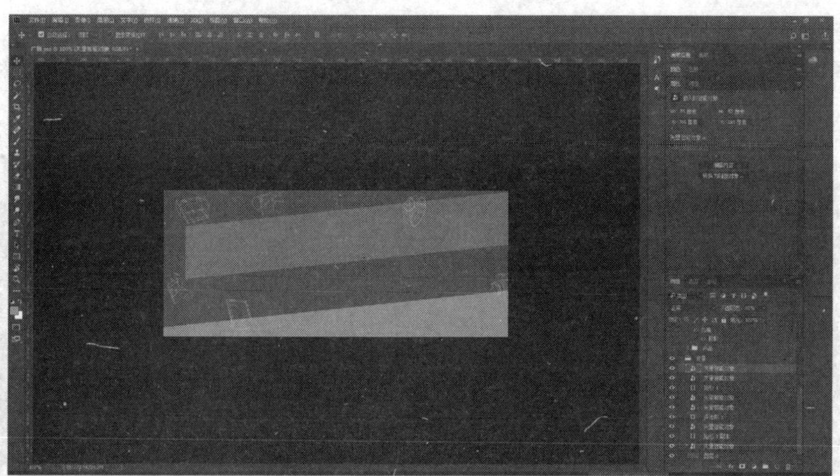

图 4.7.14　加电子元件及设置图层的不透明度

图 4.7.15　加产品图及投影

图 4.7.16　加文本及装饰

5）模特

选择“文件”|“嵌入智能对象”命令，置入 iPhone 图片并调整它的位置，同时对它加入图层蒙版进行部分虚化，如图 4.7.17 所示。

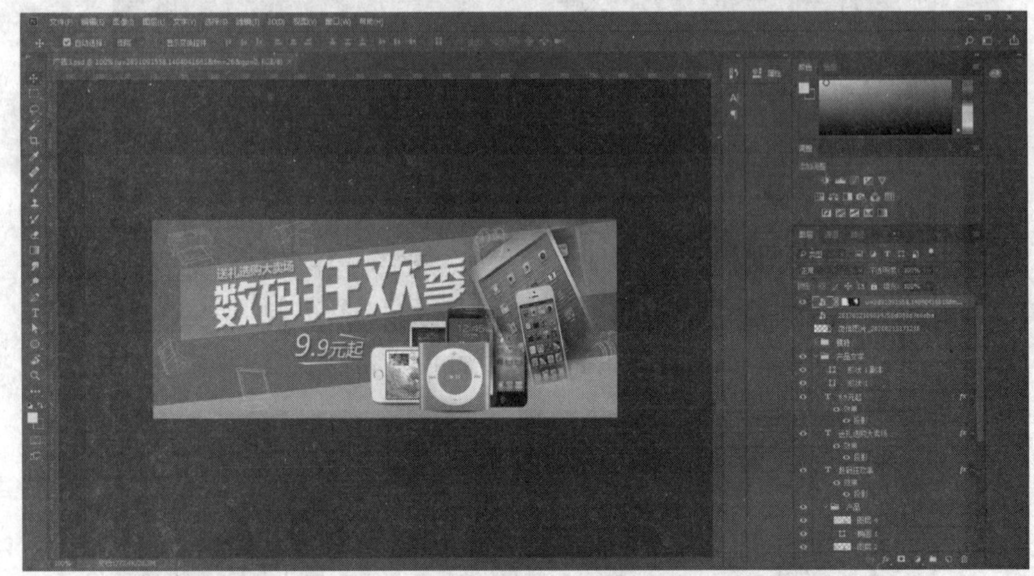

图 4.7.17　最后效果

4.7.2　丝巾广告的制作

1. 效果图

丝巾广告的效果如图 4.7.18 所示。

图 4.7.18　丝巾广告效果

2. 素材

本广告用到的素材图片如图 4.7.19～图 4.7.23 所示。

图 4.7.19　花 1

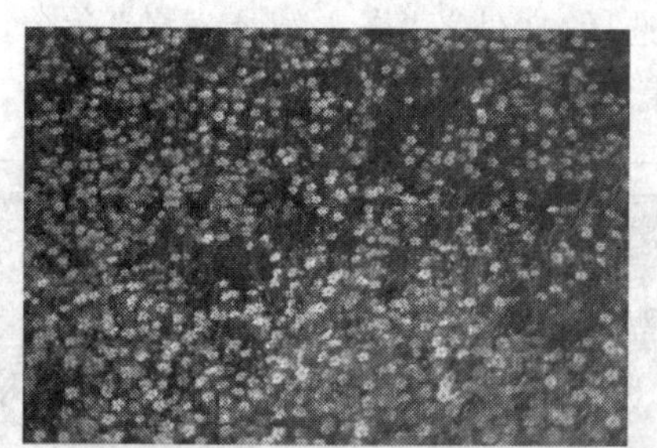

图 4.7.20　花 2

图 4.7.21　花 3

图 4.7.22　模特

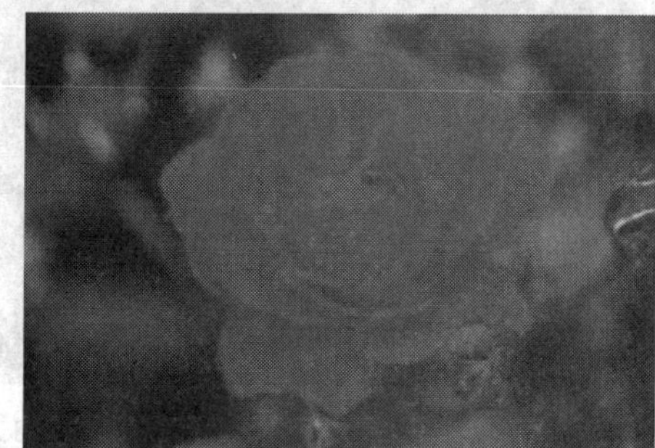

图 4.7.23　花 4

3. 制作要点

1）背景

(1) 选择"文件"|"嵌入智能对象"命令，置入花 3，并调整其大小和位置；选择"滤镜"|"滤镜库"|"艺术效果"|"绘画涂抹"命令，效果如图 4.7.24 所示。

图 4.7.24　花 3 效果

(2) 选择“文件”|“嵌入智能对象”命令，置入花 2，并调整其大小和位置。选择“滤镜”|“滤镜库”|“艺术效果”|“绘画涂抹”命令，效果如图 4.7.25 和图 4.7.26 所示。

图 4.7.25 设置花 2 的涂抹参数

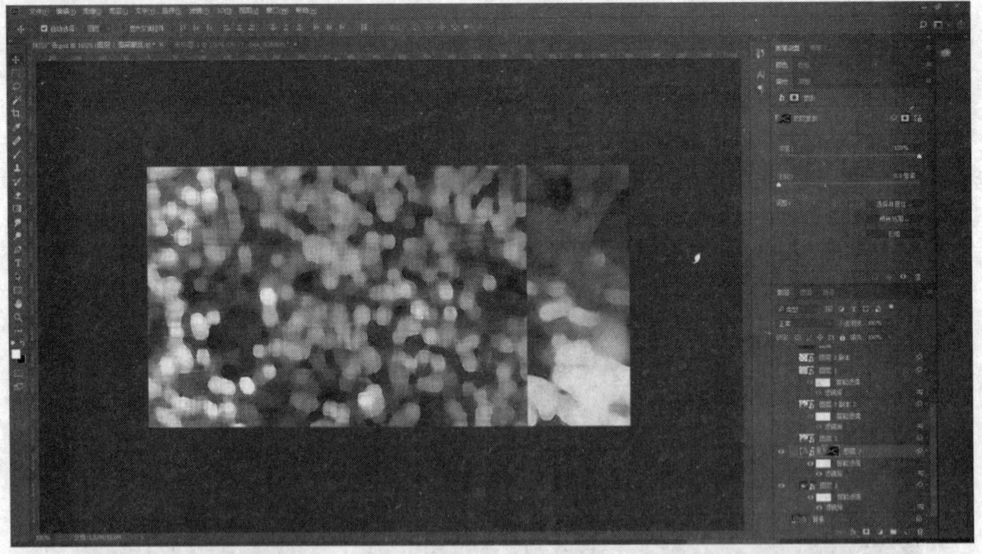

图 4.7.26 加花 2 后的效果

(3) 给花 2 图层添加蒙版，在蒙版上填充黑白渐变，隐去花 2 的部分内容，如图 4.7.27 所示。

(4) 执行“文件”|“嵌入智能对象”命令，置入花 1，并调整其大小和位置。选择“滤镜”|“滤镜库”|“艺术效果”|“绘画涂抹”命令，如图 4.7.28 和图 4.7.29 所示。

图 4.7.27　为花 2 加蒙版后的效果

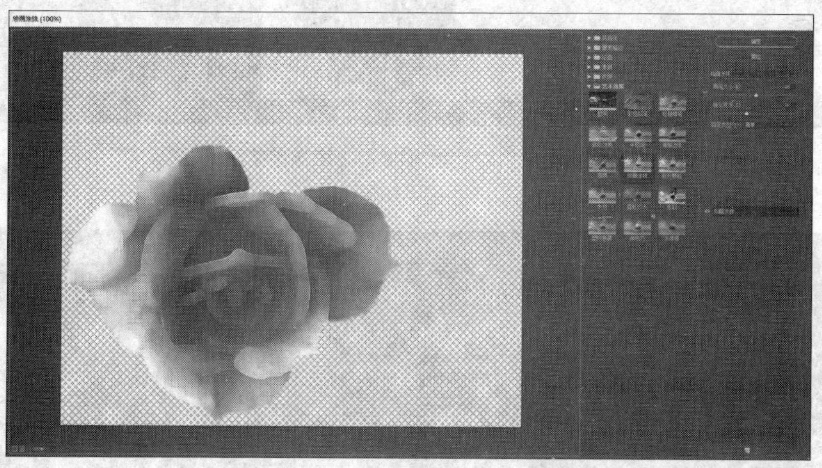

图 4.7.28　设置花 1 的涂抹参数

图 4.7.29　加花 1 后的效果

(5) 选择"文件"|"嵌入智能对象"命令,置入花 4,并调整其大小和位置。选择"滤镜"|"滤镜库"|"艺术效果"|"绘画涂抹"命令,如图 4.7.30 和图 4.7.31 所示。

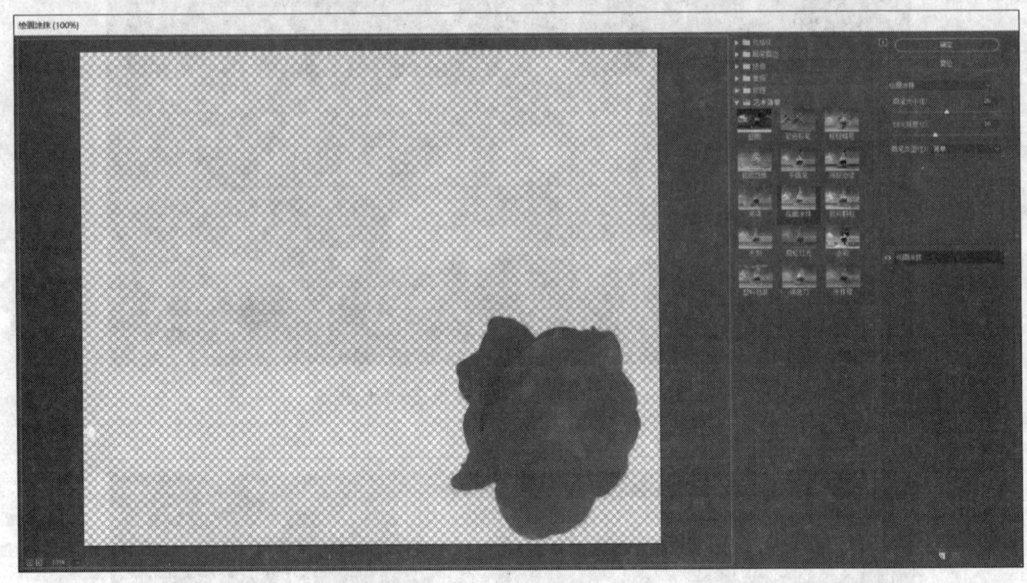

图 4.7.30 设置花 4 的涂抹参数

图 4.7.31 加花 4 后的效果

(6) 把花 1 图层复制一份移到花 4 图层上面,并调整其位置和大小,如图 4.7.32 所示。

(7) 新建一个空白图层,填充 3d2024 颜色,设置图层模式为正片叠底,不透明度为 60%,如图 4.7.33 所示。这样能把背景变暗一些,以便于突出主体。

图 4.7.32　加入花 4

图 4.7.33　把背景变暗

2）文本

(1) 利用椭圆工具绘制一个颜色为 b80003 的椭圆，将图层不透明度设为 69%，如图 4.7.34 所示。

(2)“4 画”文字中的“4”看起来是文字，实际上是用矩形工具和圆角矩形工具一笔一笔画出来的，如图 4.7.35 所示。

(3) 输入其他文字并调整位置，如图 4.7.36 所示。

图 4.7.34　添加椭圆

图 4.7.35　绘制文字效果

图 4.7.36　输入文本

(4) 置入模特并调整位置，如图 4.7.37 所示。

图 4.7.37　置入模特

4.8　课后练习

1. 制作如图 4.8.1 所示的安卓广告效果。

图 4.8.1　安卓广告效果图

制作底纹的操作提示如下。

(1) 绘制水平扫描线(细)，如图 4.8.2 所示。

图 4.8.2　水平扫描线(细)

① 创建一个宽为1像素、高为2像素的画布，将背景设置为透明。使用铅笔工具绘制如图4.8.3所示的图案。

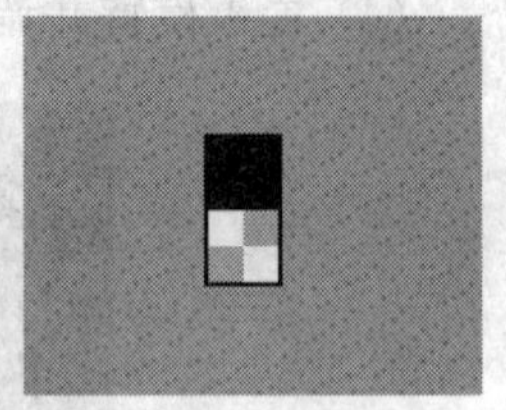
图4.8.3　图案(1)

② 选择"编辑"|"定义图案"命令。

③ 使用"定义图案"填充画布，水平扫描线(细)效果制作完成。

提示：如果源文件颜色较深，可以在图层面板中降低不透明度。

(2) 绘制水平扫描线(粗)，如图4.8.4所示。

① 创建一个宽为1像素、高为3像素的画布，将背景设置为透明。使用铅笔工具绘制如图4.8.5所示的图案。

图4.8.4　水平扫描线(粗)

图4.8.5　图案(2)

② 选择"编辑"|"定义图案"命令。

③ 使用"定义图案"填充画布，水平扫描线(粗)效果制作完成。

提示：如果源文件颜色较深，可以在图层面板中降低不透明度。

(3) 绘制垂直扫描线(细)，如图4.8.6所示。

① 创建一个宽为2像素、高为1像素的画布，将背景设置为透明。使用铅笔工具绘制如图4.8.7所示的图案。

图4.8.6　垂直扫描线(细)

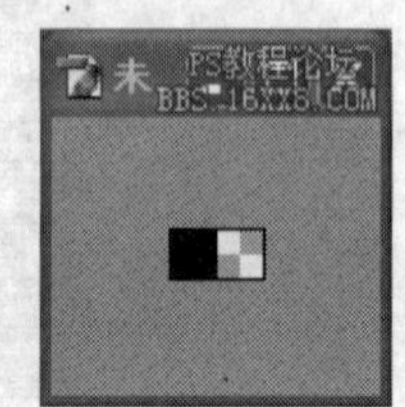

图4.8.7　图案(3)

② 选择"编辑"|"定义图案"命令。

③ 使用“定义图案”填充画布，垂直扫描线(细)效果制作完成。

提示： 如果源文件颜色较深，可以在图层面板中降低不透明度。

(4) 绘制垂直扫描线(粗)，如图 4.8.8 所示。

① 创建一个宽为 3 像素、高为 1 像素的画布，将背景设置为透明。使用铅笔工具绘制如图 4.8.9 所示的图案。

图 4.8.8　垂直扫描线(粗)

图 4.8.9　图案(4)

② 选择“编辑”|“定义图案”命令。

③ 使用“定义图案”填充画布，垂直扫描线(粗)效果制作完成。

提示： 如果源文件颜色较深，可以在图层面板中降低不透明度。

(5) 绘制斜扫描线(窄)，如图 4.8.10 所示。

① 创建一个宽为 3 像素、高为 3 像素的画布，将背景设置为透明。使用铅笔工具绘制如图 4.8.11 所示的图案。

图 4.8.10　斜扫描线(窄)

图 4.8.11　图案(5)

② 选择“编辑”|“定义图案”命令，使用“定义图案”填充画布，斜扫描线(窄)效果制作完成。

提示： 如果源文件颜色较深，可以在图层面板中降低不透明度。

(6) 绘制斜扫描线(宽)，如图 4.8.12 所示。

① 创建一个宽为 16 像素、高为 16 像素的画布，将背景设置为透明。使用铅笔工具绘制如图 4.8.13 所示的图案。

② 选择“编辑”|“定义图案”命令。

③ 使用“定义图案”填充画布，斜扫描线(宽)效果制作完成。

提示： 如果源文件颜色较深，可以在图层面板中降低不透明度。

图 4.8.12　斜扫描线(宽)

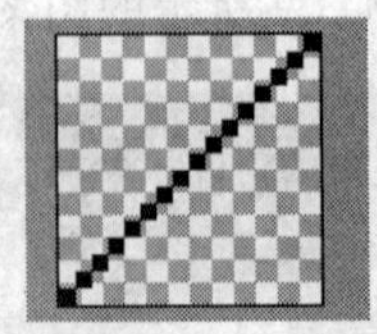

图 4.8.13　图案(6)

(7) 绘制点阵(密),如图 4.8.14 所示。

① 创建一个宽为 2 像素、高为 2 像素的画布,将背景设置为透明。使用铅笔工具绘制如图 4.8.15 所示的图案。

图 4.8.14　点阵(密)

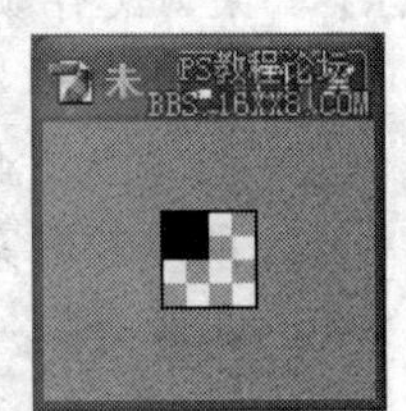

图 4.8.15　图案(7)

② 选择“编辑”|“定义图案”命令。

③ 使用“定义图案”填充画布,点阵(密)效果制作完成。

提示:如果源文件颜色较深,可以在图层面板中降低不透明度。

(8) 绘制点阵(稀),如图 4.8.16 所示。

① 创建一个宽为 4 像素、高为 4 像素的画布,将背景设置为透明。使用铅笔工具绘制如图 4.8.17 所示的图案。

图 4.8.16　点阵(稀)

图 4.8.17　图案(8)

② 选择“编辑”|“定义图案”命令。

③ 使用“定义图案”填充画布，点阵(稀)效果制作完成。

提示：如果源文件颜色较深，可以在图层面板中降低不透明度。

(9) 绘制栅格，如图 4.8.18 所示。

① 创建一个宽为 4 像素、高为 4 像素的画布，将背景设置为透明。使用铅笔工具绘制如图 4.8.19 所示的图案。

图 4.8.18　栅格

图 4.8.19　图案(9)

② 选择“编辑”|“定义图案”命令。

③ 使用“定义图案”填充画布，栅格效果制作完成。

提示：如果源文件颜色较深，可以在图层面板中降低不透明度。

(10) 绘制斜条纹，如图 4.8.20 所示。

① 创建一个宽为 16 像素、高为 16 像素的画布，将背景设置为透明。使用铅笔工具绘制如图 4.8.21所示的图案。

图 4.8.20　斜条纹

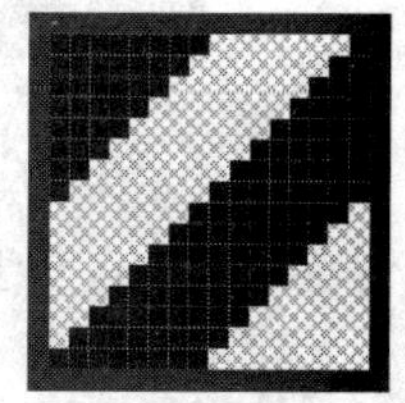

图 4.8.21　图案(10)

② 选择“编辑”|“定义图案”命令。

③ 使用“定义图案”填充画布，斜条纹效果制作完成。

(11) 把以上效果全部用上，如图 4.8.22 所示。

提示：如果源文件颜色较深，可以在图层面板中降低不透明度。

纹理效果的应用场合很多，如网页、墙纸、签名图片等，这里介绍的是几种常用的纹理

图 4.8.22 全部底纹

制作方法，灵活运用可以创造出具有自己特色的纹理。

2. 理财节 Banner。分析如图 4.8.23 和图 4.8.24 所示理财节 Banner 的构图、布局、颜色、文本、装饰图案、背景纹理等元素的特点，并进行临摹制作。

图 4.8.23 理财节 Banner(1)

图 4.8.24 理财节 Banner(2)

3. 创意设计。自己组织素材，自己创意设计一款笔记本电脑"双 11"的促销海报。

4.9 知识拓展——图层蒙版在 UI 设计中的使用技巧

4.9.1 图层蒙版的概念

图层蒙版相当于一块能使物体变透明的玻璃，在玻璃上涂黑色时，物体变得透明(不显示)；在玻璃上涂白色时，物体显示出来；在玻璃上涂灰色时，物体变得半透明。

（1）蒙版中的黑色——蒙住当前图层的内容，显示当前图层下面图层的内容。

（2）蒙版中的白色——显示当前图层的内容。

（3）蒙版中的灰色——当前图层下面的图层的内容若隐若现。

如图 4.9.1 所示：①当前图层；②图层蒙版；③下面的图层；④当前图层的内容；⑤当前图层变透明露出下面图层的内容。

图 4.9.1　蒙版的概念

4.9.2　操作演示

（1）背景图层的内容（见图 4.9.2）、当前图层的内容（见图 4.9.3）。目前的情况是当前图层把背景图层全部遮住，只显示当前图层的内容，背景图层的内容不显示。

图 4.9.2　背景图层的内容

图 4.9.3　当前图层的内容

（2）单击“图层蒙版”按钮，给当前图层添加白色蒙版，效果跟不添加时一样，说明白色蒙版没有把当前图层变透明，如图 4-9-4 所示。如果把它改成黑色蒙版，则当前图层没有显示，只显示下面图层，说明黑色蒙版把当前图层变成了全透明，如图 4-9-5 所示。

图 4-9-4 白色蒙版

图 4-9-5 黑色蒙版

(3) 现在把它填成灰色，当前图层变成半透明，两个图层的内容都隐约显示出来，如图 4.9.6 所示。

(4) 选择渐变工具，使用黑白色的线性渐变来填充图层蒙版，此时变成上透下不透的渐变，重新填充则又变成下透上不透的渐变，如图 4.9.7 所示。

图 4-9-6 灰色蒙版

图 4.9.7 渐变蒙版

(5) 把蒙版全部重新恢复为白色，用黑色的画笔来涂抹，可以看到画笔涂抹之处当前图层变透明，边缘有点半透明是因为设置了硬度为 0 的柔性画笔，如图 4.9.8 所示。如果要把透明的部分重新变为不透明，只要换成白色的画笔来涂即可。还可以把画笔的不透明度设为 20%来涂抹边缘，让全透明和不透明有一个渐变过渡。

(6) 重新把蒙版改成白色。按住 Alt 键单击图层蒙版，把蒙版内容显示在画布上。选择椭圆工具，这时左上角显示“像素”。把前景色设为黑色，在属性栏中把羽化设为 45，在蒙版上绘制一个 300 像素×200 像素的椭圆，填充一个黑色渐变的圆，如图 4.9.9 所示。然后单击当前图层的缩略图，回到正常显示后就可看到最后的效果。被黑色椭圆遮住的部分变透明，显示出下方图层的内容，边缘羽化的部分变成渐变的透明关系。这就是简单的图像合成。

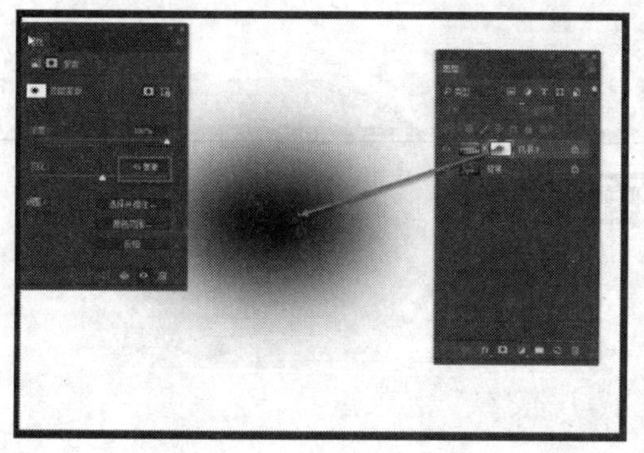

图 4.9.8　蒙版图层的内容

图 4.9.9　显示的内容

小结

在图层蒙版中，黑色为完全透明，白色为完全不透明，不同等级灰度为不同等级半透明，简称为黑透白不透。

第 5 章

网页界面设计

网页界面设计以互联网技术和数字交换技术为基础，按用户的需求来设计有关的宣传内容，并遵循艺术规律而设计，以达到实现网站宣传与功能相统一的目的。

随着网络的发展与普及，网页的功能性与艺术性不断增强，吸引人们上网浏览，它促使网页界面设计也得到了较大的优化和发展。网页界面主要是通过页面的排版布局与视觉效果的整体形象，给浏览者一种功能与艺术相结合的美的感受。它是网页内容与形式的统一，是网页功能需求与用户需求通过设计者诠释后而表现出的一种独特的格式。网页界面设计的目的就是要提供布局合理的页面，使页面视觉效果突出、功能强大、使用流程简洁便利，从而使浏览者愉快、轻松、快捷地阅读并了解网页所提供的信息。

5.1　网页界面设计概述

网页界面设计涉及的内容有 Logo、导航栏、Banner 等。例如，设计网站中的 Logo，起对徽标或商标拥有单位及公司的识别与推广作用，它以简洁的、符号化的视觉艺术形象把网站的形象和理念长留于人们心中，如图 5.1.1 和图 5.1.2 所示。

图 5.1.1　杭州市门户网站 Logo

图 5.1.2　众网站 Logo

导航栏位于页面顶部或者侧边区域，它通常为页眉横幅图片上边或下边的一排水平导航按钮，起链接站点或者软件内的各个页面的作用，如图 5.1.3 所示。

图 5.1.3　杭州市门户网站导航

Banner 即网站页面的横幅广告，它体现中心意旨，形象鲜明地表达主要情感思想或宣传中心。横幅广告又称旗帜广告，它是网络广告最早采用的形式，也是目前最常见的形式。一般是横跨于网页上的矩形广告，可以位于网页任何位置，当用户点击这些横幅时，通常可以链接到广告主要的网页，如图 5.1.4 所示。

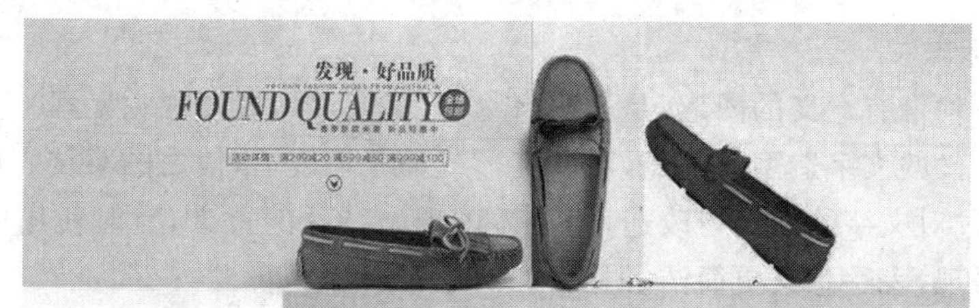

图 5.1.4　网站 Banner

网页整体形象主要来自网页上视觉元素的特征体现，以及网页之间的相互结构组织关系。网页的视觉元素信息很丰富，如 Logo、文字、图片、色彩等，但最基本的构成视觉元素是文字、图形与色彩。UI 设计就是界面设计，它是对软件的人际互交、操作逻辑、界面美观的整体设计。UI 设计师对这些基本构成要素进行合理布局，并形成有效的视觉空间，以增加页面的视觉美感，达到使用功能更加优化。

网页界面设计应该遵循如下基本原则。

(1) 以用户需求为中心，把用户的需求放在第一位。设计时既要考虑用户的共性，也要考虑他们之间的差异性；要突出用户的宣传中心与网页界面的完美结合，以吸引浏览者，使用户的需求和价值达到最大化。

(2) 以一致性为界面结合点。网页界面设计必须有一个中心结合点。这个结合点要考虑两个方面：一是必须考虑内容和形式的一致性，即内容和形式的表达要完美结合，内容确定后，要通过生动、活泼的形象体现在界面上；二是网页界面自身的风格也要一致，保持统一的整体形象。网页界面的风格有自身的连续性要求，这是品质的根本所在。风格的一致性能使界面更美观与清晰。

(3) 以明确与简洁为追求点。网页界面设计要求明确、简洁。明确是指界面的展现指向中心明确，没有令人眼花缭乱的画面和链接；简洁是指操作简单明了，没有烦琐的文字与画面说明。不断追求界面的明确与简洁，能使界面生动而不死板，能更加吸引浏览者的注意力，便于操作。

5.2 界面文字设计

文字是组成网页界面的主体部分，它是人们进行思想和情感交流的主要手段之一，是信息传达中最普遍使用的视觉元素。网页上文字种类很多，功能各不相同。界面引导页上设计的文字及其形态，使浏览者形成对网站的初步印象的功能，了解网站的基本信息；首页上的各种标题性文字可以使浏览者明确网站的内容与结构，并具有导航作用；内容页面上的文字可以使浏览者获取详细信息。

5.2.1 网页字体与字体安排

文字是人类文化的重要组成部分，无论在何种视觉媒体中，文字和图片都是其两大构成要素。网页字体排列与组合的好坏，直接影响到界面视觉的效果。

1. 文字标志

标志是一种带有意义的图形，是表明事物特征的记号，属于视觉元素。文字型标志是以含有象征意义的文字造型作基点，对其变形或抽象地改造，使之图案化。使用文字作为网站标志，通过对文字的变形与改造，使字体体现出特殊的意义，有时使用中文或外文及数字组合来表现，表达意义更简洁、明确，如图 5.2.1 所示。

图 5.2.1 文字标志

2. 标题文字

标题文字设计作为视觉信息传播的有效手段，也承担着抽象概括内容的意义，因此标题文字要具有视觉冲击力，通常为有着自己调性和个性的文字艺术体。网页标题文字在表达上要注意：一是准确规范，主题明确，简明精练；二是突出关键词的相关性；三是突出所提供的服务或产品的优势。

除文章的标题外，一些信息的栏目、网络广告的标题等也是通过文字形式体现的。标题不一定是一个完整的句子，可以使用短语或口号。文字标题要尽量简洁明了、引人注目，这样才能得到浏览者的青睐。标题应安排在醒目的位置，使用较大的字体，在版面中作点或线的编排。为了保证标题的显示效果，大部分设计者都将其设置为图形格式，如图 5.2.2 所示。

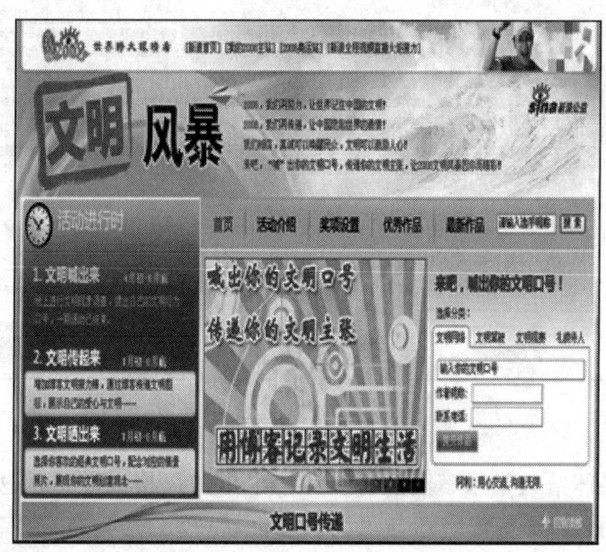

图 5.2.2　标题文字

3. 文字超链接

文字超链接（简称文字链接）是网页中最常见的超链接形式，能直观地呈现链接的相关主题信息，使浏览者对所包含信息一目了然。

（1）文字链接要使用网页链接常见的几种文字字体。

（2）链接点的字体选取要有明确的指向性，与网页整体协调。

（3）链接点的文字标题要简洁明了。

文字链接可以方便浏览者对信息的检索。文字链接可以应用于网页中导航栏链接、侧焦点链接栏的链接、中部分类信息主题链接以及文章中关键词的链接等，如图 5.2.3 所示。

5.2.2　文字形式

文字形式是网页内容的具体表现，是传达信息的主体部分，其主体作用是动画、图形和影音等其他任何元素难以取代的。文字信息是标题的详细内容，浏览者在阅读标题之后，还要在文字信息中得到进一步的解答。在进行网页设计时，文字信息虽然简单，但内容一定要适合标题。同时对文字的字体、字形、大小、颜色和编排要进行精心的设置，以达到更好的浏览效果。

1. 文字分类

文字是一种书写符号，在使用过程中产生审美功能，特别是汉字艺术，其本身就是美

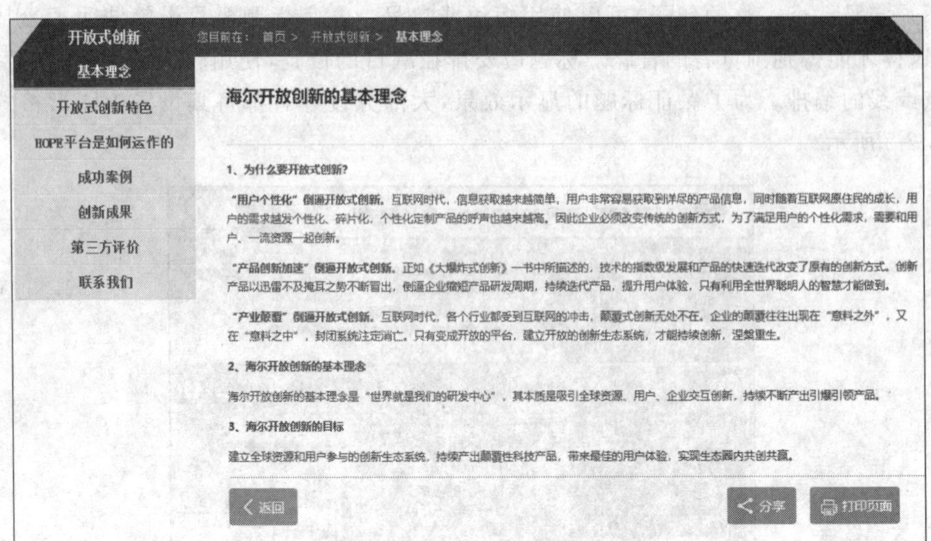

图 5.2.3 文字链接

的艺术体。不同字体给人带来不同的情感和艺术审美风格属性。从这个意义上说，字体具有两方面的作用：一是实现字意与语义的功能统一；二是具有艺术的美学效应。在网页设计中准确选择字体，是每个网页设计师首先要考虑的问题。例如，从网页界面加强平台无关性的角度来考虑，网页正文内容最好采用默认字体，因为浏览器使用本地机器上的字库显示页面内容。

中文字体有以下几种形式。

(1) 规范字体。宋体字型结构方中有圆，刚柔并济，既典雅庄重，又不失韵味灵气。从视觉角度来说，阅读宋体字更省目力，不易视觉疲劳，因此宋体字具有很好的易读性和识别性。标题使用宋体给人稳健、传统的印象。

楷体字型柔和悦目，间架结构舒张有度，易读性和识别性均较好，适用于较长的文本段落，也可用于标题。

仿宋体字形笔画粗细均匀，秀丽挺拔，有轻快、易读的特点，适用于文本段落。因其字形娟秀，力度感差，故不宜用作标题。

黑体字形的横竖线条粗细相同，结构非常合理。黑体不仅庄重醒目，而且极富现代感，因其形体粗壮，在较小字体级数时宜采用等线体(即细黑)，否则不易识别。标题使用黑体给人以合理、理智的印象。

圆体字形视觉冲击力不如黑体，但在视觉心理上给人以明亮清新、轻松愉快的感觉；但其识别性弱，故只适宜作标题性文字。

(2) 手写体(书法体)。手写体分为两种：一种来源于传统书法，如隶书体、行书体；另一种是以现代风格创造的自由手写体，如广告体、POP体。手写体只适用于标题和广告性文字，长篇文本段落和小字体级数时不宜使用，应尽量避免在同一页面中使用两种不同的手写体，因为手写体形态特征鲜明显著，很难形成统一风格，不同手写体易造成界面杂乱的视觉形象，手写体与黑体、宋体等规范的字体相配合，则会产生动静相宜、相得益彰的效果。

(3) 美术体(装饰字体)。美术体是在宋体、黑体等规范字体基础上变化而成的各种字体,如综艺体、琥珀体。美术体具有鲜明的风格特征,不适于文本段落,也不宜混杂使用,多用于字体级数较大的标题,起引人注目、活跃界面气氛的作用。国内计算机字体根据字库文件不同稍有区别,如常用的方正字库、文鼎字库、华康字库等。

拉丁字母有以下几种形式。

(1) 饰线体。此类字体在笔画末端带有装饰性部分,笔画精细对比明显,与中文的宋体具有近似形态特征,饰线体在阅读时具有较好的易读性,适于用作长篇幅文本段落。代表字体是新罗马体(Times New Roman)。

(2) 无饰线体。此类字体笔画的粗细对比不明显,笔画末端没有装饰性部分,字体形态与中文的黑体相似。由于其笔画粗细均匀,故在远距离易于辨认,具有很好的识别性,多用于标题和指示性文字。无饰线体具有简洁规整的形态特征,符合现代的审美标准。代表字体是 Helvetica。

(3) 装饰体。装饰体即通常所说的"花"体。由于此类字体偏重于形式的装饰意味,阅读时较为费力,易读性较差,只适合于标题或较短文本,类似于中文的美术体和手写体。代表字体是 Script。

2. 文字大小

标题文字的大小控制了页面的形象。放大标题会给人有力量、活跃、自信的印象;缩小则表现出纤细和缜密的印象。另外,文字大小的对比也会左右浏览者的印象。标题文字的大小与正文之比叫作跳动率,跳动率越大,画面越活跃;反之,越稳重。

字号大小可以用不同的方式来计算,如磅或像素。因为网页文字是通过显示器显示的,所以建议采用像素为单位。较大的字体可用于标题或其他需要强调的地方,小一些的字体可以用于页脚和辅助信息。需要注意的是,小字号容易产生整体感和精致感,但可读性较差。

字体大小选择的总体原则。

(1) 提高文字的识别性和页面易读性。因为文字的主要功能是向大众传递信息,文字的整体诉求效果是首先要考虑的。

(2) 文字的美感性。文字在视觉中,具有情感的传达功能,具有美感性的文字更易被接受。

(3) 文字的个性化。个性化的文字设计,创造出与众不同的独具特色的字体,给人以美的视觉感受。

通常在网页中,建议使用 12 磅与 14 磅字体的混合搭配;13 磅也可酌情考虑,因为 13 号字体的不对称性,因此较少使用,如图 5.2.4 所示。

需要突出的部分、新闻标题、栏目标题等多用 14 磅字体,广告内容、辅助信息或介绍性文字等多用 12 磅字体,但是要避免大面积使用加粗字体。

注意:由于显示器处理文字的锯齿问题,所以默认的字体的单位通常是偶数,如 12 磅、14 磅、16 磅等。

中国　中国　中国

14磅　13磅　12磅

中国　中国　中国

14磅　13磅　12磅

图 5.2.4　文字字号

3. 文字的粗细

网页设计者选用不同粗细的字体,能更充分地体现设计中要表达的情感。字体有粗细之分,其选择是一种感性、直观的行为。从性别来说,粗体字强壮有力,代表男性特点,适合机械、建筑业等行业内容;高雅细致的细体字具有女性特点,更多运用于服装、化妆品、食品等行业的内容。从页面表达来看,同一页面的字体种类少,网页界面较雅致,稳定感强;字体种类较多,则网页界面较活跃,丰富多彩,活泼性强。所以,关键是如何根据页面内容来掌握这个比例关系。

4. 字距与行距

网页界面字距与行距效果能直接体现设计作品的风格与品位,对读者的视觉和心理能够产生较大影响。现代网页设计较流行调整标题文字字距,如体现轻松、舒展、娱乐或抒情的版面,其标题文字的字距通常采用拉开或变窄的排列方式,也有一些通过压扁文字或加宽行距来体现。此外,综合运用字距与行距的宽窄变化,可以使网页版式增加空间层次性和弹性。当然,字距与行距变化也不是绝对的,要依据网页界面设计的主题内容和设计情况需要进行灵活处理。

网页行距的变化也会影响文本的可读性。从视觉心理学的角度来说,接近字体尺寸的行距设置比较适合正文的阅读。例如,网页文字采用 12 磅宋体,一般用 8～9 像素间距;采用 14 磅宋体,一般用 10～11 像素间距;正文多 14 磅宋体,行距可适当调整 10～16 像素。

另外,行距本身也是具有较强表现力的设计语言,为了加强界面的装饰效果,通过有意识地加宽或缩窄行距,可体现独特的审美意趣,但要注意行距一般不超过字高的 200%。总的来说,加宽行距可以体现轻松、舒展的情绪,在表达娱乐性、抒情性的内容方面,比较恰如其分;而通过精心安排,宽窄并存的行距,能增强界面的空间层次与弹性,表现出设计者独到的匠心。

5. 字体颜色

字体的色彩往往影响着人们的阅读心理,一般来说,正文的文字颜色多采用灰黑色或深蓝色,可提高文字的易读性,因而不要随意使用其他特殊颜色。同一网站的文字颜色需要相统一,特殊情况下可以有两种左右的辅助文字颜色。例如,当以灰黑色为文字颜色时,正灰色的明度数值 B 不要大于 30%;当使用带色彩倾向的灰度时,根据色相不同,应对明度B作相应调整,如图5.2.5所示。

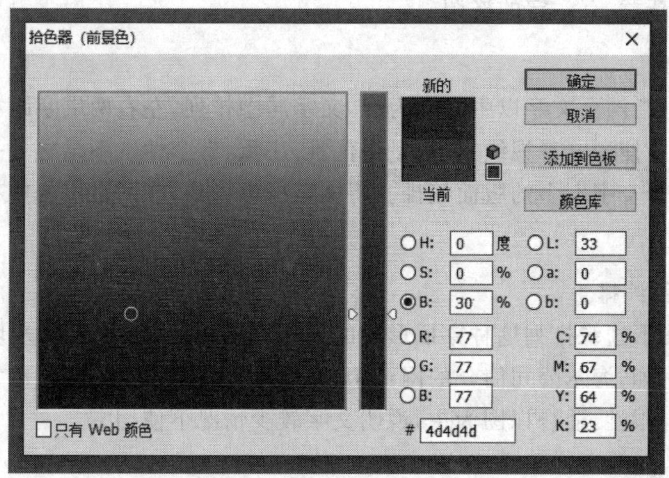

图5.2.5 文字颜色设置

当以纯蓝色为文字颜色时,明度数值B不要大于60%;当蓝色介于纯蓝和天蓝之间时,应根据色相不同,对应明度值B作相应调整,色相越接近天蓝,B值越低。

常用的蓝色有#07119a、#114477、#16387c、#000099、#003399、#1f376d、#0033cc,如图5.2.6所示。

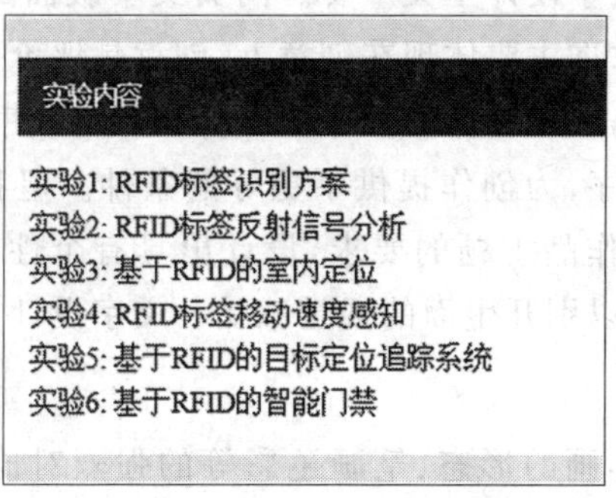

图5.2.6 常用的蓝色

5.2.3 网页文字编排方式

1. 两端对齐

文字编排可以横排也可竖排,要求左右或上下的长度或高度对齐,这样排列的文字群就会显示出整齐、端正、严谨、大方、美观的特点。选取不同形式的字体穿插使用,可避免网页文字的平淡。

2. 一端对齐

一端对齐的字序能产生视觉节奏与韵律的形式美感。网页文字通过左对齐或右对齐的方式,使行首或行尾自然形成一条清晰的垂直线;而另一端的长短不同,能产生虚实变化，又富有节奏感。左对齐符合人们阅读时的习惯，有亲切感；右对齐可改变人们的阅读习惯，会显得有新意，有一定的格调。

3. 居中排列

居中排列是指网页文字以中心轴为准，文字居中排列，左右两端字距相等。这种编排形式中心突出，能使浏览者视线集中，显得优雅、庄重、有个性。不足之处是阅读起来不太方便，此形式适合文字不多的版面编排。将文字居中排列，在网络广告中有利于突出主题信息的传达。

4. 文字绕图编排

文字围绕图形边缘排列这种穿插形式的应用非常广泛，能给人以亲切、自然、生动和融洽的感觉。例如，海尔公司简介的网页中，将文字绕图排列，极具亲和力。但这种编排形式有一定的局限性，适合以图为主，说明文字较少情况下使用。

5. 自由编排

自由编排是在打破上述几种方式的基础上的综合运用，它使版式更加活泼、更加新颖，具有较强烈的动感。但使用时要注意保持版面的完整性，还要注重其编排规律。倾斜的文字适合版面活泼动感的网页，突出视觉焦点。

5.2.4 网页文字设计方法

文字是网页的灵魂，文字设计至关重要。网页文字版面的设计同时也是网页创意的过程，网页设计师的思维水准主要体现在创意上，创意是评价一件网页设计作品好坏的重要标准。在网页设计领域，一切制作的程序由计算机代劳，使人类的劳动仅限于思维上，可以省去许多不必要的工序，为创作提供了更好的条件。但我们应该记住：人才是设计的创造主体。我们要根据作品主题的要求，设计出具有个性色彩的文字，创造与众不同的、独具特色的字体，给人以别开生面的视觉感受。文字设计方式主要有以下几种。

1. 对比

通过文字笔画大小、笔画的形态、笔画色彩等的强烈对比可以使各自的特征更加鲜明。对比方法的运用，可使文字主题更加鲜明，版面更生动活泼，如图 5.2.7 和图 5.2.8 所示。

图 5.2.7 对比(1)

图 5.2.8　对比(2)

2. 笔画互用

笔画的互用是指通过相关、相似、相近的笔画间的互相借用来组成文字间的关系。它可以使浏览者更快明白文字的具体意思，同时又觉得这种方式很特别，如图 5.2.9 和图 5.2.10所示。

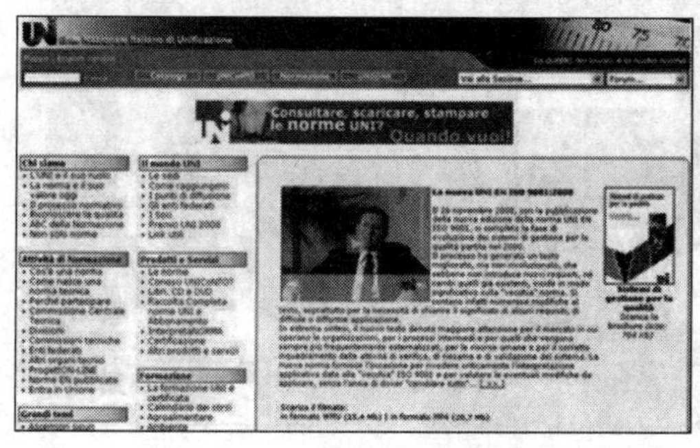

图 5.2.9　笔画互用(1)

图 5.2.10　笔画互用(2)

3. 添加形象

汉字具有表意功能，添加形象主要是通过在汉字局部笔画上添加与汉字表意相关的图像或图形来增加汉字的表意功能。通过将某个笔画换成有意义或有趣的图形，会让整个视觉活跃起来。例如，海尔网页中“火”字的设计，生动体现了这种意境，如图 5.2.11 所示。

4. 笔画突变

笔画突变是指在局部的某个或者某些笔画上采用不同于正常笔画的造型，突出文字内涵和特征，使字面具有视觉冲击力，如图 5.2.12 和图 5.2.13 所示。

5. 笔画连接

笔画连接是通过一组文字笔画上的连贯来表达文字间的关系，增强一组文字的视觉感染力和宣传力，如图 5.2.14 和图 5.2.15 所示。

图 5.2.11　添加形象应用

图 5.2.12　美的电器文字

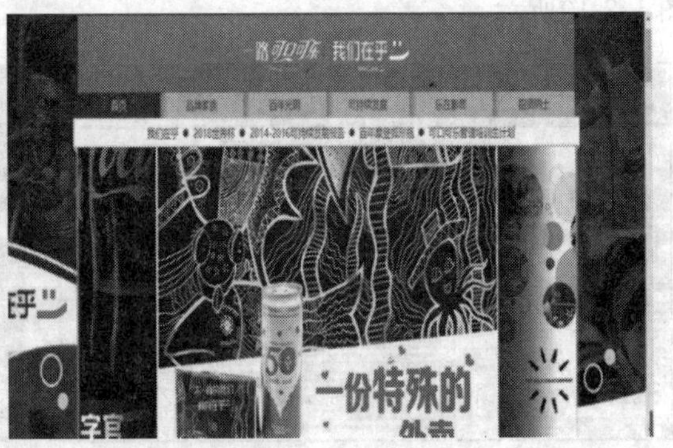

图 5.2.13　可口可乐文字

图 5.2.14　蒙牛文字

图 5.2.15　雀巢咖啡文字

6. 会意及象形

汉字是象形文字，有很大的想象空间。会意及象形是指通过对所设计的汉字形体与字意的深刻内涵加以挖掘，以丰富的象形或者会意的形态来传达文字的信息，如图 5.2.16 和图 5.2.17 所示。

图 5.2.16　会意及象形(1)

图 5.2.17　会意及象形(2)

7. 表面装饰

字体的表面装饰是一种通过对文字笔画的局部或者整体装饰，以及画与字的有机组合来增强文字传达的效果和感染力的方法，如图 5.2.18 所示。

图 5.2.18　表面装饰

8. 白线中分

白线中分是指在文字或字母的笔画中间贯通白线，使用这种方法可以使字面形成统一的视觉效果，以突出一组文字的意义，增强效果，如图 5.2.19 和图 5.2.20 所示。

9. 让点起变化

让点起变化是指将一些笔画有点的文字或字母的点进行变化。例如，sina 网中字母 i 的变化，使新浪网名更具吸引力，如图 5.2.21 所示。

图 5.2.19　白线中分(1)

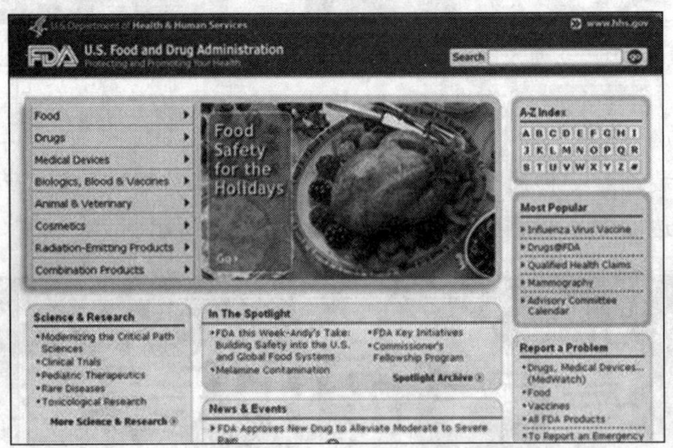

图 5.2.20　白线中分(2)

图 5.2.21　让点起变化

10. 让字母或数字变化

让字母或数字变化是指运用夸张或变形的方法，将字母或数字作图形变化，这样可丰富画面图像，增强人们的想象力，从而引起浏览者的兴趣。如图 5.2.22 所示为字母“c”的变形。

图 5.2.22　让字母或数字变化

11. 添加圆框或方框

添加圆框或方框是指将文字放在圆框或方框中，形成一个视觉点，这样能较快吸引人们的注意力。这是一种比较简单的设计字体方法，也是非常有效的方法，如图 5.2.23 所示。

图 5.2.23　添加圆框

5.2.5 网页文字编排技巧

1. 提高可识别性

提高网页文字可识别性的目的，就是把要表达的内容文字处理的清晰、醒目，让浏览者刚看到文字题目，就明白你的意思。因此要提高字体的清晰度，避免使用不清晰的字体，否则容易使浏览者产生反感与排斥，减少阅读兴趣。提高可识别性，选择恰当的字体，可适当采用虚实对比、大小对比等方法。

另外，根据视觉流程的原理，一般将重点放在右边。同时注意文字编排方向，并可适当运用直线与曲线编排，以引导浏览者的视线。

2. 精于位置定位

网页的文字定位要讲究技巧，目的是吸引视觉注意力，以便迅速引起浏览者的兴趣。因而，编排文字位置时要注意文字的齐整，要有一定的间距、行距。注意图文交错要起落有序，以起到既突出图形的观看作用，又增强读者对文字阅览理解力的效果。

3. 营造视觉美感

文字作为网页形象主要要素之一，具有表情达意的功能，表情达意作用使它具有视觉上的美感，能够给人以美的感受。一般来说，设计良好的字形、组合巧妙的文字能使人产生愉悦感，在大脑里留下美好的印象，从而获得良好的阅读心理反应。反之，网页文字排列错乱，则使人在视觉上难以产生美感，并在心理上有排斥感，产生厌看的心理作用，这样势必难以传达作者想表现出的意图和构想。

要营造视觉美感，就要理解文字表情达意内涵，注意文字的位置和字体大小的优化安排，适当调节字间距。处理段落文字要特别注意，对一些段落的字体加大后，段落之间的距离也应该随之调整；小字体同理，不过是相反的处理，目的就是营造视觉美感。

5.3 图形图像

图形图像是人们进行交流与沟通的重要视觉形式之一，它信息量丰富，形象直观，能跨越语言交流障碍。在网页中图形图像的合理应用，能够产生视觉信息的中心，有利于重要信息的传达。

在现代设计中图形的含义更为广泛，指所有能够产生视觉图像并转换为信息传达的视觉符号。图形图像在表达中与文字相比，能突破语言交流障碍，能将信息传达得更具体、真实、直接，更易于理解，从而提高效率。高质量地表达设计理念，能够让网页充满强烈的感情色彩。

5.3.1 网页图形图像设计的构成要素

1. 图形图像在网页中的应用

网页界面设计中的图形图像主要分为以下几类。

（1）从表达层次来看，有主图与附图。

（2）从呈现方式上看，可以分为静态和动态。

（3）从运用形式上看，有功能性的，如导航条、图标、Logo 等；装饰性的图，如网页背景图片等。

例如，背景插图可以把浏览器变成一个真实的环境，以图形背景来衬托主题，可以增加表达的层次感，并与网页主题图像形成对比或共鸣，从而突出主题形象，彰显网页的风格。

网页界面往往有要表达的主要图像，这就是网页主图，它是指网页中表达主题、突出中心的较大幅面的图形图像。一幅好的主图，能够形成整个页面的视觉中心，可以使浏览者见其图即知其内容，它具有直观性强的特点，超越语言交流障碍，不需要像文字那样去逐字逐句地阅读，也不受文化水平的限制，并能在瞬间给人以深刻印象。

2. 构成要素——点、线、面

点、线、面是平面设计的基本元素和主要视觉语言，是一切构成设计中最基本的造型要素，存在于任何造型设计之中。作为视觉形式的语言，构成网页设计图形图像的点、线、面，通常被人们称为“构成三要素”。在网页设计时，运用组合、对比、均衡、节奏、统一等构成方法将它们进行安排，互相补充，互相衬托，就可以创造出形式多样、引人注目的网页，起到增强网站的信息有效地传达给浏览者的作用。

1）点

点的作用是以视觉的停顿表现为前提，因此，点是一种具有空间位置的视觉单位，它有大小不同的面积和不同的外观特征以及属性。点可分为规则点和不规则点两类，如圆点、方点、三角点属于规则点，而锯齿点、泥点、雨点则属于不规则点。

在网页界面设计中，可以把点看成是无一定的大小和形状的，因而点的概念是相对的，它是与周围的视觉元素相比较而言的。一般来说，相比于网页其他造型要素，只要具有凝聚视觉的作用，都可以称为点。因而点的判断，完全取决于它所在的空间的相互比例关系上，越小的形体越能给人点的感觉。

点具有视觉集中的属性。例如，当页面中有两个点时，人的视线就会在这两点之间来回流动，产生“线”的感觉；有三个点时，视线在这三点之间流动，并将这些点连起来，会让人产生“面”的联想。因此，点只有通过人为地组织排列，才能充分展示其自身个性，让人产生联想，加深对内容的理解，如图 5.3.1 所示。

2）线

在视觉形态中的线，除了位置、长度、方向性的特征外，还具有宽度、形状和性格的特点。线具有刚柔相济、优美和简洁的特性。不同形状的线能表现出不同的意念，让人的视觉和心理产生不同的感受。因此在网页设计中，要根据网页需要和布局的特点，运用不同风格的线造型和不同的线组合，以形成最佳视觉元素，丰富和突出网页界面的视觉形象，增强网页的效果，如图 5.3.2 所示。

线可分为直线与曲线两种。

（1）直线包括水平线、垂直线、斜线、折线等。直线具有固定的方向性，给人以单纯、明确、庄严的感觉。利用直线对网页进行分割，可以使网页中的各部分内容更加清晰明

图 5.3.1　点在网页中的应用

图 5.3.2　线在网页中的应用

了，增强页面的可视性。

（2）曲线包括几何曲线、自由曲线。曲线具有不固定方向的特性，常给人以温和、柔软、流畅的印象。在网页设计中给人以跳动、流畅之感。利用曲线对网页进行分割，可以使网页中的各部分内容呈现出新颖活泼的流动感。

3）面

面可分为几何形（方形、菱形、圆形、三角形等）和自由形（有机形、手绘形等）两大类。

在视觉形态中，面是一种形体，展示出充实、厚重、稳定和整体性的视觉效果。面除了有大小之分外，还有位置、形状、摆放角度等特征，在网页版面中具有平衡、丰富空间层次，烘托及深化主题的作用。面经过分割而产生的比例关系是决定页面均衡、协调的重要因素。网页设计中对面进行多样化处理，可以达到避免重复、单调，起到相互衬托、相互呼应的作用。

（1）几何形

① 方形：能够给人产生稳重、厚实、深沉、规矩的感觉。它是网页设计中更直接、更有效的设计元素。因此在网页界面中很多图形图像设计都采用方形，特别对于企业网站来说，网站所展示的内容偏重于理性，追求简洁、明快的特点，因此方形在企业网站中的应用最为广泛，如图 5.3.3 和图 5.3.4 所示。

图 5.3.3　方形图像在网页中的应用(1)

图 5.3.4　方形图像在网页中的应用(2)

② 菱形：给人以端正又具有流动感的感觉。如果网页内容被放置于不同菱形面内，能使整个网页呈现出明快的风格，网页内容更加清晰明了，体现出很强的现代感。

③ 圆形：图像在网页设计中运用较多，它能博人眼球，给人以充实、柔和、圆满的感觉，如图 5.3.5 所示。

④ 三角形：正三角形给人以坚实、稳定的感觉；而倒三角形给人有一种新奇，但不安定的感觉。网页左侧的图像构成倒三角形，给人以新奇的动感。

（2）自由形

自由形的图形图像较适合表现自然法则和秩序性美感，象征洒脱、随意，偏于感性，让

图 5.3.5　圆形图像在网页中的应用

人产生新鲜、灵妙之感，带给人更为生动的视觉效果。自由形图形图像包括有机形、手绘形和偶然形。

① 有机形：运用有一定强度的曲线所组成的图形，富有内在的力感，它是一种自然的外力与内力相抗衡而形成的形态，给人以纯朴、温暖而富有生命力的感觉。

② 手绘形：是徒手描绘或用特定工具制作的图形，它最能充分表达作者的个性或情感。

③ 偶然形：是因自然力的作用而形成的图形，具有天然成趣的效果，它是利用自然界偶然因素而提炼出美的一种方法。偶然形带有自然美的构成规律，具有随意、神秘的特点，如图 5.3.6 所示。

图 5.3.6　偶然形图像在网页中的应用

3. 扩展构成元素

空间、运动、质感作为图形图像的扩展构成元素，是在点、线、面这些基本造型元素基础上发展而来的。图形图像空间感的产生来源于两方面：一方面是通过摄影、绘画的技法获得。例如，一幅优秀的摄影绘画作品，里面的物象给人以呼之欲出的感觉。另一方面还可以运用不同的手法对点、线、面等元素进行各种不同组合，使网页图形图像的三维空间感得以加强，丰富人们的视觉空间，如图 5.3.7 所示。

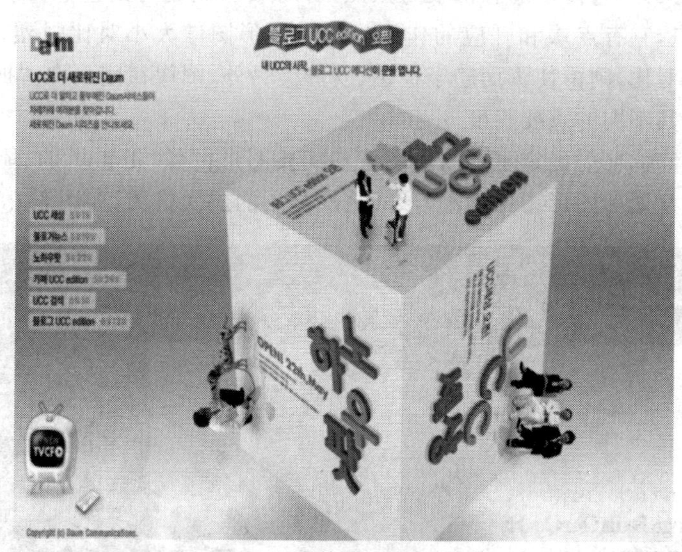

图 5.3.7　三维感的网页图像

5.3.2　网页图形图像的创意设计

创意是一种通过创新思维意识，从而进一步挖掘和激活资源组合方式，提升资源价值的方法。图形图像的创意是网页创意的核心，是视觉形象的再创造过程。通俗来讲，创意就是客观地思索，然后天才地表达。如果说，图形图像的创意解决了“做什么”的问题，设计就是具体的“怎样做”。创意设计有以下一些方法。

1. 同构

同构是指运用影射和借代的手法，把要表达的内容通过物象表达出来。浏览者求新求奇的心理状态是它得以利用的基础，对比和联想是常用的方法，以此来达到传达信息的目的。用同构方法设计的图形图像具有幽默诙谐的特点，给人一种印象深刻，但情理之中、意料之外的视觉冲击力。同构的图形图像表现出来的效果，往往是含义深邃并能给人全新的视觉感受，它能充分地表达设计师对事物的理解和他的审美理念。

2. 替代

替代是一种特殊的同构现象。替代的创意侧重于局部形象的替代，以及网页设计中各要素的具体表现。物象的替代部分往往在网页画面中形成视觉中心，充分发挥形象与图形的想象力是替代的表现重点。替代的方法是运用物体之间的相似性和意念上的相异性,按表达要求的需要,在保持物象原有基本形状的基础上,把物象的某个局部用其他相类似的形象代替,产生新的异常组合。

5.3.3 网页图形图像的处理方法

1. 利用图形图像的面积

图形图像面积的大小,影响着视觉形成的效果。大图形图像能表现细节,视觉焦点容易形成,富有感染力,它传达的感情较为强烈,容易吸引浏览者的注意力。简洁精致是小图形图像的特点,它有点缀和呼应的作用。如果图形图像大小对比强烈,则给人以跳跃感;而减弱大小对比,则可使页面趋于稳定、安静。另外,图像在网页中占据的面积大小的不同,也能显示其不同的重要程度。

在网页设计时,要先确定主要图形图像与次要图形图像,把重要的、能吸引注意力的图形图像放大,从属的图形图像缩小,形成主次分明的层次格局,如图 5.3.8 所示。

图 5.3.8 利用图形图像的面积

2. 利用图形图像的外形

方形图形图像的稳定、严肃,三角形图形图像的锐利,圆形或曲线外形的柔软、亲切,退底图及一些不规则或带边框图形图像的活泼性,都能使网页产生强烈的表达效果。下面主要介绍退底图与出血图。

退底是指根据设计内容需要,将图片精选部分沿着边缘裁剪,而保留轮廓分明的图形部分。退底后的图像,其外轮廓呈自由形状,有着清晰分明的视觉形态,显示出灵活自如的特点。配置退底图的页面,往往显得轻松、活泼、动态十足而富有个性,并且图文结合自然,给人以亲和感。退底图的缺点是容易造成凌乱和无整体的感觉,但可运用加线、线框、色块或方形图的方法补救,使版面取得平衡和稳定,如图 5.3.9 所示。

图 5.3.9　具有平衡感的网页

出血是指以直线边框规范图形图像。出血图在网页中的特征为:图形图像充满整个版面、无边框,给人以向外扩张而又自由舒展的感觉。常常用于传达抒情或运动信息的页面,因不受边框限制,便于情感与动感的发挥。出血图利用在完整的状态下的图形图像,往往容易被人们忽视的特点,将完整的图形图像打破,使人们的注意力上升,吸引读者。出血图拉近了图文与读者的距离,使其亲近感与动感更能得到发挥。

3. 利用图形图像的数量

网页中图形图像的数量应根据网站内容需要来精心安排。如果只采用一幅图形图像,虽能突出网站主题、页面安定,但比较呆板。只有一幅图形图像时,网页对图像的质量要求很高,才能显示出格调高雅的视觉效果。采用两幅图形图像的网页就相对较为活跃,同时也能产生较好的对比的格局。三幅以上的图形图像组成的画面能够营造出热闹气氛的页面,如图 5.3.10 所示。

4. 利用图形图像的位置

图形图像所处位置的不同,产生的网页效果是不同的。一般来讲,在网页中上、下、左、右及对角线的四个角位置都是视觉的焦点,处理好这些位置关系能表现出丰富的效果。

5. 利用图形图像的虚实

利用图形图像的虚实对比能够产生空间感。视觉上,实则近,虚则远。"实"的图像易处理,清晰明了是"实"。要想让图形图像"虚",有两种方法:一是将图形图像作模糊处理;二是将图形图像的色彩层次减少,纯度降低,尽量与背景靠近,使图形图像产生悠远的感觉。虚实结合网页中的主图要清晰,背景图片采用单色图,使图形图像与其他视觉元素协调统一,才能整个网页浑然一体,如图 5.3.11 所示。

6. 利用图形图像的合成

图形图像的合成是指将几幅图形图像有地地合成为一个图像,合成后的图形图像传

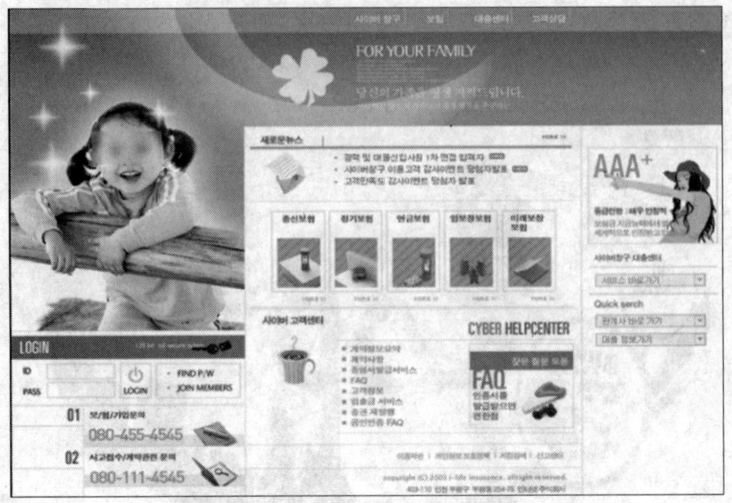

图 5.3.10 多幅图像在网页中的应用

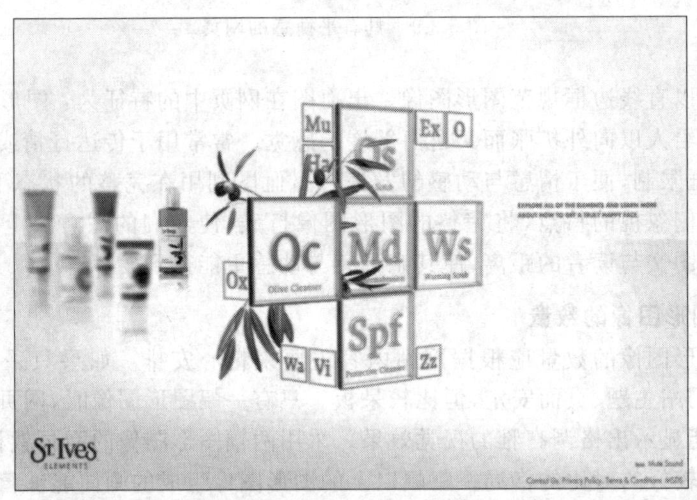

图 5.3.11 图像虚实在网页中的应用

达的信息更加丰富，能够更集中地体现创意。图形图像的合成要服从主题，需要兼顾协调、自然。

7. 利用图形图像的组合

图形图像的组合是指把多幅图形图像以不同方式摆放，形成一个图形图像群或组，以传达更多信息。显示某幅图形图像的重要程度，可以因面积、摆放位置的不同而有所不同。图形图像组合的方式有块状和散点两种。

(1) 块状组合：是指将图形图像通过水平、垂直线分割，在网页上整齐有序地排成块状。这种组合形式有强烈的整体感、严谨感，并富于理性和秩序之美。如果图形图像大小相等，它们之间则是平等的关系。

(2) 散点组合：是指将图形图像按散点形式排列在版面各部位，能形成明快自由的感觉。组合时要注意图形图像的大小、主次的搭配，方形图与退底图的搭配、文字与图形的组合搭配等，同时还要考虑疏密、均衡、视觉方向等因素。

8. 利用图形图像的局部与特写

相对于整体而言，局部的图形图像能让视线集中，有一种点到为止、意犹未尽的感觉。将局部图形图像加以放大，用特殊手法作重点表现，就是特写。特写能让图形图像具有独特的艺术魅力，使浏览者对图形图像产生短时间的凝视，引发浏览者的兴趣点。

5.4　色彩

5.4.1　色彩的基本知识

色彩是由于光照射在物体上再反射到人眼的一种视觉效应。人们日常所见到的白光，实际是由红、绿、蓝三种波长的光组成的。物体在光源照射下，会吸收和反射不同波长的红、绿、蓝光，经由人的眼睛，传到大脑形成了人们看到的各种颜色，也就是说，物体的颜色就是它们反射的光的颜色。

1. 色彩的特征

红、绿、蓝三种颜色是自然界所有颜色的基础，光谱中的所有颜色都是由这三种颜色构成的。这三种颜色各自独立，任何一种颜色都不能由其余两种颜色混合产生，所以把这三种颜色称为“色光三原色”或“三原色”。

色相是色彩的相貌，这是色彩最基本的特征，是一种色彩区别于另一种色彩的最主要的因素。类似于人名，用于确切地表示某种颜色色别的名称，如中国红、军绿色等。

明度是指色彩的明暗程度，明度越大，色彩越亮。各种颜色有不同的明度，黄色的明度最高，蓝紫色最低，红色为中间明度。颜色越浅，明度越高；颜色越深，明度越低。

饱和度是色彩的纯净程度或鲜艳程度，表示颜色中含有色部分的比例，明度越高，饱和度越高；明度越低，饱和度越低。

色相环是指以三原色为基础并把它作为主要色相，再两两混合成次要色相，两种次要色相混合，衍生而成，如图5.4.1和图5.4.2所示。

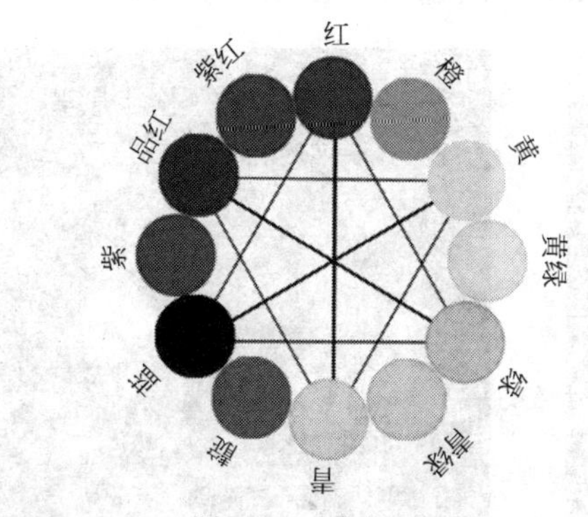

图5.4.1　色相环(1)

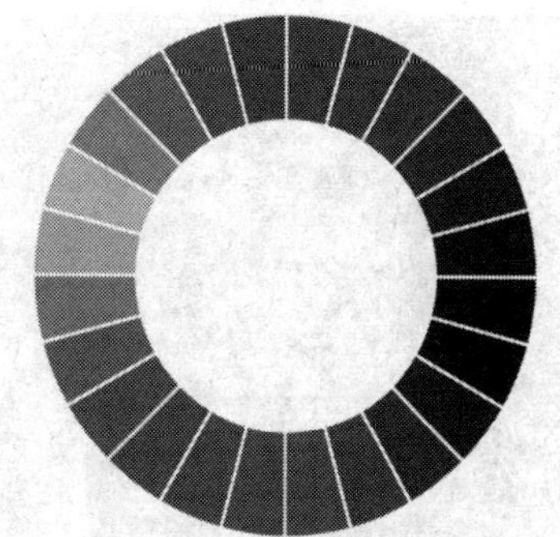
图5.4.2　色相环(2)

2. 色彩的意向

绿色代表和平、宁静、环保、通畅、正确、柔和、青春、安全、理想等，如图5.4.3和

图 5.4.4 所示。

图 5.4.3　芭芭多网站

图 5.4.4　绿色网站

蓝色代表专业、睿智、科技、深远、永恒、城市、朴实、寒冷等，如图 5.4.5 和图 5.4.6 所示。

图 5.4.5　润田饮料有限公司

图 5.4.6　益力桶装水官网

紫色代表高贵、神秘、优雅、魅力、柔软，如图 5.4.7 和图 5.4.8 所示。

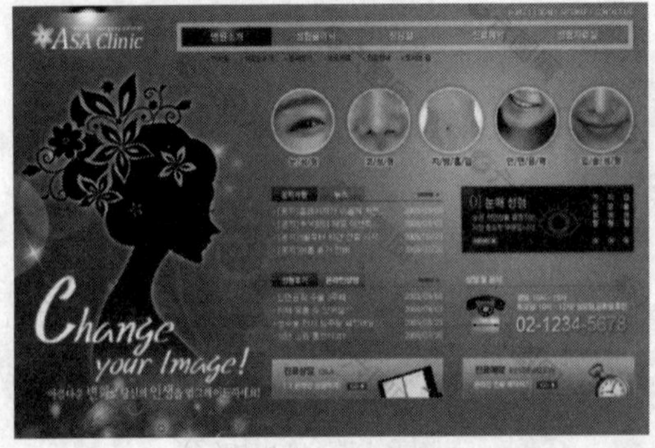

图 5.4.7　紫色网站(1)

图 5.4.8　紫色网站(2)

5.4.2　网页中的色彩搭配

颜色能赋予网站以意义。无论你是否打算为它们加上某种意义，颜色本身就有许多特定的印象。用户浏览网页时，颜色可以帮助用户转移视线，指引用户怎样去浏览一个页面。

在许多企业的网站中可以看出，颜色表达了情感和价值观，向用户展示着他们的公司的形象，以及他们所售卖的产品是怎样的。

配色的运用能改变一个网站的意义。为以柔和的蓝色为色调的、表达平静的网站配上明亮的橙色，就能让它变成使人更多感受到兴奋和趣味的网站。

1. 视觉色彩的主次位置

(1) 主色调：是页面色彩的主要色调、总趋势，其他配色不能超过主色调的视觉面积。背景为白色时不一定根据视觉面积决定，可以根据页面的感觉需要。

(2) 辅色调：仅次于主色调的视觉面积的辅助色，是烘托主色调、支持主色调、起到融合主色调效果的辅助色调。

(3) 点睛色：在小范围内点上强烈的颜色来突出主题效果，使页面更加鲜明生动。

(4) 背景色：衬托环抱整体的色调，起协调、支配整体的作用。

2. 黑白灰色彩的应用

灰色是万能色，可以和任意一种色彩搭配。对一些明度较高的网站配以黑色，可以适当地降低明度。

白色是网站中使用最普遍的一种颜色。很多网站甚至留出大块的白色空间，作为网站的一个组成部分，这就是留白艺术。很多网站都运用留白艺术。留白给人一个遐想空间，恰当的留白对协调页面的均衡起到相当大的作用，如图 5.4.9 所示。

图 5.4.9　留白的运用

3. 确定主题色

一个网站不可能单一地运用一种颜色，让人感觉单调、乏味；但也不可能将所有的颜色都运用到网站中，让人感觉轻浮、花哨。一个网站必须有一种或两种主题色，让客户不至于觉得单调、乏味。所以确定网站的主题色也是必须考虑的问题之一，如图 5.4.10 和图 5.4.11 所示。

图 5.4.10　确定主题色(1)

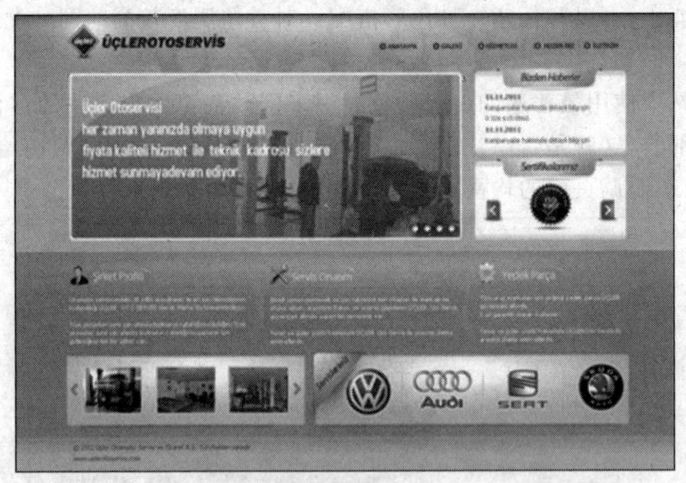

图 5.4.11　确定主题色(2)

1）根据页面风格以及产品本身的诉求确定主色

例如，麦当劳、肯德基这类快餐店不约而同地选择了红色作为主基调，因为红色有增进食欲的效果，如图 5.4.12 所示。很多品牌都有一套自己的 VI，在颜色使用上都有自己的一套程式，如奥迪/灰，可口可乐/红，百事可乐/蓝。

2）根据土色确定配色

网页配色很重要，网页颜色搭配的合理性程度，直接影响到访问者的情绪。好的色彩搭配会给访问者带来很强的视觉冲击力，不恰当的色彩搭配则会让访问者浮躁不安。

图 5.4.12　麦当劳网站

（1）用同种色彩调配

用同种色彩调配是指先选定一种色彩，然后调整透明度或者饱和度（将色彩加深或减淡），产生新的色彩。这样整个页面看起来色彩统一，有层次感，如图 5.4.13 所示。

① 取色特点：色相相同，明度或纯度不同。

② 应用例子：蓝与浅蓝（蓝＋白）、绿与粉绿（绿＋白）、墨绿（绿＋黑）。

③ 相应效果：对比效果统一、文静、雅致、含蓄、稳重，但易产生单调、呆板的问题。

图 5.4.13　宝洁网站

（2）用相近色色彩搭配

① 取色特点：使用色相环上相邻的两三种颜色，距离大约 30°，为弱对比类型。

② 应用例子：红橙与橙、黄橙色对比。

③ 相应效果：产生柔和、和谐、雅致、文静的效果，但有单调、模糊、乏味、无力的感

觉,可调节明度差来加强所需的效果,减弱不利的因素。

(3) 用类似色色彩搭配

类似色是指在色环上相邻的颜色,如绿色和蓝色、红色和黄色即互为类似色。采用类似色搭配可以使网页避免色彩杂乱,易于达到页面和谐统一的效果,如图 5.4.14 所示。

① 取色特点:色相距离约 60°,为较弱对比类型。

② 应用例子:红与黄橙色对比。

③ 相应效果:丰富活泼,但又不失统一、雅致、和谐的感觉。

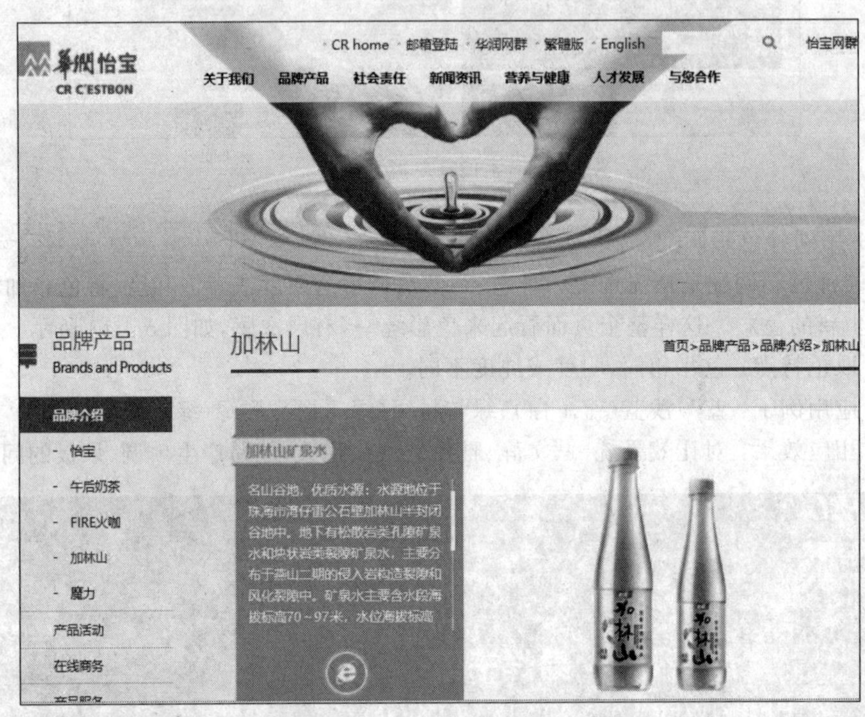

图 5.4.14 加林山桶装水官网

(4) 用对比色彩搭配

一般来说,色彩的三原色(红、黄、蓝)最能体现色彩间的差异。色彩的强烈对比具有视觉诱惑力,能够实现多种效果混合叠加的作用。选取对比色中某种颜色做主色调,由此可产生强烈的视觉效果,突出宣传的重点。通过合理使用对比色,能够使网站特色鲜明、重点突出。在设计时,通常以一种颜色为主色调,其对比色作为点缀,以起到画龙点睛的作用。

① 取色特点:色相对比距离 120°左右,为强对比类型。

② 应用例子:黄绿与红紫色对比。

③ 相应效果:能产生强烈、醒目、有力、活泼、丰富的页面效果,但页面不易统一,会产生杂乱、刺激感,易造成视觉疲劳。一般需要采用多种调和手段来改善对比效果。

(5) 用补色色彩搭配

补色是广义上的对比色。在色环上画直径,正好相对(即距离最远)的两种色彩互为补色。

① 取色特点：色相对比距离 180°。

② 应用例子：红色是绿色的补色；橙色是蓝色的补色；黄色是紫色的补色。

③ 相应效果：两种颜色互为补色，一种颜色占的面积远大于另一种颜色的面积时，就可以增强画面的对比，使画面能够很显眼。一般情况下，运用补色要考虑好得失。

4. 网页色彩使用忌讳

(1) 同一网页中，一般不要将所有颜色都用上，尽量控制在三种色彩以内。

(2) 背景和前文对比色尽量要大，避免用花纹繁复的图案作背景，以便突出主要文字内容。

(3) 根据文化背景适当地选择颜色。

5.4.3 大公司的网站中颜色运用的例子

1. 耐克

耐克虽然常常更新其网站，但还是以黑色和灰色作为色调，它通常是暗色。黑色显示着他们产品中的力量，网页留给大家的是耐克向爱运动的顾客出售优质产品的印象，如图 5.4.15 所示。

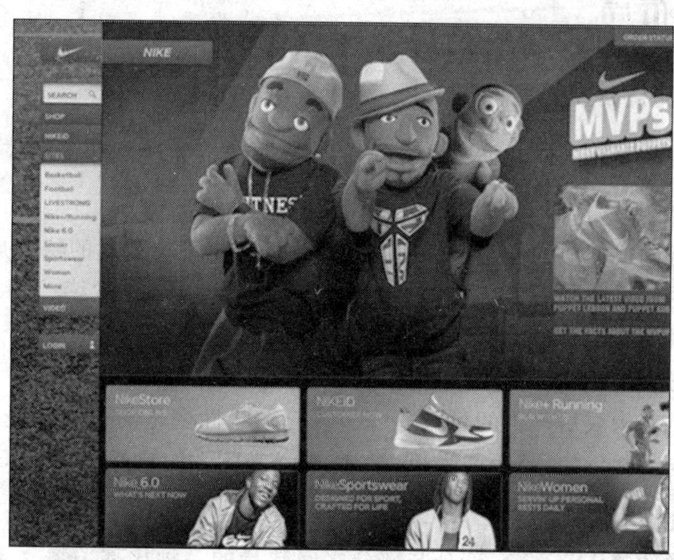

图 5.4.15　耐克网站

2. 亚马逊

亚马逊的网站大多是白色的，白色有着最佳的对比度和可读性。它还显露出整洁性，让用户能有兴致、自由地浏览网站。以橙色和蓝色作为点睛色，则让用户能感到安定、兴奋，也让他们期望找到最满意的采购，如图 5.4.16 所示。

图 5.4.16 亚马逊网站

5.5 网页布局

5.5.1 版式设计原则

网页版面设计要充分体现页面内容的易读性，并符合审美规律的形式美法则。

1. 重复与交错

重复是指相同或相似的形态连续而有规律地反复出现。重复的特点是以单纯的手法取得整体形象的秩序和统一，它体现的节奏美，使人产生清晰、连续、平和、安定、无限之感。在版面构成中，不断重复使用相同的基本形或线，它们的形状、大小、方向都是相同的，可取得良好效果。重复可分为单纯重复和变化重复两种形式。

为了避免重复构成后产生的呆板、平淡、缺乏趣味性变化的视觉感受，可以在版面中安排一些交错与重叠，以打破版面呆板、平淡、缺乏趣味性的格局，如图 5.5.1 所示。

2. 比例与适度

比例是指形的整体与部分、部分与部分之间数量的一种比率关系。比例又是一种用几何语言表现现代生活和现代科学技术的抽象艺术形式。成功的版面构成，离不开良好的比例关系的确定。

比例常常表现为一定的黄金比等，黄金比能获得最大限度的和谐，使版面被分割的不同部分产生相互联系。

适度是指版面的整体与局部的大小关系，也就是版面构成要从视觉上适合读者的视觉心理。比例、对比和统一等关系，它们通常具有秩序、明朗的特性，给人以一种清新、自然的感觉。

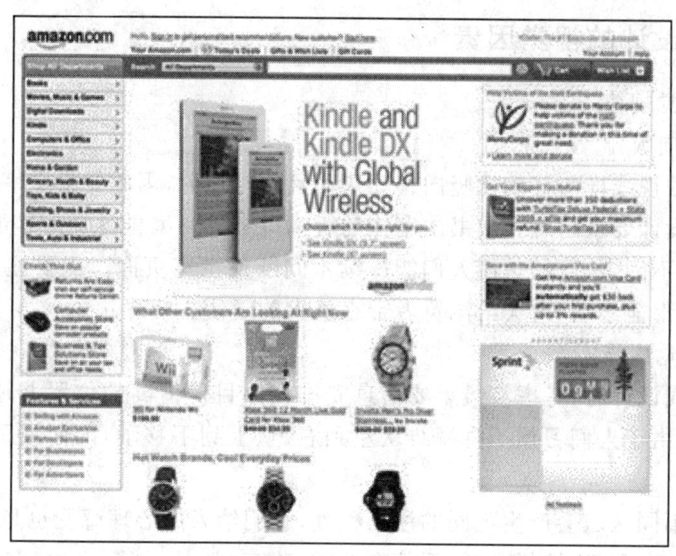

图 5.5.1　重复与交错

3. 统一与变化

统一是指强调物质和形式中各种因素的一致性。最能使版面达到统一的方法是保持版面的简洁。统一的形成可借助均衡、调和、秩序等形式法则来实现。就网页设计而言，统一包括版式的统一、字体的统一、设计风格与均衡方式的统一，以及明暗色调的统一等。设计中要把握好网页界面中内容的主次与轻重，结构的虚实与繁简，形体的大小与视觉效果的强弱，色彩的明暗与冷暖，各种关系的变化与统一，以形成动静相宜、多样统一的美感效果，如图 5.5.2 所示。

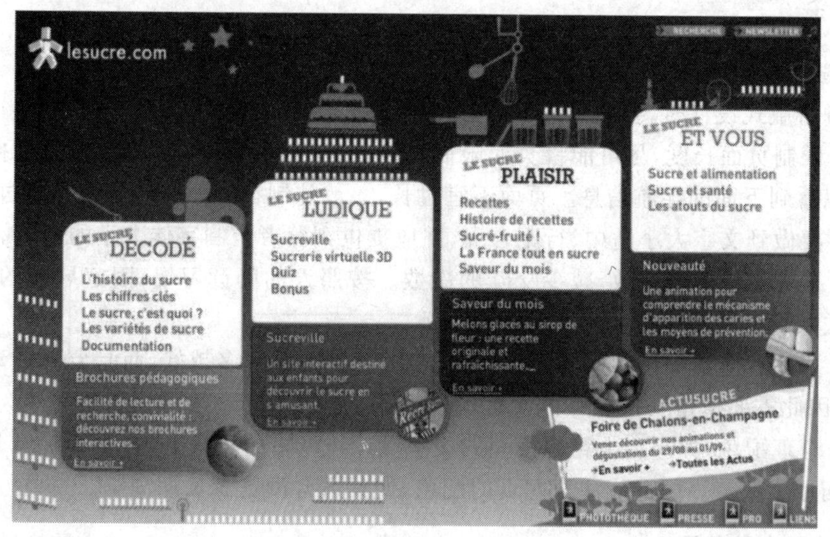

图 5.5.2　变化与统一

5.5.2 版式设计的视觉因素

1. 符合视觉规律

1）文字横向编排

由于人眼的视线横向移动比竖向移动快而且不易疲劳，因此要将文字尽量横向排布，但一些有特殊设计要求的版式或书法字体的版式可竖排。编排时页面尽量保持横向尺寸固定、竖向尺寸不固定，目的是使人们能连续不间断地浏览页面。需要注意的是，应避免页面左右、上下都能滚动，这会给浏览者带来极大的不便。

2）最佳视觉区域

在进行版式设计时，考虑将最重要信息安排在注目价值高的位置上，这就是“最佳视觉区域”法则。由于人们习惯于将视线从左到右、从上到下移动，因而视区中的不同位置注目程度不同。

版面中的不同区域会产生不同的注目程度，它们给人的心理感受也是不同的。比如，上部有轻快、上升、积极、愉悦之感；下部有沉重、稳定、压抑、消沉之感；左侧感觉轻松、舒展、自由、主动；右侧感觉庄重、局限、拘谨、被动。因此，在进行网页版式设计时，应考虑将重要信息或视觉流程的停留点安排在页面的“最佳视觉区域”内，如图 5.5.3 所示。

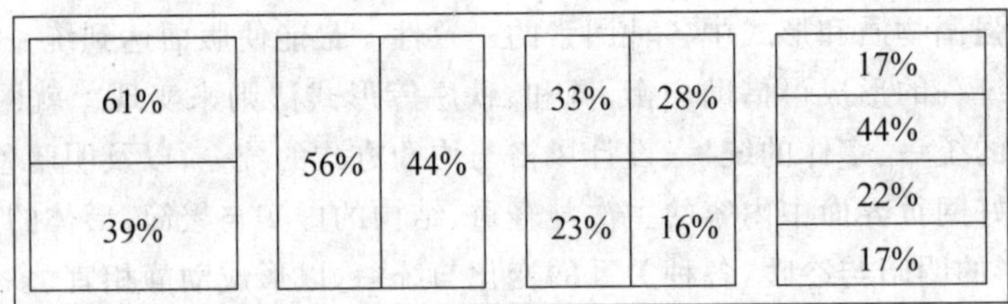

图 5.5.3 最佳视觉区域

2. 避免视觉疲劳

在进行版式设计时，要注意以下几点，避免视觉疲劳。

(1) 限制页面长度，尽可能将页面限制在屏幕以内，即满屏，浏览者不需要拖动滚动条就可以看到下面的导航信息。页面不宜过长，一般控制在 1～3 屏，尽量不超过 5 屏。

(2) 要做到文字大小适中、行距合理，并应提供浏览者定制字体大小的功能。

(3) 要注意位置的一致，减少交互的次数。按照人的阅读习惯，固定导航的位置，免去用户去找导航的麻烦。

(4) 要注意适量安排多媒体元素，网页中的动画不是越多越好，而是要形成动静相宜的效果，因此需要适量安排多媒体元素，并注意主次关系。

(5) 合理配色，如果将大篇幅极亮的文字设计在极暗的背景上，容易因视觉长时间过分紧张而产生疲劳。因此应注意网页的配色，使其适合浏览者长期浏览。

3. 注重主从关系

(1) 要注重大小对比，主要诉求对象应扩大它的面积，将其突出，并使次要角色缩小到从属地位，这样易使页面主题一目了然。

（2）要注重留白，如果主体形象的面积不是很大，可在它周围留有大面积的空白，这种虚实空间发生对比变化，可使要强调的主体形象更加鲜明突出。

5.5.3　版式构成类型

1. 骨骼型

骨骼型也可称为栏型，网页中的骨骼型版式是一种规范的、理性的设计形式，类似于报刊的版式。常见的骨骼型版式有竖向通栏、双栏、三栏、四栏和横向通栏、双栏、三栏和四栏等，一般以竖向分栏为多。这种版式给人以和谐、理性的美。几种分栏方式相互结合使用，可使网页显得既理性有条理，又活泼而富有弹性。这种版式常用于公司网站的设计，如图 5.5.4 和图 5.5.5 所示。

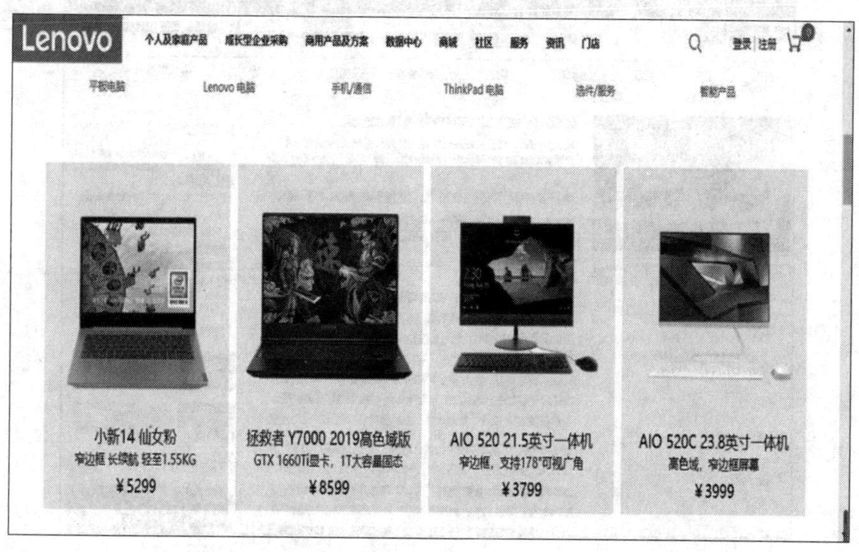

图 5.5.4　骨骼型

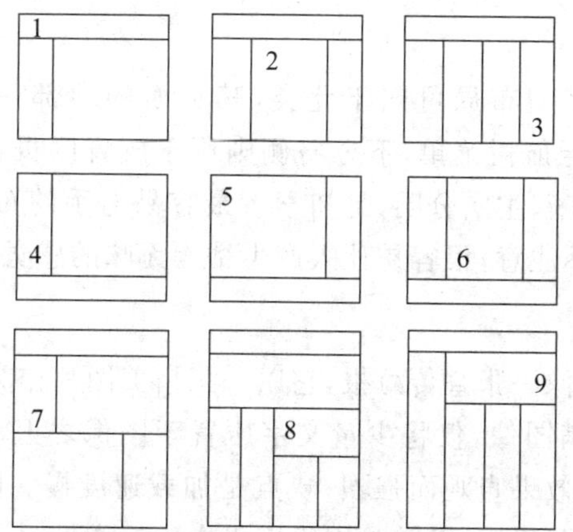

1是二分栏; 2是标准三分栏; 3是四分栏; 4~6是一些Logo以及导航在下面的情况; 7~9是一般的变化

图 5.5.5　分栏

2. “国”字型

“国”字型布局由“同”字型布局进化而来，因布局结构与汉字的“国”相似而得名。其页面的最上部分一般放置网站的标志和导航栏或 Banner 广告，页面中间主要放置网站的主要内容，最下部分一般放置网站的版权信息和联系方式等。

“口”字型、“同”字型、“回”字型也可归于此类，是一些大型网站所喜欢的类型，即最上面是网站的标题、导航以及横幅广告条；接下来就是网站的主要内容；左右分列一些小条内容；中间是主要部分，与左右一起罗列到底；最下面是网站的一些基本信息、联系方式、版权声明等。这种布局的优点是能够充分利用版面，信息量大；缺点是页面拥挤，不够灵活。这种结构是网上应用较多的一种结构，常用于门户网站的设计，如图 5.5.6 所示。

图 5.5.6 “国”字型

3. 拐角型

“匡”字型布局或 T 字型布局可归于此类，其页面的顶部一般放置网站的标志或 Banner 广告，下方左侧是导航栏菜单，下方右侧则用于放置网页正文等主要内容。这种布局的优点是页面结构清晰，主次分明，是初学者最容易上手的布局方法；缺点是规矩呆板，如果在细节和色彩上不注意，很容易让人产生枯燥无味的感觉，如图 5.5.7 所示。

4. 满版型

满版型是指页面布局像一张宣传海报，它以一张精美图片作为页面的设计中心，主要以图像为诉求点，整版充满图像，仅将少量文字压置于图像之上。满版型布局给人以舒展、大方的感觉，视觉传达效果直观而强烈；缺点是加载速度慢。随着当今网络带宽的不断发展，这种版式在商业网站设计尤其是网络广告中比较常见，如图 5.5.8 所示。

5. 分割型

分割型是指把整个页面分成上下或左右两部分，分别安排图片和文案。两个部分形

图 5.5.7　拐角型

图 5.5.8　满版型

成对比：有图片的部分感性而具活力，文案部分则理性而平静。如果图片所占比例过大，文案使用的文字过于纤细，则会造成视觉心理的不平衡，显得生硬、强烈。倘若通过文字或图片将分割线虚化处理，就会产生自然和谐的效果。分割线的水平或垂直的分割处理，会把页面划分成若干视觉区域，促使浏览者的视线进行阶段性的流动，造成视线流程的节奏性和明显的顺序性。

6. 流线型

流线型是指图片或文字在页面上作流线的编排，从而产生韵律与节奏美，如图 5.5.9 所示。

图 5.5.9 流线型

7. 对称型

左右对称的页面版式比较常见；四角型也是对称型的一种，是在页面四角位置上安排相应的视觉元素。四个角是页面的边界点，重要性不可低估。在四个角位置上安排的任何内容都能产生安定感。控制好页面的四个角，也就控制了页面的空间。越是凌乱的页面，越要注意对四个角的控制。这种版式常用于网络广告。

5.5.4 网页版面布局与制作

1）构思构图

在真正开始页面布局设计之前，都要对页面的整体布局进行认真的构思。在这个阶段，可以借鉴他人的布局经验，参考他人的布局结构，汲取别人的精华融入自己的整体构思中；要充分发挥艺术想象力，锐意创新、大胆突破，结合现有的网页素材多方位考虑，进行整合创作。

构思结果一定要有自己的独特创意，并要考虑技术实现的可行性。有时候，尽管构思巧妙，见解独到，但如果现在的计算机技术和网络技术不能实现它，创意也就变成了空想。

2）绘制草图

绘制草图是指把头脑中构思的页面布局轮廓具体化，可以在纸上绘画，也可以用软件在计算机上绘制，如图 5.5.10 所示。

3）草图细化和方案确定

草图细化和方案确定是指在绘制出来的轮廓草图上，具体摆放页面元素，包括网站的标志、导航栏、栏目标题、广告、图片和搜索引擎等，按照平面设计的规律做出平面的基本样式。这一步可以用一些图像处理软件（如 Photoshop 和 Illustrator 等）在计算机上完成。在具体布局页面元素时，可以借鉴平面构图的一些基本原则，如平衡、呼应、对比和疏密等来完成。这个阶段的设计结果仍然是草图，但已经是一个布局完善的设计方案，除了文字内容之外，其他所有内容应该基本接近将来网页的实际效果。这个方案供客户和技术开发人员研究讨论，作为确定最后方案时的参考，如图 5.5.11 所示。

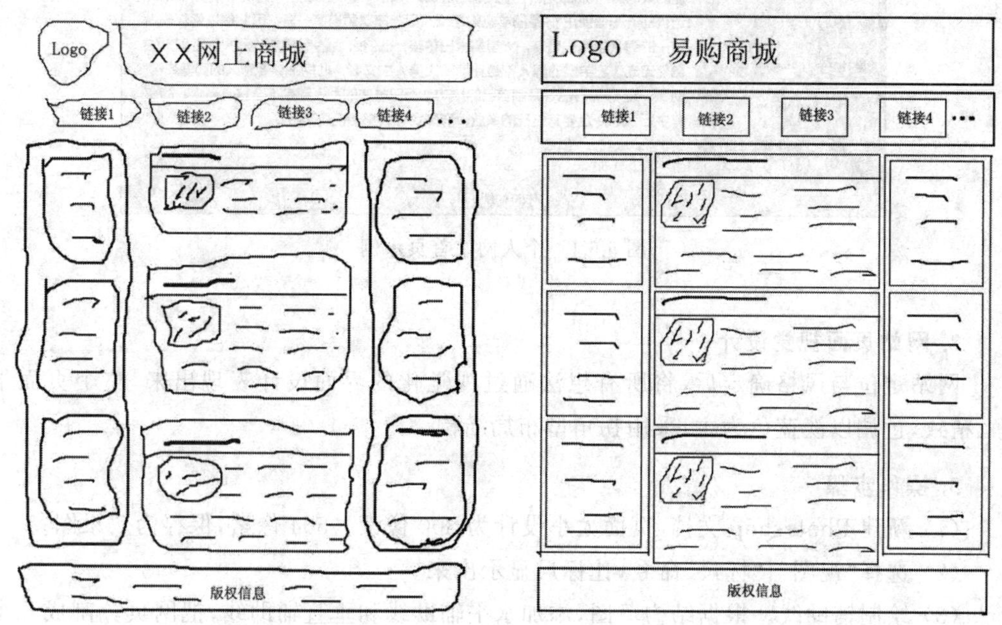

图 5.5.10　绘制草图　　图 5.5.11　草图细化

4）量化描述

量化描述是指确定各种页面元素的具体尺寸，主要包括网页的外形尺寸、图形图像的尺寸、字体大小、色彩代码、网页的文件大小等。

5）方案实施

根据上述步骤确定的最终方案用网页编辑软件（如 Dreamweaver）和图像处理软件（如 Photoshop）进行布局设计。

5.6　网页界面设计实例

通过前文对网页界面设计元素的介绍，相信读者已经掌握了网页视觉元素的运用规范。下面介绍网站首页界面设计。

1. 网站定位

个人网站在网上非常流行，一般个人网站包括个人博客、个人论坛、个人主页等，是个人发布信息及相关内容的平台。因此整个网站框架简洁干练，分类明确，如图 5.6.1 所示。

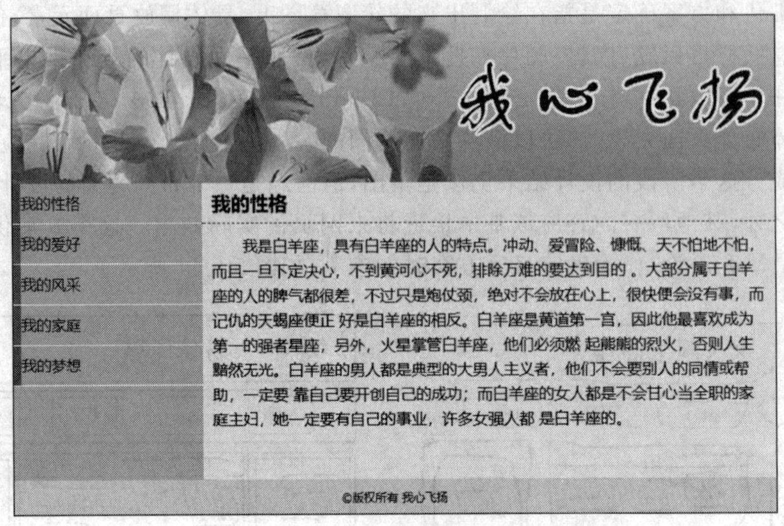

图 5.6.1　个人网站首页示例

2. 网站页面视觉设计

网站定位与风格确定后，将所有想法通过视觉化的界面设计表现出来，整个页面干净、精致，色调以淡蓝色为主，采用拐角型布局结构。

3. 操作步骤

(1) 新建 Photoshop 文档，页面大小设计为 800 像素×504 像素，保存为效果图。

(2) 选择“视图”|“标尺”命令，让标尺显示出来。

(3) 绘制辅助线。根据结构草图，添加水平辅助线和垂直辅助线，把网页分割成几个大的区块，如图 5.6.2 所示。

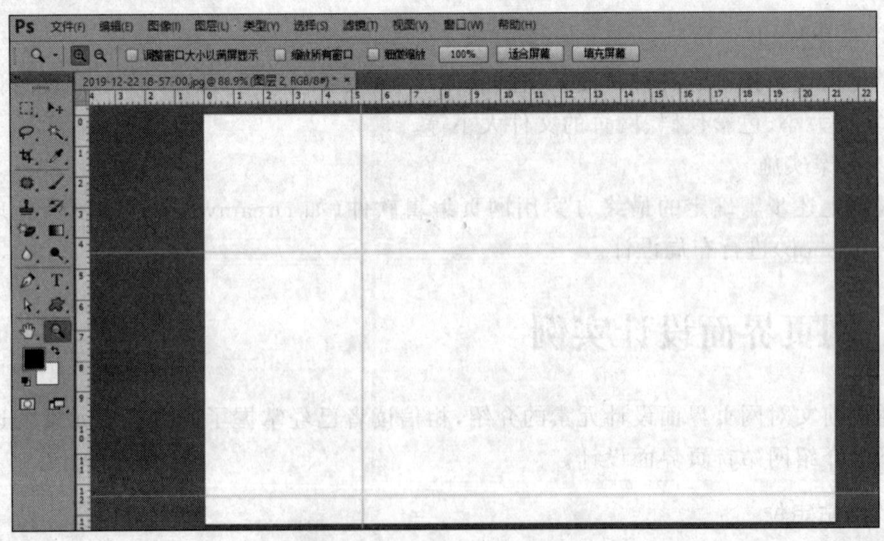

图 5.6.2　显示标尺与辅助线

(4) 绘制结构图,用不同色块区分不同的结构。Banner 部分为 800 像素×169 像素,页脚部分 800 像素×35 像素,中部左侧宽 200 像素,右侧宽 600 像素,如图 5.6.3 所示。

(5) 绘制 200 像素×40 像素的导航栏及其他内容,如图 5.6.4 所示。

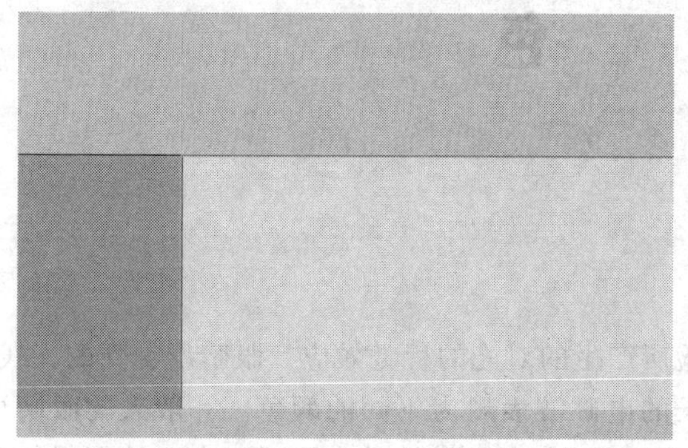

图 5.6.3　绘制结构图

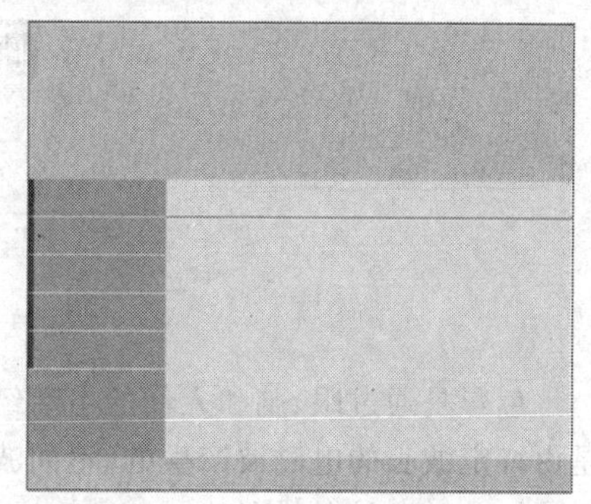

图 5.6.4　绘制导航栏及其他

(6) 添加内容,完成个人网站效果图。

思考与练习

1. 在网页界面设计中哪些元素会影响网页的视觉效果?
2. 网页界面设计中字体的选择有什么要求?
3. 网页布局常见的有哪几种?
4. 制作个人网站首页效果图,突出自己的特点。

第 6 章

配　色

色彩是通过眼、脑和人们的生活经验所产生的对光的视觉效应。眼睛所见到的光线，是由特定波长的电磁波产生的，不同波长的电磁波表现为不同的颜色。一般人的眼睛可以感知的电磁波的波长在 400～760nm 之间，对色彩的辨认是肉眼受到电磁波辐射能刺激后所引起的视觉神经感觉。人对颜色的感觉不仅由光的物理性质所决定，还受到周围颜色的影响。

6.1　三原色

6.1.1　色光三原色

色光三原色是指红（red）、绿（green）、蓝（blue）三种颜色，也就是计算机中设置的 RGB 颜色，是一种加色模型，三原色可以混合相加得到所有的色。颜色两两混合可以得到更亮的中间色，红、绿、蓝三种色等量混合可以得到白色。色光加法混色原理如图 6.1.1 所示。

三原色是指色彩中不能再分解的三种基本颜色，我们通常说的三原色，是色彩三原色以及光学三原色。

6.1.2　颜料三原色

颜料三原色是指青（cyan）、品红（magenta）、黄（yellow）三种颜色，它是一种减色模型，三种颜色的颜料混合，可以得到各种颜色的颜料。彩色印刷的油墨调配、彩色照片的原理及生产、彩色打印机设计以及实际应用，都是以黄、品红、青为三原色的。彩色印刷品是以黄、品红、青三种油墨加黑油墨印刷而成。颜料减法混色原理如图 6.1.2 所示。

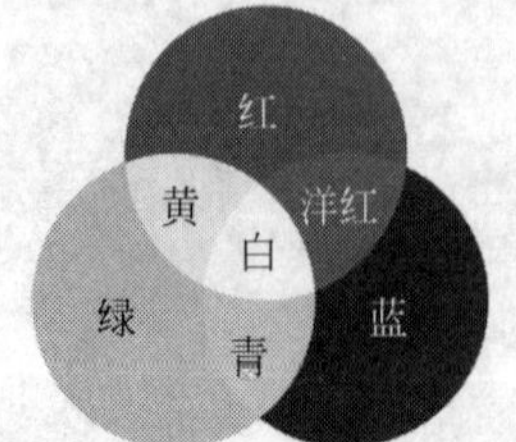

图 6.1.1　色光加法混色原理

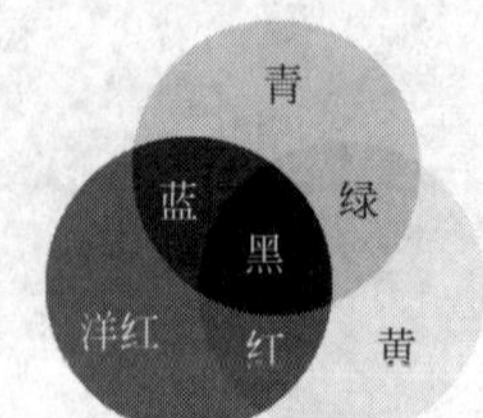

图 6.1.2　颜料减法混色原理

6.2　色彩的种类

丰富多样的颜色可以分成两个大类：无彩色系和有彩色系。

6.2.1　无彩色系

无彩色包括黑、灰、白等，称为无彩色系统。无彩色中的黑、白理论上指绝对的黑色和绝对的白色，而事实上绝对的黑色和绝对的白色并不存在。纯黑是理想的光线完全吸收；纯白是理想的光线完全反射。在现实生活中并不存在纯白与纯黑的物体。灰色是由黑到白变化的中间过渡色。无彩色系的颜色由明度来决定。色彩的明度可用黑白度来表示，明度越高，越接近白色；明度越低，越接近黑色。在印刷中，除了利用品红、黄、青三色之外，还要再加上一个黑色，来补足彩色的明暗对比效果，加强图片的鲜明度。无彩色系从白色到黑色通常分为 10 级，如图 6.2.1 所示。

图 6.2.1　无彩色系

6.2.2　有彩色系

彩色是最常见的颜色，是指红、橙、黄、绿、青、蓝、紫等颜色。

不同明度和纯度的红、橙、黄、绿、青、蓝、紫的色调都属于有彩色系。色彩是由光的波长和振幅决定的，波长决定色相，振幅决定色调。

有彩色系的颜色具有三个基本特性：色相、纯度(也称彩度、饱和度)、明度。在色彩学上也称为色彩的三大要素或色彩三属性。

6.3　色彩的三要素

6.3.1　色相

色相是指色光由于光波长、频率的不同而形成的特定色彩性质，也有人把它叫作色阶、色纯、彩度、色别、色质、色调等，色相是彩色的最大特征。色相是人们为了便于区别而给每种颜色定义的名称，能够比较确切地表示某种颜色，如红、黄、蓝、绿、青、蓝、紫。从光学物理上讲，各种色相是由射入人眼的光线的光谱成分决定的。对于单色光来说，色相的面貌完全取决于该光线的波长；对于混合色光来说，则取决于各种波长光线的相对量。物体的颜色是由光源的光谱成分和物体表面反射(或透射)的特性决定的。按照太阳光谱的次序把色相排列在一个圆环上，使其首尾衔接，就称为色相环。常见的色相环有十二色相环，依次为黄、黄橙、橙、橙红、红、红紫、紫、蓝紫、蓝、蓝绿、绿、黄绿。十二色相环如图 6.3.1 所示。

图 6.3.1 十二色相环

6.3.2 纯度

色彩的纯度也叫饱和度、彩度，是指色彩的纯净程度，它表示颜色中所含有色成分的比例。含有色彩成分的比例越大，则色彩的纯度越高；含有色成分的比例越小，则色彩的纯度也越低，可见光谱的各种单色光是最纯的颜色，为极限纯度。单一频率的色光纯度最高，随着其他频率色光的混杂或增加，纯度也随之降低。颜色越接近光谱中红、橙、黄、绿、青、蓝、紫系列中的某一色相，纯度越高；相反，颜色纯度越低时，越接近黑、白、灰这些无彩色系列的颜色。因此，可以在一种颜色中加入黑色或者白色，让色彩变得更加明亮或暗淡。

6.3.3 明度

明度是指色彩的明亮程度。有色物体由于光线的强弱而反射出明暗的变化。色彩的明度有两种情况：一是同一色相不同明度。例如，同一颜色在强光照射下显得明亮，弱光照射下显得较灰暗模糊；同一颜色加黑或加白混合以后也能产生各种不同的明暗层次。二是各种颜色的不同明度。每一种纯色都有与其相应的明度。黄色明度最高，蓝紫色明度最低，红色、绿色为中间明度。色彩的明度变化往往会影响到纯度，如红色加入黑色以后明度降低，同时纯度也降低；如果红色加白色则明度提高，纯度却降低了。

有彩色的色相、纯度和明度三特征是不可分割的，应用时必须同时考虑这三个因素。

6.4 色彩的感觉

色彩的感觉是人类对色彩的心理感受，有主观性，它会因为人的性别、种族、年龄、习俗、个性、情绪以及健康状况的不同而不同。

1. 冷暖

色彩本身并无冷暖的温度差别，视觉效果却能引起人们对冷暖感觉的心理联想。

(1) 暖色：人们见到红、红橙、橙、黄橙、红紫等色后，马上联想到太阳、火焰、热血等物象，产生温暖、热烈、危险等感觉。

(2) 冷色：人们见到蓝、蓝紫、蓝绿等色后，很易联想到太空、冰雪、海洋等物象，产生寒冷、理智、平静等感觉。

(3) 中性色：绿色和紫色是中性色。黄绿、蓝、蓝绿等色可使人联想到草、树等植物，产生青春、生命、和平等感觉；紫、蓝紫等色使人联想到花卉、水晶等稀贵物品，故易产生高贵、神秘等感觉；黄色一般被认为是暖色，因为它使人联想起阳光、光明等。

2. 轻重

色彩的轻重感与色彩的纯度、明度、冷暖等有关。明度高的色彩使人联想到蓝天、白云、彩霞及花卉、棉花、羊毛等，产生轻柔、飘浮、上升、敏捷、灵活等感觉；明度低的色彩易使人联想到钢铁、大理石等物品，产生沉重、稳定、降落等感觉。

3. 柔和与坚硬

色彩的柔和与坚硬跟色彩的明度和纯度有关。明度高、纯度低的色彩通常较柔和，明度低、纯度高的颜色则会给人坚硬感。

对无彩色来说，高明度的白色和低明度的黑色较坚硬，中明度的灰色则较柔和。

柔和与坚硬也受冷暖色调影响，冷色调显得较坚硬，而暖色调则较柔和。

4. 前进与后退

各种不同波长的色彩在人眼视网膜上的成像有前后，红、橙等光波长的色在后面成像，感觉比较迫近，蓝、紫等光波短的色则在外侧成像，在同样距离内感觉就比较后退。这是视错觉的一种现象。处在同一平面上的颜色，有的颜色使人感觉突出，看起来比实际大，称为前进色，也称为膨胀色；有的颜色给人以退向后方的感觉，看起来比实际小，称为后退色，也称为收缩色。

一般暖色、纯色、高明度色、强烈对比色、大面积色、集中色等有前进感觉；而冷色、浊色、低明度色、弱对比色、小面积色、分散色等有后退感觉。这也是为什么穿深色、冷色衣服的人会显得瘦，穿浅色、暖色衣服的人显得胖的原因。

5. 华丽与质朴

色彩的三要素对华丽及质朴感都有影响，其中纯度关系最大。明度高、纯度高的色彩通常鲜艳、亮丽，较华丽，而质朴、古雅的色彩往往朴实无华，色彩柔弱、灰暗，纯度和明度都比较低。

6. 兴奋与沉静

暖色调容易引起心理上的亢奋，红、橙、黄等鲜艳而明亮的色彩给人以兴奋感；冷色调具有压抑心理亢奋的机能，蓝、蓝绿、蓝紫等色彩使人感到沉着、平静，其中蓝色是最具清凉、镇静的颜色；绿和紫为中性色，没有这种感觉。纯度对色彩的影响也很大，高纯度色更容易让人兴奋，低纯度色更容易使人平静。

7. 活泼与庄重

色彩与人的个性一样，有活泼和庄重之分，暖色、高纯度色、强对比色感觉跳跃、活泼，有朝气，冷色、低纯度色、低明度色感觉庄重、严肃。

6.5 配色

6.5.1 色环配色

色环配色理念以三原色做基础色相，色相环中每一个色相的位置都是独立的，按照一定的顺序排列，这些颜色间的间隔都一样，其中十二色相环以六个分别位于直径对立两端的补色对构成，十二色相环由原色、间色和复色组合而成。色相环中的三原色是红、黄、蓝。间色也称二次色，由原色混合而成，橙、绿、紫三色是间色，红色和黄色混合得到橙色，黄色和蓝色混合得到绿色，红色和蓝色混合得到紫色。复色也称三次色，是用原色和间色调和或用间色与间色调和而成的颜色，复色包含了除原色和间色以外的所有颜色，十二色相环中的复色有黄绿、青绿、青紫、紫红、橙红、黄橙。

1. 互补色配色

互补或对比是指十二色相环上位置相对的两种颜色，搭配起来可以打造活力四射的视觉效果，特别是在饱和度最大的时候。互补配色如图 6.5.1 所示。

用好互补色可以改变明度，降低纯度，看起来会柔和很多，如图 6.5.2 所示。

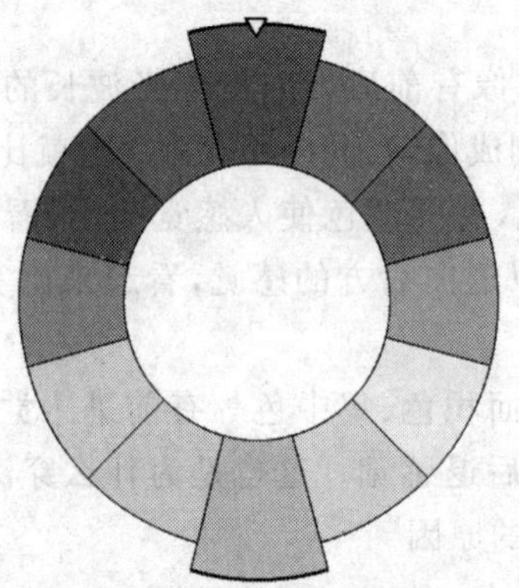

图 6.5.1　互补色配色

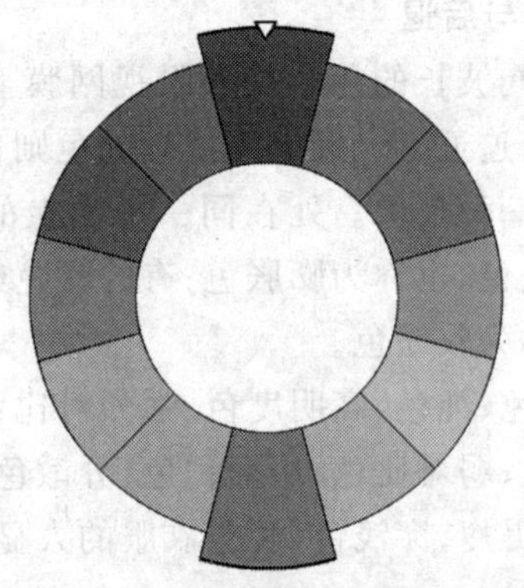

图 6.5.2　调整明度和纯度后的互补色

2. 三角对立配色

采用等边三角形上的三种颜色进行搭配，在维持色彩协调的同时，可以制造强烈的对比效果，如图 6.5.3 所示。在三角对立配色中，需要选一种颜色为主色，其他两种作为烘托。

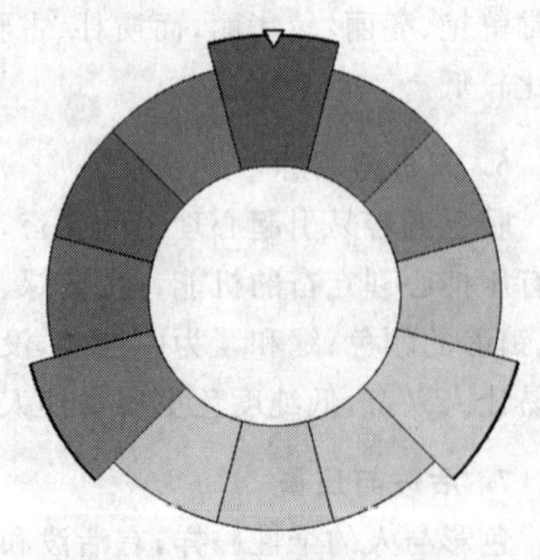

图 6.5.3　三角对立配色

3. 邻近色配色

邻近色配色是指选择色环上相邻的 2～5 种颜色搭配，平和而又可爱，如紫/洋红/红、青/绿/黄绿等，如图 6.5.4 所示。

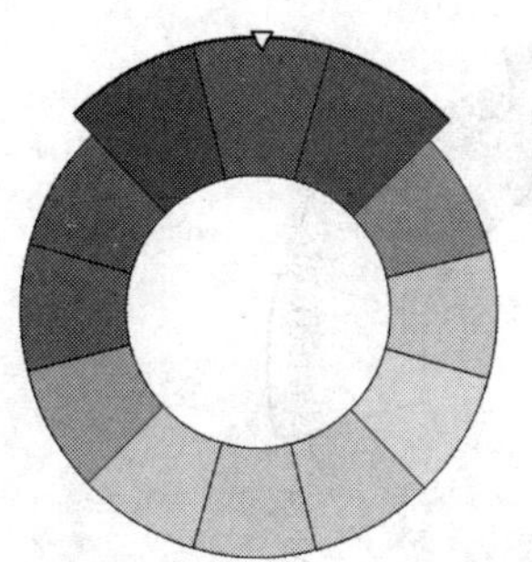
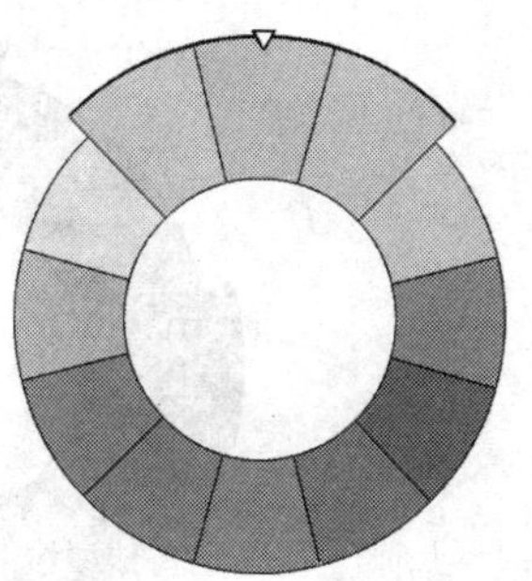

图 6.5.4 邻近色配色

4. 分裂补色配色

分裂补色配色是在补色配色方法的基础上变化而来的。选定一种主色后，再选择色相环上它补色旁边的两种颜色进行搭配，如红色为主色，它的补色是绿色，所以搭配的是绿色的邻近色黄绿和青色，如图 6.5.5 所示。

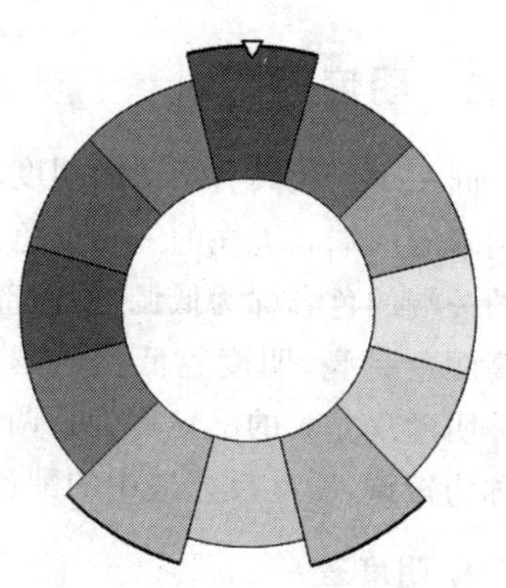

图 6.5.5 分裂补色配色

5. 四元组配色

四元组配色是指在选定主色及其补色之后，第三种颜色可选择色环上与主色相隔一个位置的颜色，最后一种颜色选择第三种颜色的补色，在色相环上正好形成一个矩形。如图 6.5.6 所示，左图为顺时针 60°间色组合，右图为逆时针 60°间色组合。

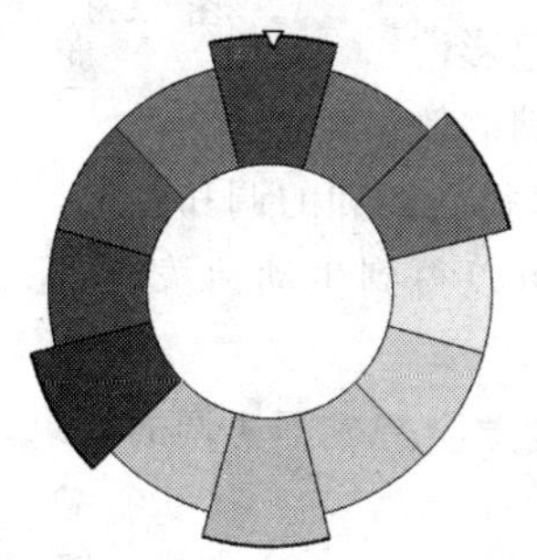
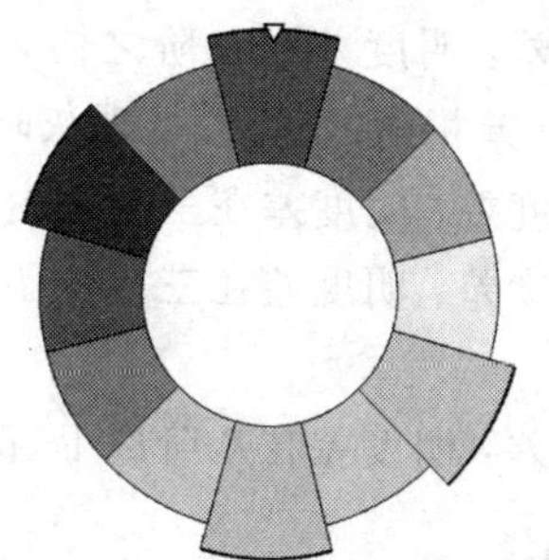

图 6.5.6 四元组配色

6. 正方形配色

利用色相环上四等分位置上的颜色进行搭配时，色调各不相同但又互补，可以营造出一种生动活泼又有趣的效果，如图 6.5.7 所示。

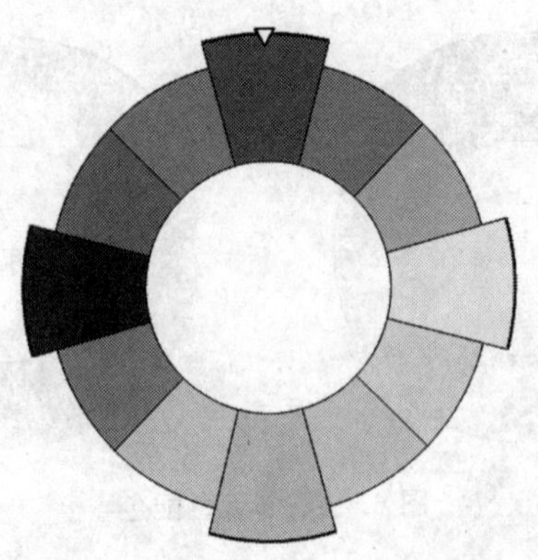

图 6.5.7　正方形配色

6.5.2　明度配色

同一个色相具有不同的明度，明度配色以色彩的明度作为配色的主体思路。色彩从亮到暗的两端靠近亮的一端的色彩称为高调，靠近暗的一端的色彩称为低调，中间部分为中调。明度越高颜色越亮，明度越低颜色越暗，如图 6.5.8 所示。明度反差大的配色称为长调，明度反差小的配色称为短调，明度反差适中的配色称为中调。

图 6.5.8　色彩明度

1. 明度差

明度差是指一组色彩配置的画面中，最明度与最暗度的差距比例。

(1) 等明度差：明度差在一阶之内，一组色彩系统中，如果明度差相同，则往往呈现灰暗、模糊的效果。

(2) 近似明度差：明度差在三阶之内，可以得到柔和的调和效果，又称短调效果。

(3) 对比明度差：明度差在三阶到五阶，可以得到生动活泼、明亮完整的调和效果，又称长调效果。

(4) 高明度差：明度差在八阶以上，高明度差会造成不协调的效果。

2. 明度配色

明度配色主要有高短调配色、高长调配色、中短调配色、中长调配色、低长调配色、低短调配色等。

(1) 高短调配色：以高明亮色彩为主导色，采用与之稍有变化的色彩搭配，形成高调的弱对比效果。它轻柔、优雅，常常被认为是富有女性味道的色调，如图 6.5.9 所示。

(2) 高长调配色：以高明度色彩为主导色，配以明暗反差大的低调色彩，形成高调的强对比效果。它清晰、明快、活泼、积极，富有刺激性，如图 6.5.10 所示。

图 6.5.9　高短调配色　　图 6.5.10　高长调配色

(3) 中短调配色：以中明度色彩为主导色，采用稍有变化的色彩与之搭配，形成中调的弱对比效果。它含蓄、朦胧，如灰绿色与玫红色、中咖啡色与中暖灰等。

(4) 中长调配色：以中明度色彩为主导色，采用高调色或低调色与之对比，形成中调的强对比效果。它丰富、充实、强壮而有力，如大面积中明度色与小面积的白色、黑色，枣红色与白色、牛仔蓝与白色等。

(5) 低长调配色：以低明度色彩为主导色，采用反差大的高调色与之搭配，形成低调的强对比效果。它压抑、深沉、刺激性强，有爆发性的干扰力，如深蓝色与本白色、深棕色与米黄色等。

(6) 低短调配色：以低明度色彩为主导色，采用与之接近的色彩搭配，形成低调的弱对比效果。它沉着、朴素，并带有几分忧郁，如深灰色与枣红色、橄榄绿与暗褐色等。男士冬装多用这种配色，显得稳重、浑厚。

6.5.3　纯度配色

纯度决定画面的吸引力，纯度越高，色彩越鲜艳、活泼，引人注意，冲突性越强；纯度越低，色彩越温和、典雅、朴素，冲突性越弱。因此往往使用高纯度配色来突出主题，以低纯度配色来衬托主题，以达到协调的配色效果。纯度配色有近似纯度配色和对比纯度配色，如图 6.5.11 和图 6.5.12 所示。

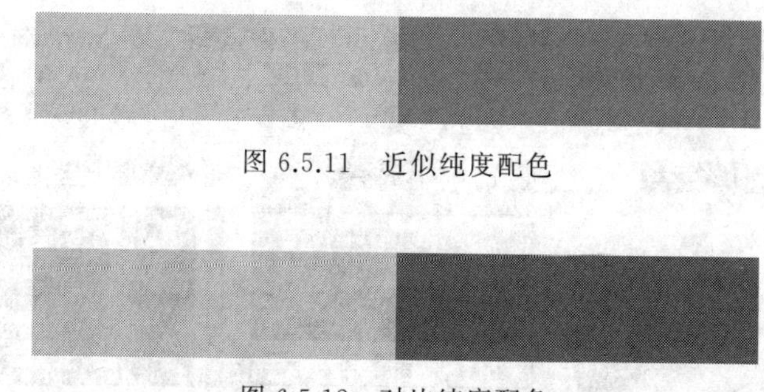

图 6.5.11　近似纯度配色

图 6.5.12　对比纯度配色

6.6　ColorImpact 软件

ColorImpact 是一个非常好的色彩选取工具。软件提供了友好的用户界面，提供了各种色彩选取方式，支持屏幕直接取色，方便易用。软件主界面如图 6.6.1 所示。

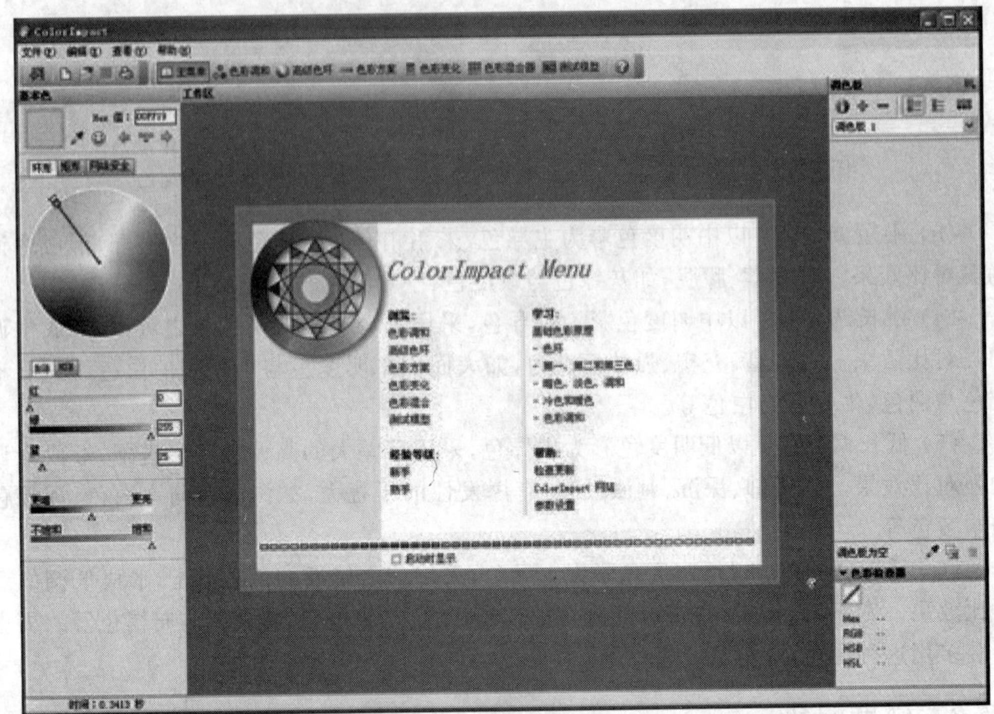

图 6.6.1 ColorImpact 软件主界面

1. 使用 ColorImpact 选择颜色

(1) 启动 ColorImpact 后，软件窗口的左侧区域是用来选择颜色的，默认是“环形”，采用色环的方式来选择颜色，也可以使用“矩形”和“网络安全”来选择，如图 6.6.2 所示。

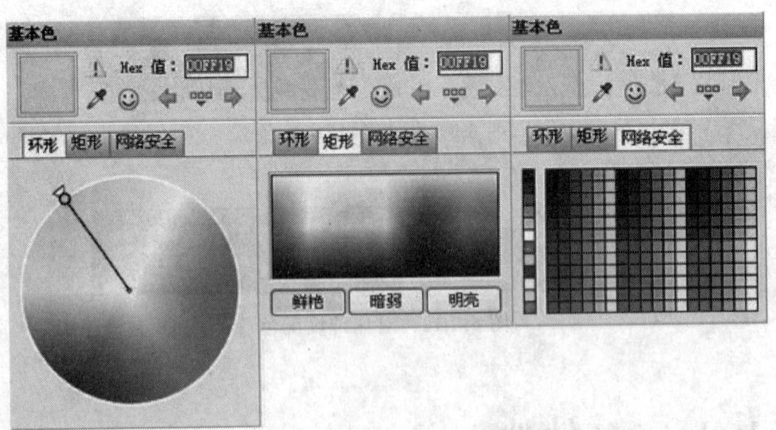

图 6.6.2 三种不同的选择颜色方式

(2) 在软件窗口的左下方，还可以按照 RGB 和 HSB 的颜色模式来选取颜色，并且可以调整颜色的明度和饱和度，如图 6.6.3 所示。

(3) 使用 ColorImpact 选定的颜色，会在软件窗口的左上角显示，并且能够显示其详

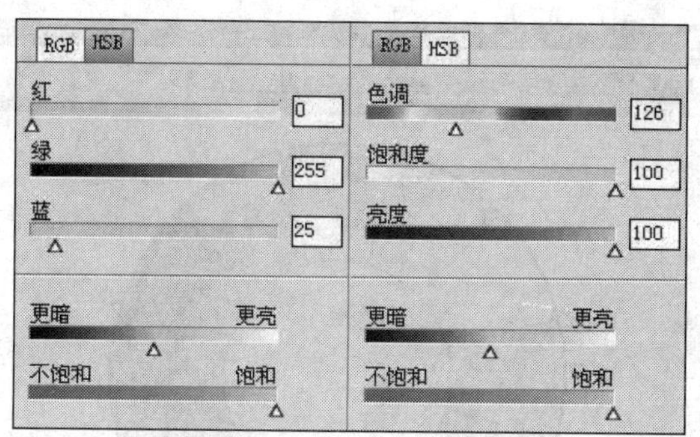

图 6.6.3　按照颜色模式来选择颜色

细的颜色值等参数。如果需要从屏幕上直接吸取颜色，可以单击窗口左上角的“滴管”按钮，这时会弹出一个“滴管工具设置”对话框，在该对话框中，可以设置所吸取颜色的范围和是否隐藏主窗口，如图 6.6.4 所示。

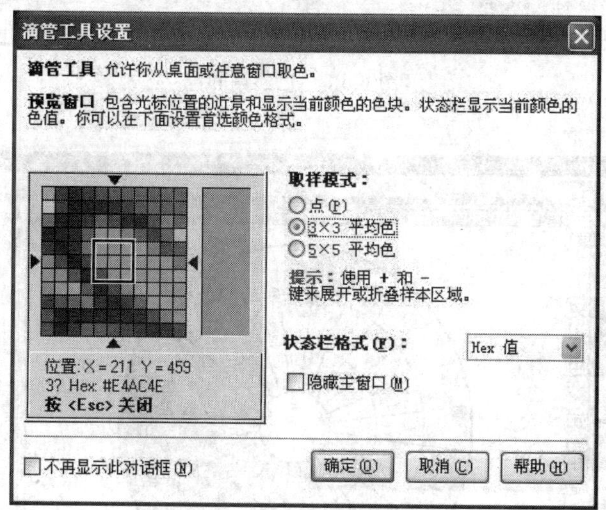

图 6.6.4　“滴管工具设置”对话框

2. 使用 ColorImpact 配色

在 ColorImpact 软件主界面的上方，有一行快速工具按钮，通过单击这些按钮可以使用不同的方式浏览色彩。在软件窗口的左侧区域选择了颜色以后，软件会自动给出所选择的颜色的搭配方案，并且在软件窗口的中间部分显示出来。

1）色彩调和

单击“色彩调和”按钮，即可以色环的方式来浏览色彩，如图 6.6.5 所示。

2）高级色环

单击“高级色环”按钮，可以显示更为复杂的色环效果，并且可以对色环进行详细的设置，如图 6.6.6 所示。

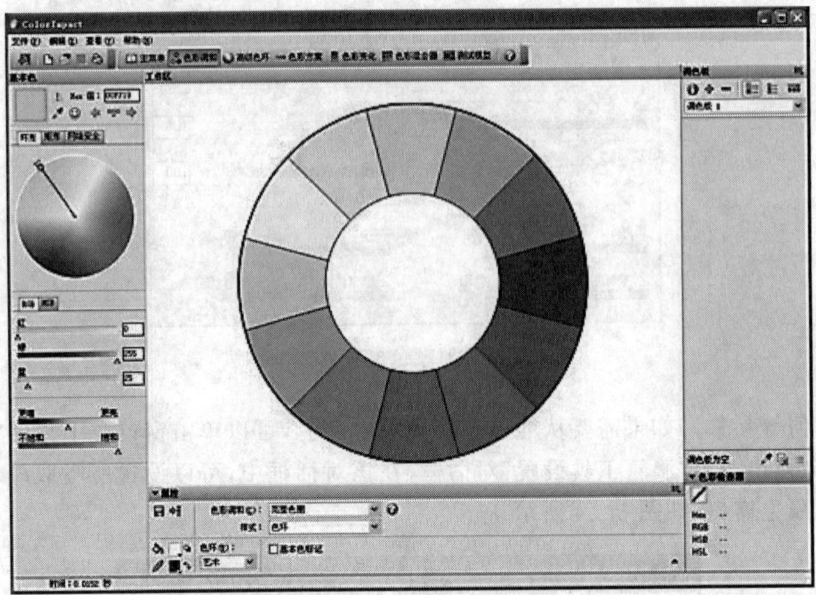

图 6.6.5　色彩调和

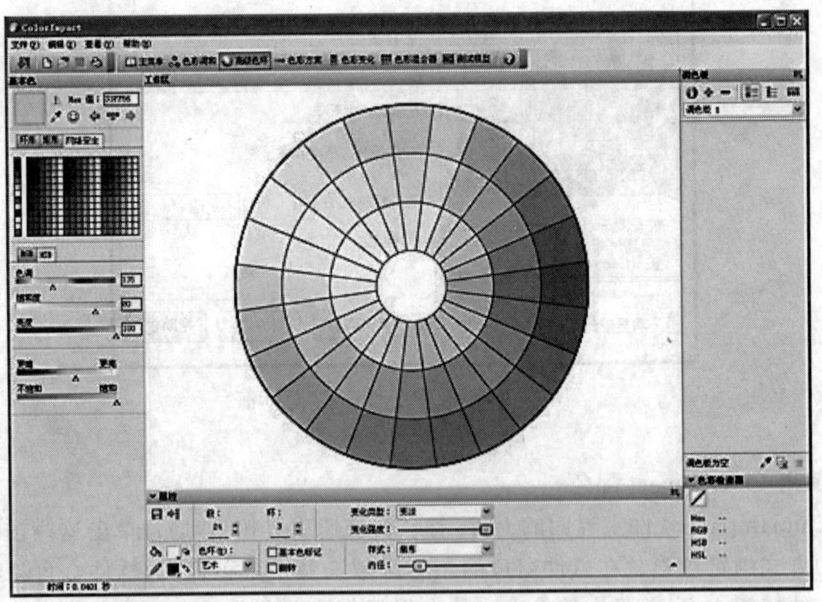

图 6.6.6　高级色环

3）色彩方案

单击“色彩方案”按钮，ColorImpact 会自动给出相应的颜色配色方案，如果需要选择不同的配色方案，可以在属性面板中进行设置，如图 6.6.7 所示。

4）色彩变化

单击“色彩变化”按钮，可以把选定的颜色拖曳到窗口中间的虚线矩形上，这时可以根

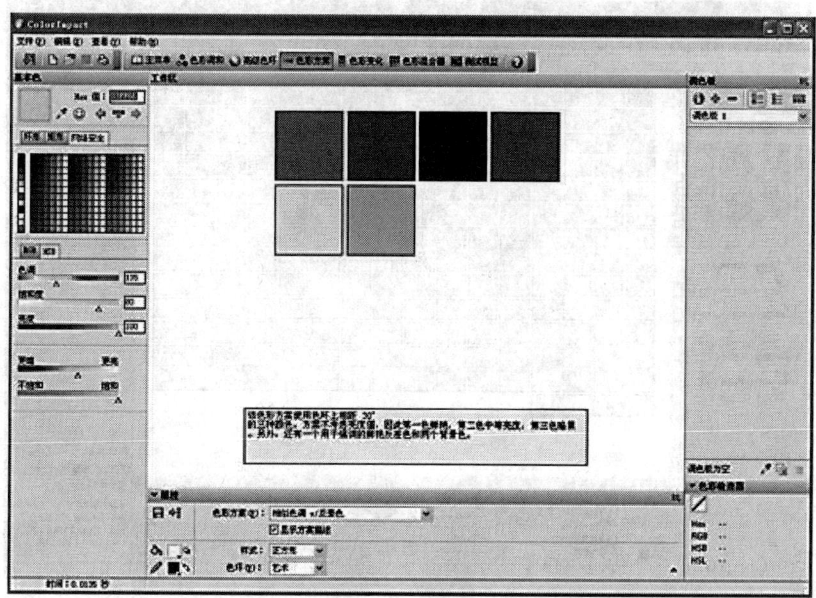

图 6.6.7　色彩方案

据属性面板中的不同设置来改变颜色的变化过程，如图 6.6.8 所示。

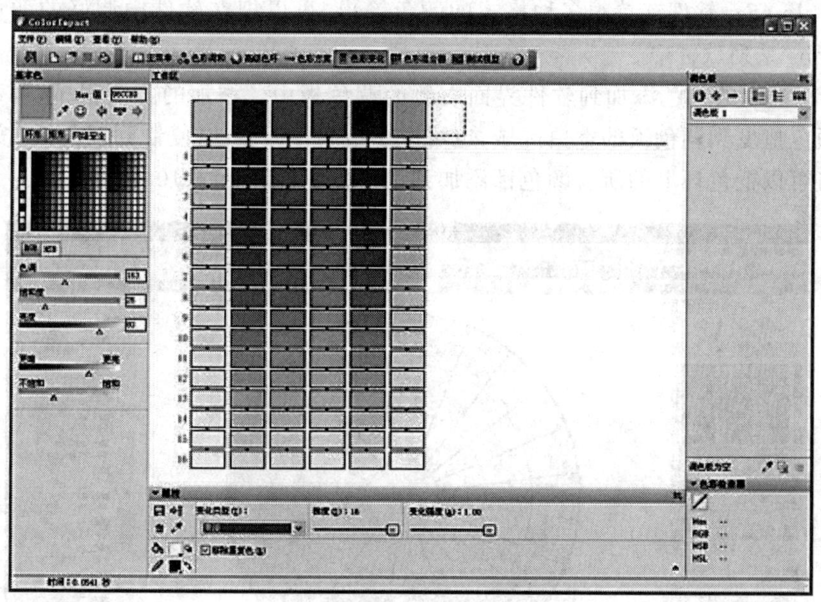

图 6.6.8　色彩变化

5）色彩混合

单击“色彩混合”按钮，可以设置起始颜色和结束颜色，ColorImpact 会生成中间的颜色变化过程，并且这个变化过程是可以调整的，如图 6.6.9 所示。

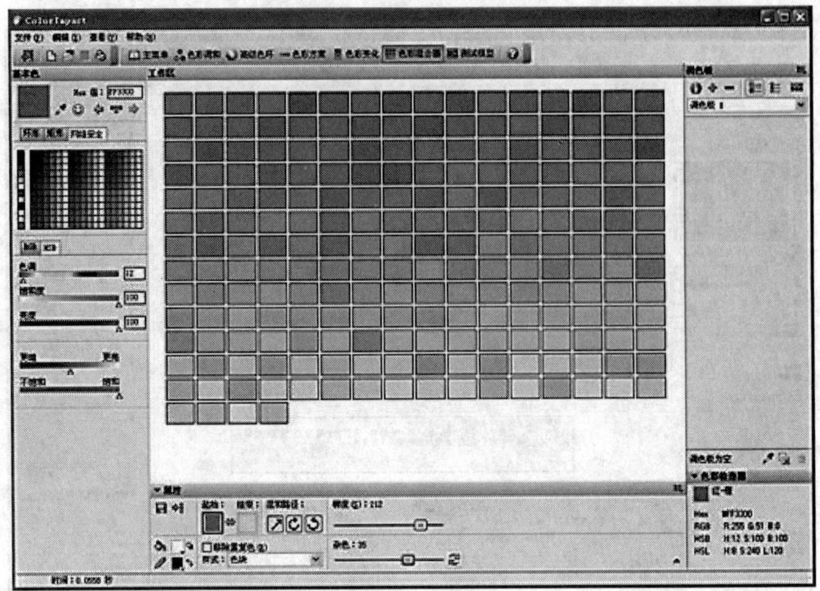

图 6.6.9 色彩混合

3. 将选定的颜色导入 Photoshop

ColorImpact 软件支持很多种格式的颜色输出，可以把在软件中调好的颜色方便地导入 Adobe 系列软件中。

(1) 将选定的颜色添加到软件界面右侧的调色板中。添加的方法很多，可以直接把选择的颜色拖曳到调色板的空白区域，也可以单击属性面板的“复制到调色板”按钮，单击这个按钮可以把色环上的所有颜色都添加到调色板中，如图 6.6.10 所示。

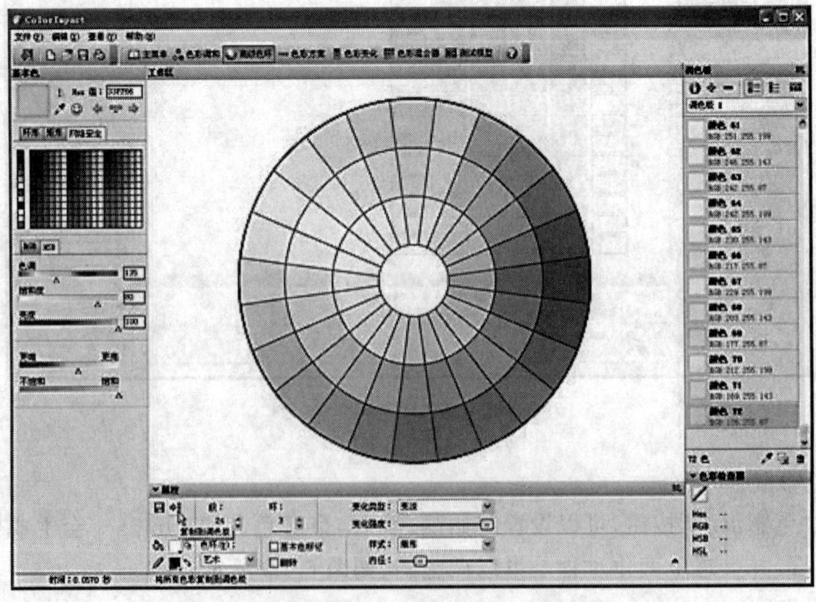

图 6.6.10 把选定的颜色添加到调色板

(2) 选择“文件”|“导出”命令，打开 ColorImpact 软件的“导出”对话框，在这个对话框中可以选择导出的颜色格式。如果希望导出的颜色能够在 Photoshop 中调用，可以选择导出 Photoshop 调色板，如图 6.6.11 所示。

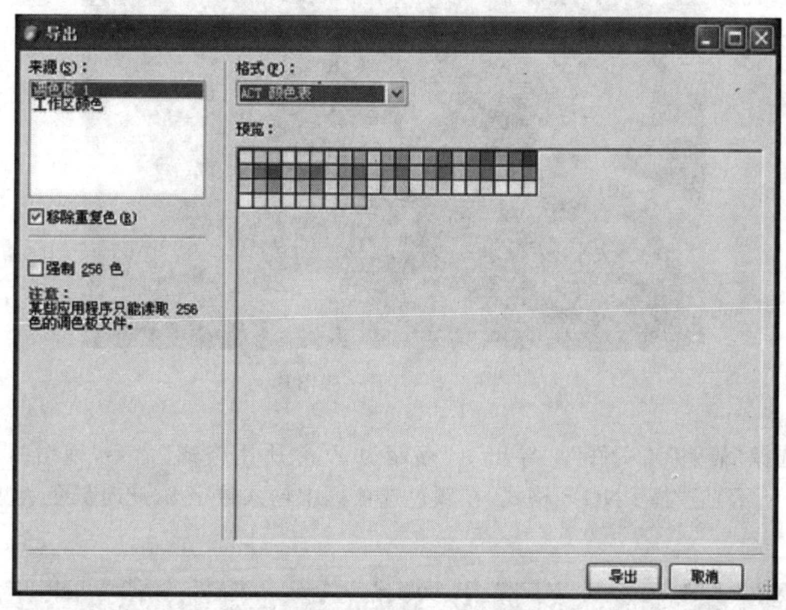

图 6.6.11　“导出”对话框

(3) 导出完成后，启动 Photoshop，打开“颜色”面板，选择“颜色”面板菜单中的“载入颜色”命令，然后找到刚刚导出的 ACO 文件，这样就可以把所有的颜色都添加到 Photoshop 中，如图 6.6.12 所示。

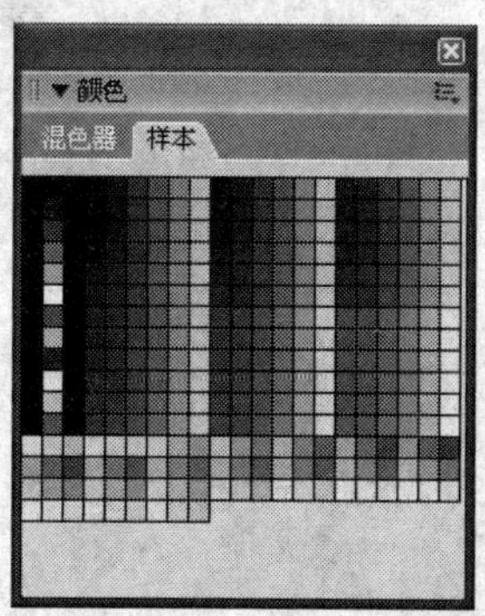

图 6.6.12　“样本”面板中添加的颜色

6.7　配色板生成技巧

配色中经常会用的一个方法是选取一张喜欢的照片或者图片，根据图片来生成配色板，具体方法如下。

(1) 在 Photoshop 中打开图片,如图 6.7.1 所示。

图 6.7.1　打开一张图片

(2) 选择“菜单”|“文件”|“导出”|“存储为 Web 所用格式”命令,弹出“保存”面板。如图 6.7.2 所示。选择 PNG-8 格式,在颜色选项框中输入数字 8,此时颜色表里自动生成 8 种颜色。

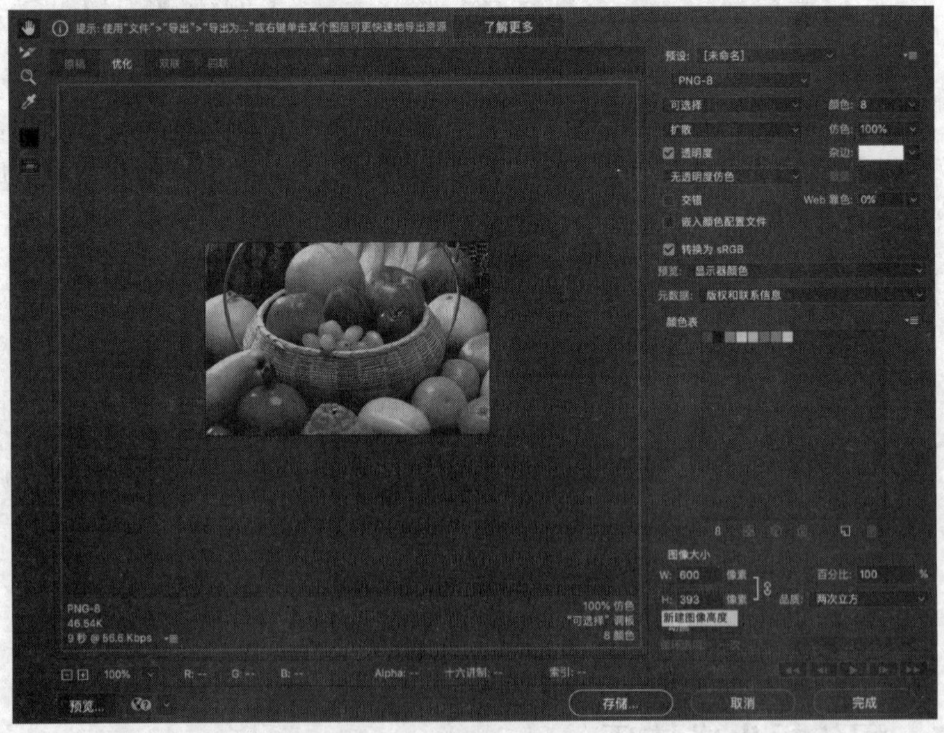

图 6.7.2　“保存”面板

(3) 生成的配色板如图 6.7.3 所示。

图 6.7.3　配色板

如果想要颜色值更多或者更少，可以把颜色选项框中的数值进行相应的调整，再对颜色进行筛选，也可以根据需要手动调整配色方案。

第 7 章

App 界面设计

由于智能手机的流行，现在的 App 设计五花八门，应用竞争颇为激烈。如何设计用户喜爱的 App，成了 App 设计的核心问题。因此，App 的界面设计毫无疑问是重中之重，提高 App 的推广率和转化率，也 UI 是设计成功与否的关键标准。

7.1 App 界面设计基础

7.1.1 什么是 App

简单来讲，App 即 application 的简写，因此被称为应用。由于智能手机的流行，现在的 App 多指第三方智能手机的应用程序。目前比较著名的 App 商店有 App Store、Google Market。自 iPhone 改变了整个世界对于手机系统的看法以来，手机应用的发展就被众多开发商所聚焦，各种个人或者企业级 App 大量进入应用市场，这也使 App 应用竞争越来越激烈。然而用户更喜欢轻便、简洁的应用，因此更多有远见的开发商便开始往敏捷应用方向发展。

手机 UI 设计的对象主要是 App 客户端，由于手机 UI 的特殊性，比如尺寸要求、控件和组件类型等，都需要 UI 设计师重新调整视觉审美基础，所以 UI 设计师应提前了解对手机界面的限制和要求，然后合理创意，以便创造出独具风格的 App 界面。手机以及平板电脑 App UI 设计界面如图 7.1.1 所示。

7.1.2 App UI 设计和平面 UI 设计的区别

App 的 UI 设计是指移动端的 UI 设计，一般是指手机上的界面设计；而传统的平面 UI 设计指的是 PC 端 UI 设计，一般是指计算机屏幕上的 UI 设计。

它们的不同点如下。

(1) 屏幕尺寸不同。计算机显示器的屏幕尺寸一般是 19～24 英寸，而手机屏幕尺寸一般为 4～6 英寸。尺寸不同的背后，就是两种设计的设计显示区域的不同。计算机上的 UI 设计要多放一些内容，尽量减少层级的表现，而手机上的 UI 设计因为屏幕尺寸有限，不能放那么多内容，可以多增加层级。例如，PC 版的淘宝页面如图 7.1.2 所示，一进去内容非常的多，包括了主题市场分类的显示、广告页的显示、个人中心的展示等。而手机版

图 7.1.1　App 界面设计

的淘宝(见图 7.1.3),层级较多,有五个大的层级,主屏上又有十个小的层级,一层连一层,显示区域相对较少,没有主题市场分类的直接展示,必须进入二级页面才能看到。

图 7.1.2　PC 版淘宝

(2) 设计规范不同。计算机上的操作一般是用鼠标,手机则是用手指。鼠标精确度非常的高,而手指的精确度相对较低,所以计算机上的图标一般会设计得小一些,手机上的图标会设计得大一些。如图 7.1.4 和图 7.1.5 所示,PC 版的微信图标明显比手机版的小一些。

图 7.1.3 手机版淘宝

图 7.1.4 手机版微信

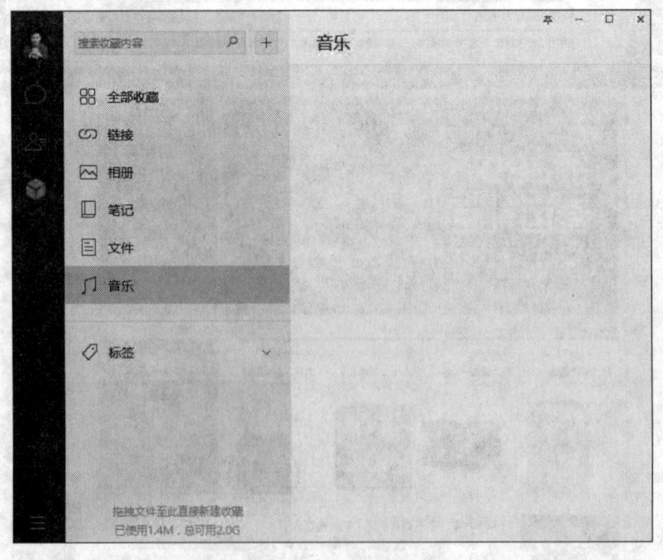

图 7.1.5 PC 版微信

(3) UI 交互操作习惯不同。计算机的鼠标可以实现单击、双击、按住、移入、移出、右击、滚轮等操作，而手机只能实现点击、按住和滑动等操作，所以计算机上可以展现的 UI 交互操作习惯可以更多，功能也就更强，手机上就弱了很多。例如，手机版的腾讯视频，在屏幕左边上下滑动可以调整亮度，在右边上下滑动可以调整声音，在最下面左右滑动可以调整视频的进度，双击可以暂停等，其他的就是要通过点击图标才能生效；而 PC 版的就可以双击、右击、单击、滚轮多点操作，如图 7.1.6 和图 7.1.7 所示。

图 7.1.6　PC 版腾讯视频

图 7.1.7　手机版腾讯视频

7.1.3　App UI 设计的要点

App 应用无处不在，然而很多 App 应用在 UI 设计方面做得并不好。应用商店中大多数 App UI 设计没有太大的差别，几乎是一个模板做出来的。然而，在智能手机时代，App 应用开发已经成为发展动向，什么样的 UI 设计才是好的 App UI 设计呢？

图 7.1.8 简洁的 App 图标

(1) 要拥有自己的 App UI 设计理念,设计自己的 App 软件。由于移动设备空间较小,App UI 设计应尽量保持简洁。若非必要就不要放上华丽的图形或其他信息去吸引用户。App UI 设计需要让信息一目了然,不隐晦、不误导,如图 7.1.8 所示。

(2) 在 App UI 设计中,首先得确定你的创意是独一无二的。在网络上尽量没有跟你的设计相类似的,如果有类似的设计,那就要多多考虑,争取超越,并且有一些独特的优化设计在其中。用户都喜欢用新的东西,如果你设计的 UI 过于陈旧,很难让用户对你的设计留下印象,因此,要设计出有特色的、与众不同的 UI。创意成为 App 设计的精髓所在,如图 7.1.9 所示。

图 7.1.9 形形色色的 App 设计

7.2 App 界面前期设计流程及方法

7.2.1 分析 App 的市场定位

整个 App 生态目前还算相对健康,iOS 生态尤甚。一款应用的流行,首先取决于市场定位,其次是品质,最后才是营销手段。这意味着平庸的产品无法靠强有力的营销来赢得市场。任何团队都应该将超过 80%的注意力集中在产品本身。如果定位与质量俱佳,那么即使没什么影响力的 App 也会脱颖而出。App 的市场必须定位在目标人群高度集中的区域才能提高转化率。显而易见,所谓"目标人群高度集中的区域"就是应用市场。它满足两个条件:一是用户的设备齐全;二是方便下载安装,而这些恰恰都是影响转化率的关键因素。

7.2.2　草图的绘制

对于设计师来说，提高 App 的推广率和转化率是设计成功与否的关键标准。在结束了产品定位以及市场分析阶段后，设计师就可以根据所获得的信息对 UI 设计进行初步的构思。在这个阶段，可以根据可用性的分析结果，制订交互的操作方式，以及跳转流程、结构、布局信息和其他元素。

在初步构思和架构设计阶段，设计师还要考虑到制作成本的问题。对前面的工作规划进行实施，将 UI 设计的原型控制在手绘、图形、Flash 等几个范围内，并且与后台软件工程师讨论界面操作的可行性。所以，对于 UI 设计师而言，用线框图的方式来整理自己的思路是一种更快捷的方式。草图的绘制是 UI 设计的基础，大部分 UI 设计师都会将草图当作设计的第一个基础步骤。草图可以是用笔直接在纸上绘制的，如图 7.2.1 和图 7.2.2 所示，也可以借助软件——草图大师进行数码绘制。

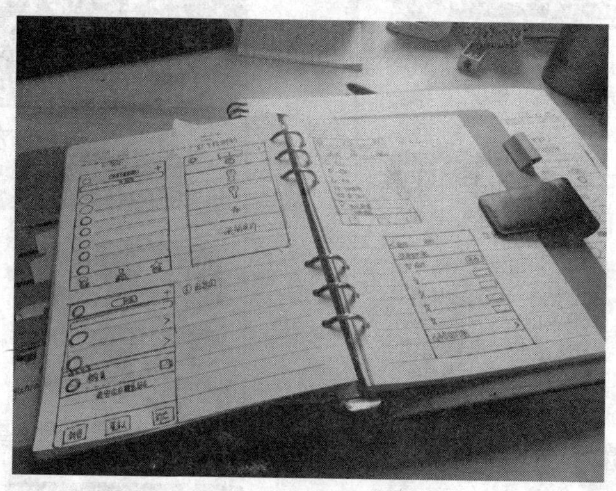

图 7.2.1　原型草图的绘制(1)

图 7.2.2　原型草图的绘制(2)

7.2.3　视觉设计

完成UI设计的草图绘制以及高保真原型之后，设计师就可以进入界面的视觉设计以及界面美化阶段。在这个阶段，需要对草图中的界面原型进行美化，完成其视觉效果的修饰，并确定整个界面的色调、风格以及窗口、图标等对象的视觉表现。App UI设计提倡有质感、有仿真度，并让App界面设计尽量接近用户熟悉或者喜欢的风格，这就需要在配色和图标上下工夫，可以多找一些视觉设计强烈的App设计进行参考，如图7.2.3和图7.2.4所示。

图7.2.3　设计感强烈的App UI设计(1)

图7.2.4　设计感强烈的App UI设计(2)

这里需要注意，在App UI设计中，由于移动设备的关系，应尽量保持简洁，不要放华丽的图形或其他信息去吸引用户，要让信息一目了然，使用户能够充分地理解App，从而能更加简便地运用。

7.2.4　最终定制方案

在进行了前面一系列的包括App的市场定位分析、草图绘制和视觉设计之后，设计师就可以给设计制定一个最终的方案(见图7.2.5)，并予以执行了。

图 7.2.5　最终定制方案

7.3　移动设备中的常用尺寸

7.3.1　屏幕尺寸

屏幕尺寸是指屏幕对角线的尺寸，一般用英寸来表示。由于智能手机采用的是液晶或 LED 屏，其大小和分辨率是根据它的市场定位决定的，所以为了适应不同人群的消费能力和使用习惯，智能手机屏幕的尺寸和分辨率种类要比 PC 的显示器多很多。屏幕尺寸在 App UI 设计中非常重要，不仅决定着视图的大小，还决定着设计中图标的大小，如图 7.3.1 和图 7.3.2 所示。

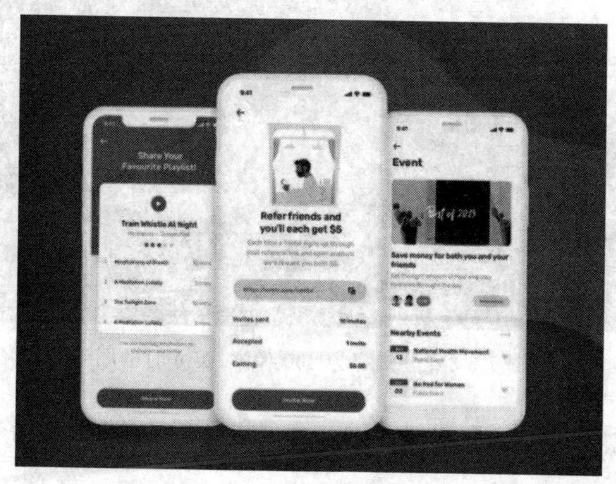

图 7.3.1　苹果手机屏幕

图 7.3.2　手机屏幕大小与图标之间的关系

现在市场上的新手机层出不穷，仅手机屏幕尺寸就有几十种。目前主流智能手机的尺寸一般是 4～7 英寸，男性单手操作手机的舒适范围是 4～6 英寸。超过 6 英寸，很多人就会觉得操作起来不是那么舒服了。女性单手操作手机的舒适范围是 3～5 英寸。

7.3.2　屏幕分辨率

屏幕分辨率就是屏幕上显示的像素个数，分辨率 1600×1280 的意思是水平方向每英寸中含有 1600 像素，垂直方向每英寸含有 1280 像素。分辨率越高，像素的数目越多，感应到的图像就越精密。在屏幕尺寸相同的情况下，分辨率越高，显示效果就越精细，如图 7.3.3 和图 7.3.4 所示。

图 7.3.3　分辨率为 300 像素/英寸时的图像

用放大工具把图片放大后，所见的图片就变成全是方格子的样子，而每个正方形的格子，就是一个像素。

图 7.3.4　分辨率为 5 像素/英寸时的图像

7.3.3　App 中图标的尺寸

本小节主要介绍图标尺寸规格和图标展示方式，要求读者熟知并记住一些重要图标尺寸规格，如图 7.3.5～图 7.3.9 所示。

图 7.3.5　手机 App 中的图标样式

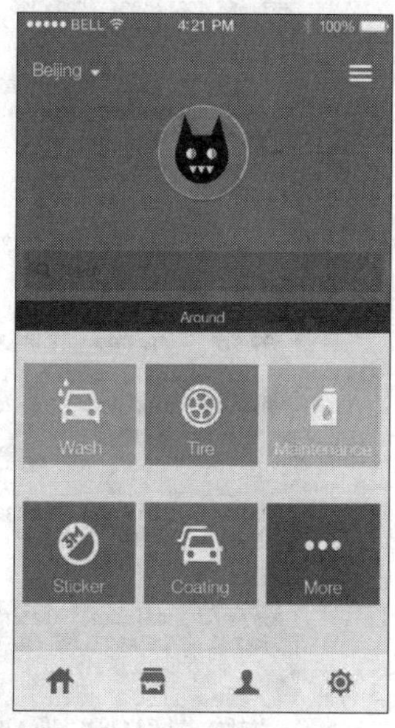

图 7.3.6　App 中图标的展示

7.3.4　图标格式

图标格式即制作图标时使用的图片格式。图片格式是计算机存储图片的格式。常见的存储格式有 BMP、JPEG、TIFF、GIF、PNG、PCX、TGA、PSD、EPS 等。下面介绍常见的图片格式。

图 7.3.7　同一图标的不同大小尺寸效果

设备机型	App Store	应用程序	Spotlight搜索	设置	标签栏	工具栏 / 导航栏	网页夹
iPhone6 Plus (@3x)	1024 x 1024 px	180 x 180 px	180 x 180 px	87 x 87 px	75 x 75 px (About) (maximum: 144 x 96)	66 x 66 px (About)	180 x 180 px
iPhone6 / 6s (@2x)	1024 x 1024 px	120 x 120 px	120 x 120 px	58 x 58 px	50 x 50 px (About) (maximum: 96 x 64)	44 x 44 px (About)	120 x 120 px
iPhone5 - 5c (@2x)	1024 x 1024 px	120 x 120 px	80 x 80 px	58 x 58 px	50 x 50 px (About) (maximum: 96 x 64)	44 x 44 px (About)	120 x 120 px
iPhone4 / 4s (@2x)	1024 x 1024 px	120 x 120 px	80 x 80 px	58 x 58 px	50 x 50 px (About) (maximum: 96 x 64)	44 x 44 px (About)	120 x 120 px

图 7.3.8　iPhone 图标像素尺寸

设备机型	App Store	应用程序	Spotlight搜索	设置	标签栏	工具栏 / 导航栏	网页夹
iPad 1-2 (@1x)	1024 x 1024 px	76 x 76 px	60 x 60 px	29 x 29 px	25 x 25 px (About) (maximum: 48 x 32)	22 x 22 px (About)	76 x 76 px
iPad 3-4 (@2x)	1024 x 1024 px	152 x 152 px	120 x 120 px	58 x 58 px	50 x 50 px (About) (maximum: 96 x 64)	44 x 44 px (About)	152 x 152 px
iPad Air 1-2 (@2x)	1024 x 1024 px	152 x 152 px	120 x 120 px	58 x 58 px	50 x 50 px (About) (maximum: 96 x 64)	44 x 44 px (About)	152 x 152 px
iPad Pro (@2x)	1024 x 1024 px	167 x 167 px	120 x 120 px	58 x 58 px	50 x 50 px (About) (maximum: 96 x 64)	44 x 44 px (About)	167 x 167 px
iPad Mini 1 (@1x)	1024 x 1024 px	76 x 76 px	60 x 60 px	29 x 29 px	25 x 25 (About) (maximum: 48 x 32)	22 x 22 (About)	76 x 76 px
iPad Mini 2-4 (@2x)	1024 x 1024 px	152 x 152 px	120 x 120 px	58 x 58 px	50 x 50 px (About) (maximum: 96 x 64)	44 x 44 px (About)	152 x 152 px

图 7.3.9　iPad 图标像素尺寸

JPEG：照片的基本格式，相同图像的 JPEG 格式文件比 PNG 格式文件小，不支持背景透明。

GIF：支持背景透明，但会出现锯齿。

PNG：支持透明。PNG 是 iOS 推荐图片格式，相同的图像采用 PNG 格式后文件会比采用 JPEG 格式和 GIF 格式大。

7.4 App 的界面构成

App 界面设计就像工业产品中的工业造型设计一样，是产品的重要卖点，一个友好美观的界面会给人带来舒适的视觉享受，拉近人与手机的距离，为商家创造卖点。页面布局是一种艺术，如何分配空间和组织架构有很大的学问在里面。随着 App 的广泛普及，人们对其要求也逐步提高，用户不只看重其功能实用性，更需要 UI 来设计用户体验感，在操作享受软件带来的方便之余，也不乏其美观性带来的愉悦感，如图 7.4.1 和图 7.4.2 所示。

图 7.4.1 不同手机屏幕的界面构成

由此可见，界面的布局非常重要，App 界面的美观与否直接影响用户对该 App 的直观印象；功能菜单的布局合理与否，会影响用户对此 App 的喜爱与否，这取决于是否符合用户的使用习惯。一款 App 无论其功能有多强大，如果用户不会操作或者不愿意使用，就没有机会发挥其本身的作用。

App 界面的构成主要包含三个模块：导航栏、主屏幕、下方按钮栏，如图 7.4.3 所示。

7.4.1 导航栏

导航栏的设计是 App UI 设计发展过程中很值得玩味的地方，由于移动设备特别是智能手机的屏幕尺寸有限，UI 设计师通常都会将尽可能多的空间留给主体内容，尽量保

图 7.4.2　界面布局设计欣赏

图 7.4.3　App 界面的构成

持简约和易用性。优秀的导航设计会让用户轻松地达到目的，而又不干扰和困惑用户。

7.4.2　主屏幕

主屏幕主要由窗口、菜单、图标、按钮、对话框等组成。窗口是指在屏幕上的一个矩形区域，它可以说是最主要的界面对象，UI 设计师通过它来规划布局，组织数据命令，并以最佳的视觉效果呈现给客户，如图 7.4.4 所示。

窗口一般由标题栏、菜单栏、滚动条、状态栏和控制栏组成。利用窗口技术，大文件就可以用滚动的方式在窗口中显示，而无须用多幅屏幕来显示一个文件，这样大大提高了人机交互的效率。

菜单是一种直观且操作简便的界面对象。它可以把用户当前要使用的操作命令都以项目列表的方式显示在屏幕上，供其按需求选择。菜单不仅可以减轻用户的记忆负担，且非常方便操作，由于击键次数少，产生的输入错误也就少。从系统角度来看，菜单模式更

图 7.4.4　主屏幕中的各项显示

易于识别和分辨。

图标是 App UI 中最常用的一种图形界面对象。它是一种小型的、带有简洁图形的符号。它的设计要基于隐喻和模拟的思想，隐喻是通过具体的联系来表达抽象的概念，通过实物形象来代表抽象的思想。图标用简洁的图形符号，模拟现实世界中的事物，使用户很容易和现实中的事物联系起来。

7.4.3　下方按钮栏

手机下方按钮栏（见图 7.4.5）主要包括文字、输入主页和返回键等，是整个 App UI 设计中的重要组成部分。

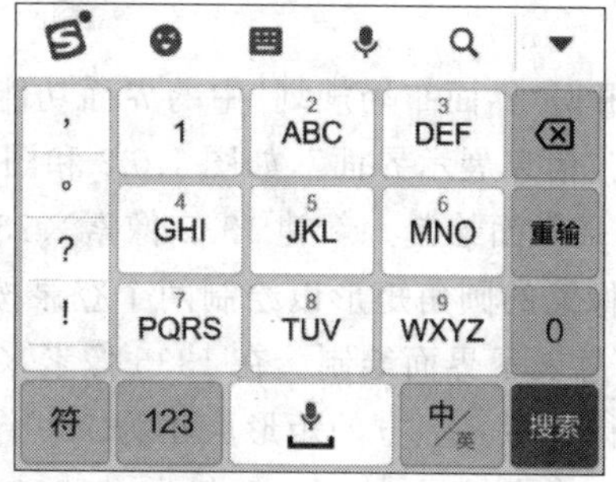

图 7.4.5　手机下方按钮栏

7.5 App界面设计流程及要点分析

App UI设计的风格各异，种类繁多，但作为一个优秀的设计案例，其设计风格必须符合内容要求。一款具有高下载量和竞争力、让用户惊艳的App设计，其视觉设计的美观程度需要更符合用户的心理预期。目前市场上的App可以分为很多类别，下面从主流的电商类和音乐播放器类的App界面，对视觉设计步骤与设计要点进行分析。

7.5.1 电商类

电商类应用主要有电子购物、团购、优惠券、订购返利、商圈、订餐、电子券、短信优惠等类型，主要的用户使用模式有浏览、搜索、收藏、购买、反馈等。网络电商按照产品类别可分为服饰、鞋包配饰、护肤美容、美食、家居、运动户外等，按照流程可分为物流信息、订单信息查询、订单搜索、商品晒单、产品评价等。下面就以某电子商城App界面设计为例进行分析。

(1) 项目设计要求。该款App界面要求包括欢迎界面、登录界面、信息展示查看界面、商品查看界面、搜索界面。界面要求简约、大方、时尚，注意屏幕元素布局平衡，功能区域划分合理。界面色彩要求保持高度一致，能够在安卓和iOS系统中使用。

(2) App界面布局规划。通过对项目设计要求中的界面进行整理，通过功能实现对布局进行规划，通过方框堆积的方式来对界面进行功能分区，如图7.5.1所示。

图7.5.1 App界面规划

(3) 根据“界面布局规划”中的界面功能分布和构造来对页面进行细化，主要绘制“登录界面”与“信息展示界面”，如图7.5.2和图7.5.3所示。

① 登录界面绘制。新建1335像素×756像素的矩形。置入背景图片，然后创建两个半径为4像素的圆角矩形以绘制两个登录按钮，并添加相应的文字界面。

② 信息展示界面绘制。在1335像素×756像素的矩形中，再绘制两个矩形作为上方和下方的标题栏。上方的矩形大小为739像素×116像素，颜色为#607D86；下方的矩形大小为739像素×100像素，颜色为#121212。然后将绘制好的功能图标放在这两个矩形图层上面，如图7.5.4所示。

图 7.5.2　App 登录界面

图 7.5.3　App 信息展示界面

图 7.5.4　信息展示界面

(4) 按照界面布局规划，置入产品图片，并为每张图片添加阴影图层样式，然后在画面右下方绘制一个半径为60像素的圆形（“添加”按钮），设置颜色为＃607d86。再为按钮添加投影效果，如图7.5.5所示。

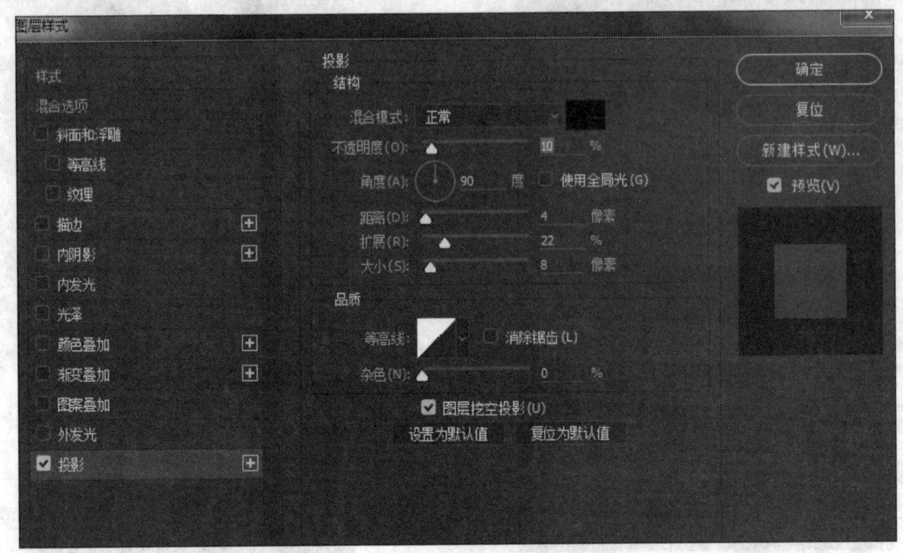

图7.5.5 为按钮添加投影效果

电商相关App UI设计时须注意如下事项：①App分类和活动专题很重要，商品搜索与展示同样很重要。②卖家后台、用户后台设计要保证效率且一目了然。③购买和支付流程是否清晰，决定着用户从看到广告到购买的转化率。④对于优惠券，需要收集很多店家的Logo和做很多小的Banner。⑤购物和折扣类的App女性用户比较多，这类App一般会用暖色作为主色，为了凸显图片背景，一般会使用干净的白色。⑥Banner设计在这类App里占很大比例，且需要经常更新。⑦App上的价格、优惠、折扣等数字一定要清晰，特别是新品和爆款标签设计。⑧商品的布局要轻松舒服，过于松散会让用户不停地翻页；过于拥挤则会显得商品摆放杂乱。⑨商品的图片一定要处理得很漂亮，在拍摄阶段就要使用产品等级的摄影棚和设备。⑩购物车操作按钮一定要设置得清晰、方便，避免误操作以及添加支付时的二次确认环节。

最后看一下这个电商App UI设计的最终效果图，如图7.5.6～图7.5.9所示。

7.5.2 音乐播放器类

下面介绍第二个案例，一个音乐相关App界面设计实例。这款音乐播放App主要包括视频播放、配合歌词以及FM电台、广播等。项目要求界面中的元素以简洁的线条为主，具有很强的识别性和设计感，需要设计的界面包括音乐主界面、音乐排行榜界面、音乐播放界面等，界面之间的风格要保持高度一致，同时体现休闲风格App的特点，如图7.5.10所示。

图 7.5.6 电商 App 界面设计的最终效果图(1)

图 7.5.7 电商 App 界面设计的最终效果图(2)

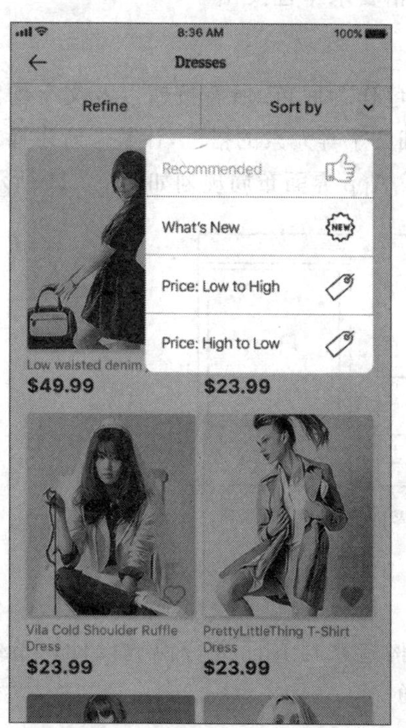

图 7.5.8 电商 App 界面设计的最终效果图(3)

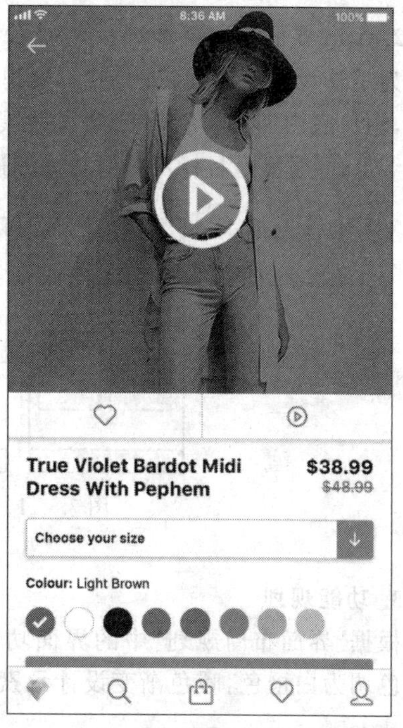

图 7.5.9 电商 App 界面设计的最终效果图(4)

图 7.5.10　音乐 App 界面设计实例

1. 项目设计要求

由于本案例针对的用户是休闲人士，整体风格要求个性突出。

2. App 界面布局规划

为了让设计充满独特的韵味，这里使用了白色作为底色，所有按钮以及文字均以橙色显示，白色底图加上暖色渐变，大图片展示，橙色细文字等元素的搭配，让整个音乐播放器时尚感十足，同时满足目标用户对时尚的追求。音乐 App 界面布局规划如图 7.5.11 所示。

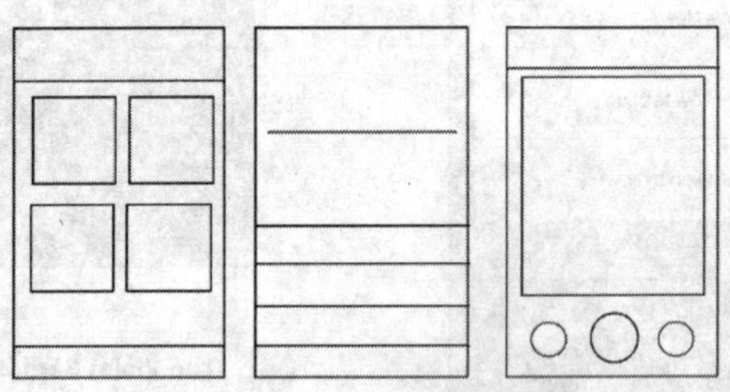

图 7.5.11　音乐 App 界面布局规划

3. 功能规划

根据“界面布局规划”中的界面功能分布和构造来对界面进行视觉设计。整体 App 界面色调为白橙色，暖色渐变设计元素，简约时尚。

4. 视觉设计流程

(1) 绘制音乐主界面，先新建 750 像素×1334 像素的矩形，并填充白色。然后使用矩形工具绘制渐变导航栏，大小为 750 像素×115 像素，填充黑色。然后叠加渐变，色彩分

别为 #fc64d6 和 #ff8833。完成主导航栏上的五个图标与文字，绘制背景色与导航栏，如图 7.5.12～图 7.5.15 所示。

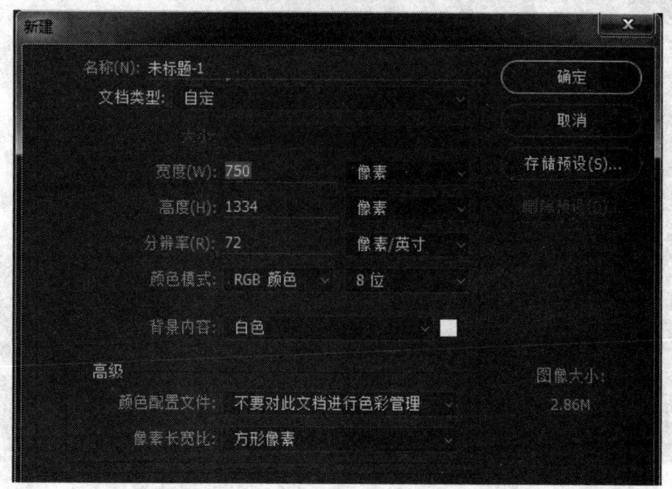

图 7.5.12　新建文档

图 7.5.13　填充白色

图 7.5.14　渐变导航栏

(2) 绘制主界面上的菜单选项，使用矩形工具绘制 750 像素×112 像素的矩形，放置图标、文字等中间菜单栏，如图 7.5.16 和图 7.5.17 所示。

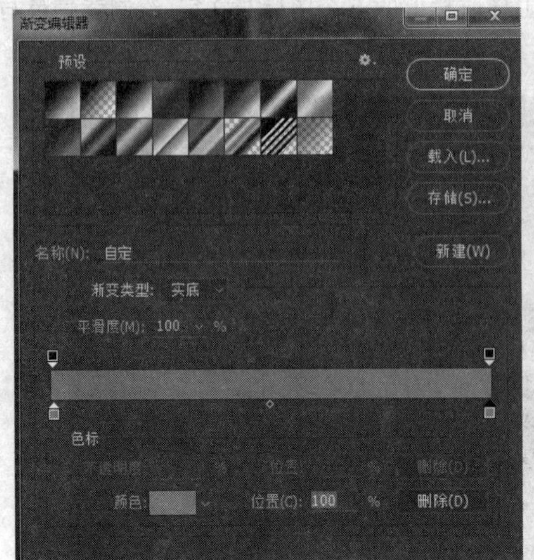

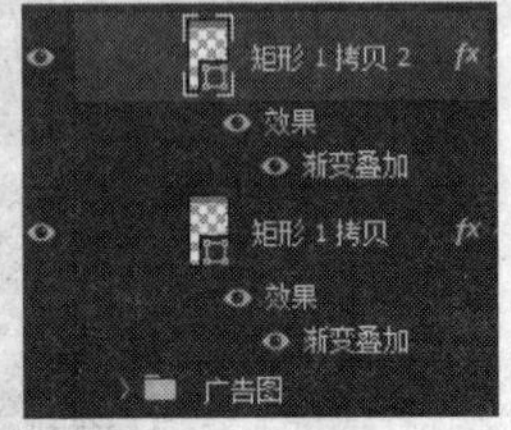

图 7.5.15 渐变导航栏选项及图层状态

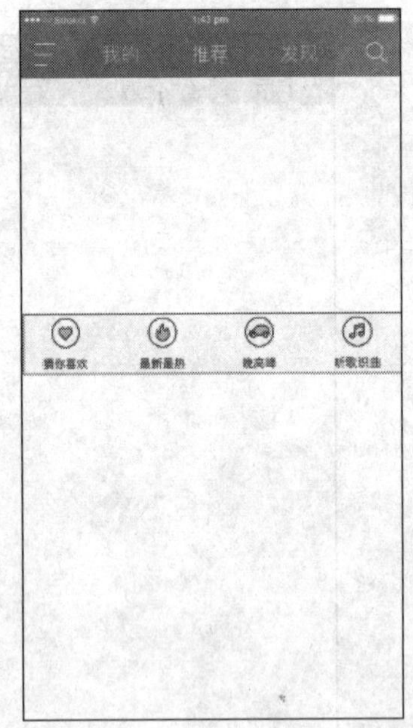

图 7.5.16 菜单选项

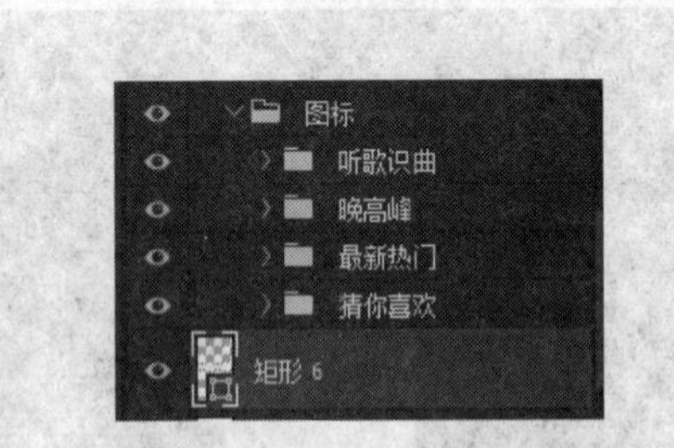

图 7.5.17 菜单选项图层状态

(3) 绘制底部标题栏并添加图标。广告音乐组界面如图 7.5.18 和图 7.5.19 所示。

(4) 绘制音乐播放界面。使用椭圆工具与矩形工具绘制播放按钮与音乐进度条，进度条为桃红到橙色的渐变，填充颜色为＃fc64d6 和＃ff8833，如图 7.5.20 所示。

(5) 继续绘制“发现”和“音乐排行榜”版块，该界面要注意文字与图标的版面排版，如图 7.5.21 所示。

图 7.5.18　广告音乐组界面

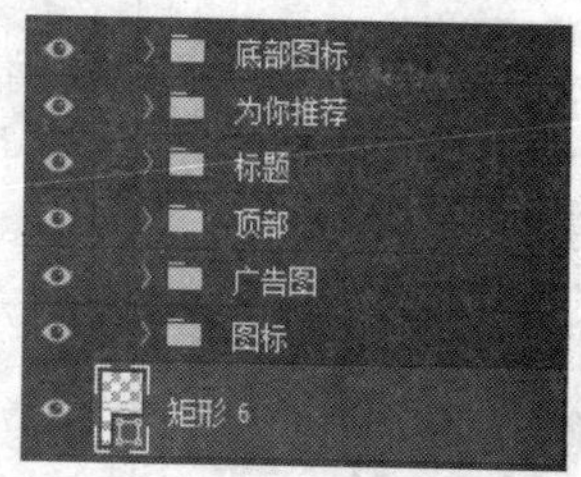

图 7.5.19　广告音乐组图层状态

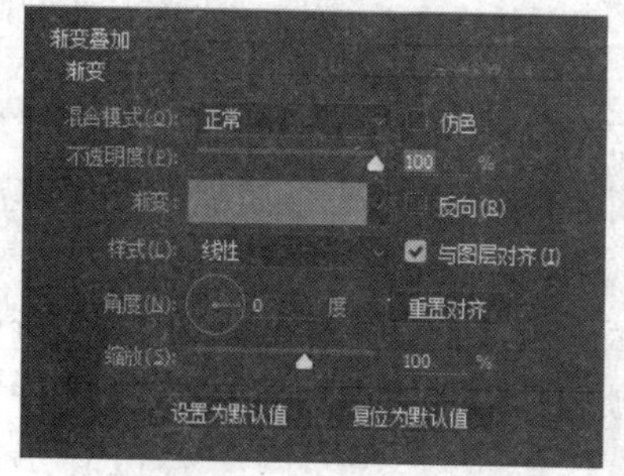

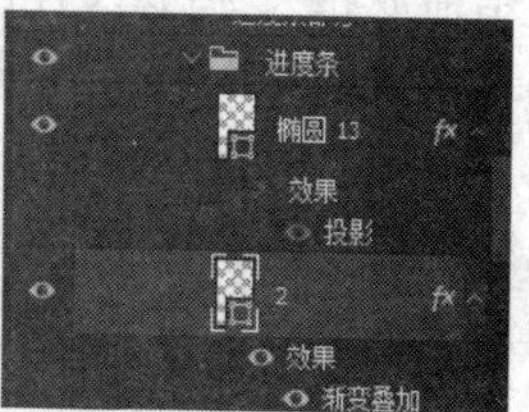

图 7.5.20　音乐播放界面及图层状态

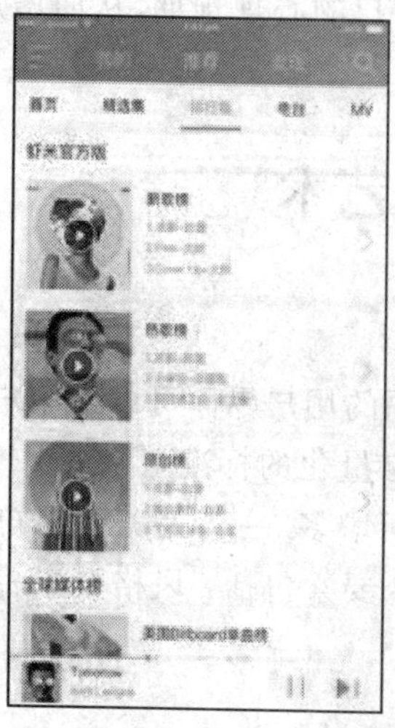

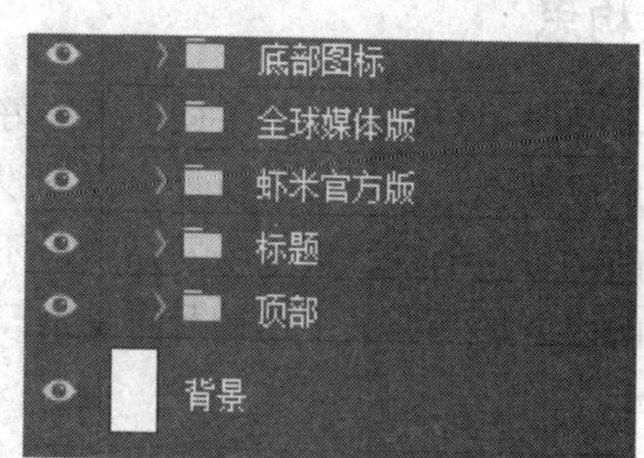

图 7.5.21　音乐排行榜

音乐播放器 App 的其他相关界面设计如图 7.5.22 所示。

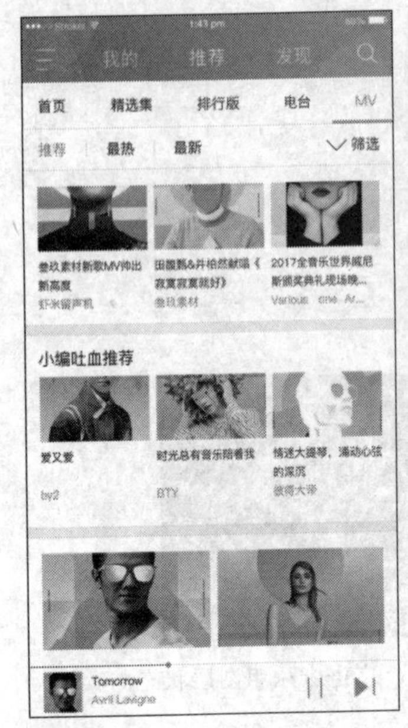

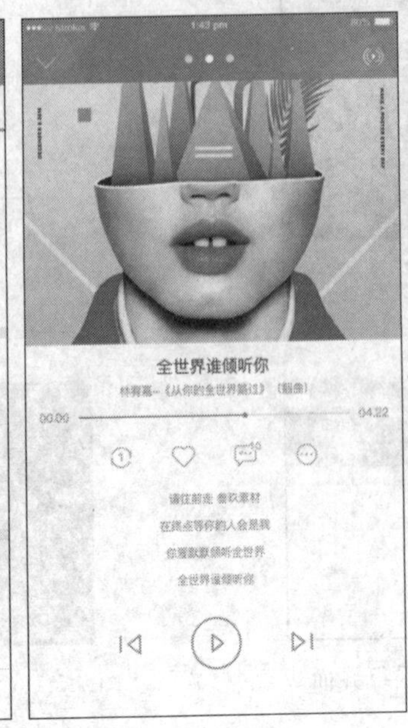

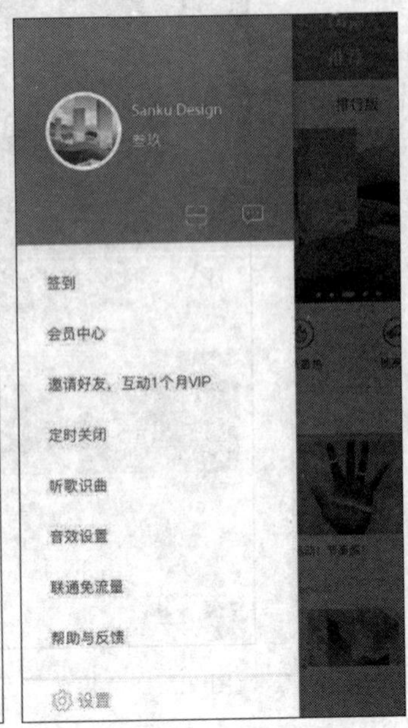

图 7.5.22 音乐播放器 App 的其他相关页面设计

音乐播放相关 App 设计注意事项如下：①一般来说，播放器界面是 App 设计中造型和用色最活泼的界面，可以使用黑胶唱片机或者金属唱针等拟物界面，也可以使用一些扁平风的界面，用色可以较为饱和。②类似豆瓣 FM 的文艺青年喜欢的音乐电台，可以用午后阳光感觉的小清新风格。③因为播放器是一种常用的 App，所以很多公司会为其开辟一个皮肤库功能。④锁屏时有锁屏页的相关小界面，桌面小插件设计的整体性也要给予考虑。

由此可见，在做 App UI 设计之前，应充分了解各类 App 设计的注意事项以及风格要求，这样设计出来的 App 美观程度才能更加符合用户的心理预期，从而增加 App 的下载率和转化率，这样才算一个成功的 App 设计。

7.6 App 界面风格设计——绘画艺术

7.6.1 创意构思

手机用户界面与用户是密切相关的。漂亮好用的用户界面可以给用户带来视觉上的享受和操作上的成就感。出色的手机界面设计没有量化的标准，但在用户使用中却时时刻刻展现出它的魅力。随着手机市场及品牌的不断增多，一套完美的用户界面设计需要结合多方面影响因素展开。其中基础且重要的三个要素包括：风格要素、基本作用、尺寸发展。

1. 风格要素

从一些产品的设计风格中可以看出，设计风格受不同的文化背景影响。比如，亚洲市场讲究的是时尚设计的手机界面，设计风格大胆，对图标和图形的表现使用多种手法；欧洲市场对设计的要求一向是简单洁净，界面设计的延续性强，变化比较少。风格统一能给用户带来值得信赖的印象，使用户对界面的理解也更加容易。减少视觉的过度跳转，界面之间的切换会降低用户的焦虑度，所以说风格一致是界面设计成功的关键。

2. 基本作用

界面的基本作用就是通过图形化的语言告诉用户如何使用这个应用的功能。一个清晰明了的界面，可以节约大量的沟通成本。在手机功能日益丰富的今天，人们的手机界面设计应该非常明确地表现出相应功能的具体作用，这样可以使用户在操作切换中节约更多的时间，减少对新产品学习的时间消耗。

3. 尺寸发展

在屏幕比例方面，因为强调智能平台的使用以及第三方软件游戏和强大的影音功能成为消费者热衷的产品特点，支持宽屏比率的分辨率获得了更多消费者的青睐。

7.6.2　手绘卡通界面制作

本小节主要介绍主题界面的制作。通过利用 Photoshop 轻松制作绘画艺术风格的设计，激发读者学习各种不同风格的界面制作的兴趣，并能对手机 App 中界面风格的设计有一个详细的了解。

本案例是制作可爱随性的手绘涂鸦手机主题界面，如图 7.6.1 所示。首先分析一下，界面中的背景主要使用绿色色调，使画面具有沉稳清新的整体效果。制作时结合画笔工具，绘制出画面中各种不同形状的图标，并对其按画面需要添加素材元素，再结合图层样式制作出可爱随性的整体画面效果，最后结合手绘的文字效果使手机界面制作更加完整。

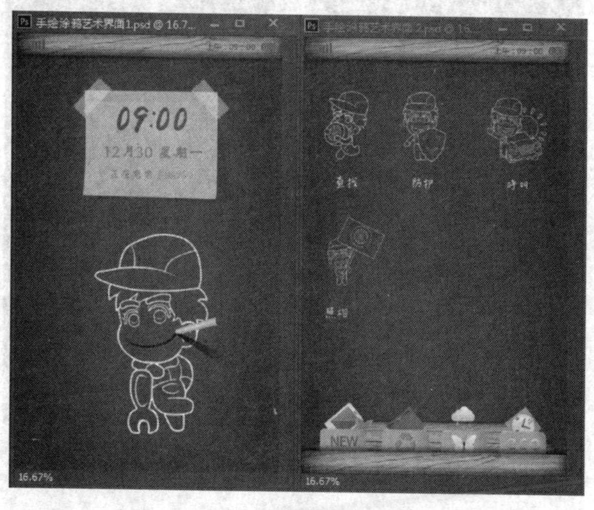

图 7.6.1　手绘卡通界面最终效果

利用 Photoshop 可以轻松制作各种不同绘画艺术风格的设计。界面设计中主要使用 Photoshop 的画笔工具、钢笔工具、横排文字工具、渐变工具、矩形选框工具、图层样式等。再分析一下色彩。此画面偏向于清新稳重的绿色调，与黑色手机相衬，体现手绘涂鸦对比鲜明的整体感觉。

那么我们来看一下这个案例界面 1 是如何制作的。

(1) 执行“文件”|“新建”命令，新建空白图像文件，大小是 1772 像素×2835 像素、分辨率为 300 的像素/英寸。使用矩形选框工具在画面上创建一个矩形条选区。设置前景色为墨绿色，它的色值为 RGB(57,100,70)。按 Alt＋Delete 组合键填充背景图层，如图 7.6.2 所示。

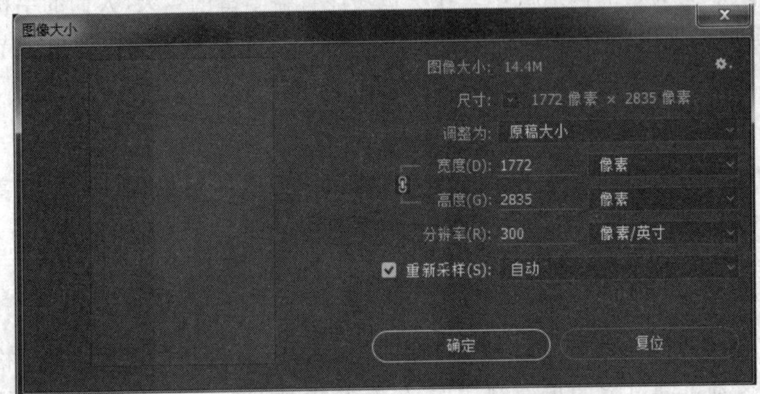

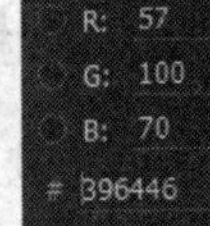

图 7.6.2　新建空白图像文件

(2) 羽化选区填充图层。右击选框，在弹出的对话框中设置羽化选项，羽化半径为 240 像素。新建图层 1，按 Alt＋Delete 组合键填充选区，完成后取消选区，如图 7.6.3 和图 7.6.4 所示。

图 7.6.3　羽化选区填充图层(1)

(3) 制作底纹划痕效果。单击“添加图层蒙版”按钮，在添加的蒙版中适当涂抹黑色，

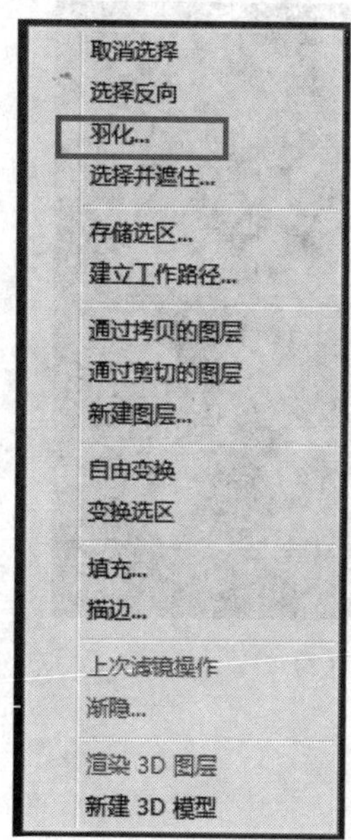

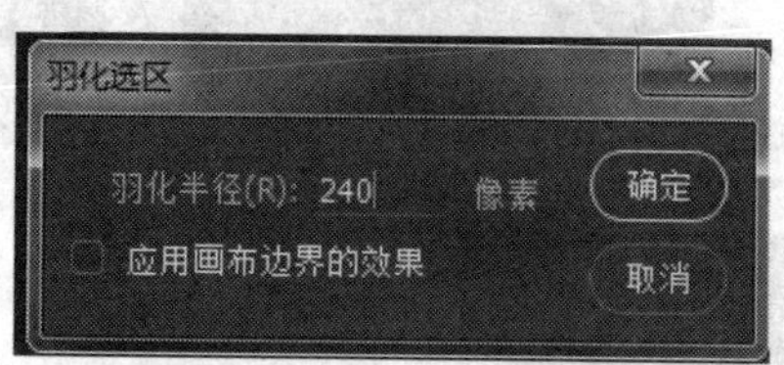

图 7.6.4　羽化选区填充图层(2)

并设置其不透明度为 40%。选择画笔工具,在属性栏上选择铅笔画笔。新建图层 2,设置前景色为白色并绘制划痕,如图 7.6.5 和图 7.6.6 所示。

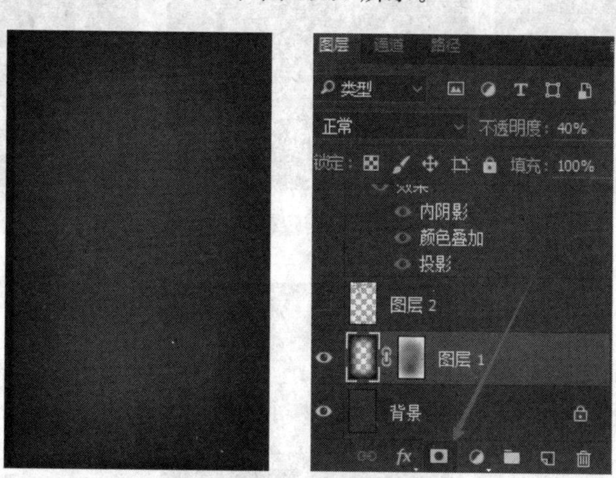

图 7.6.5　底纹划痕效果(1)

(4) 制作边框图层样式。执行“文件”|“打开”命令,找到素材“木条”文件,将其拖曳至当前画面中生成图层 3。双击图层 3,分别勾选阴影颜色、叠加投影选项,设置各项参数,完成后单击“确定”按钮,如图 7.6.7 所示。

(5) 打开素材,调整素材位置和大小。执行“文件”|“打开”命令,分别打开“便签纸片”和“贴条纸片”文件将其拖曳至当前画面中,生成图层 4 以及图层 5,适当调整其位置,如图 7.6.8 所示。

图 7.6.6　底纹划痕效果(2)

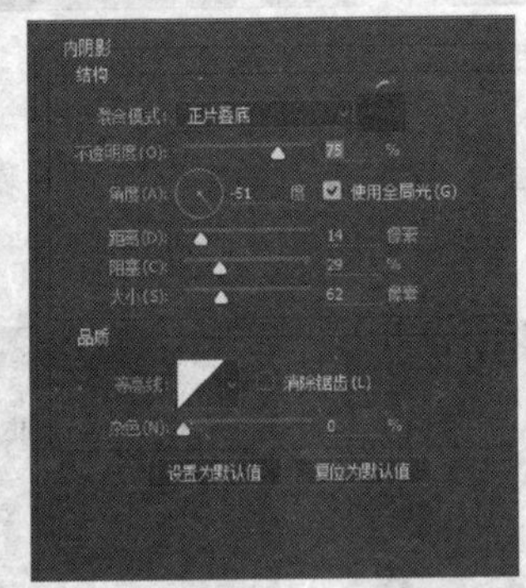

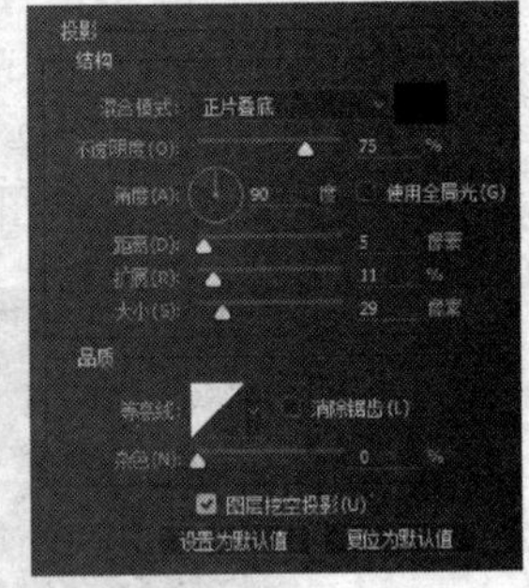

图 7.6.7　制作边框图层样式

图 7.6.8　调整素材位置和大小

(6) 制作文字效果。使用横排文字工具，分别设置不同的参数，输入所需文字，并将不同的文字放置于画面中合适的位置，如图 7.6.9 所示。

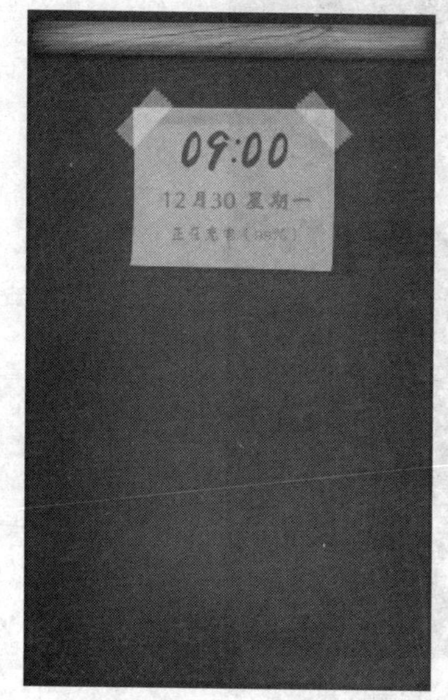

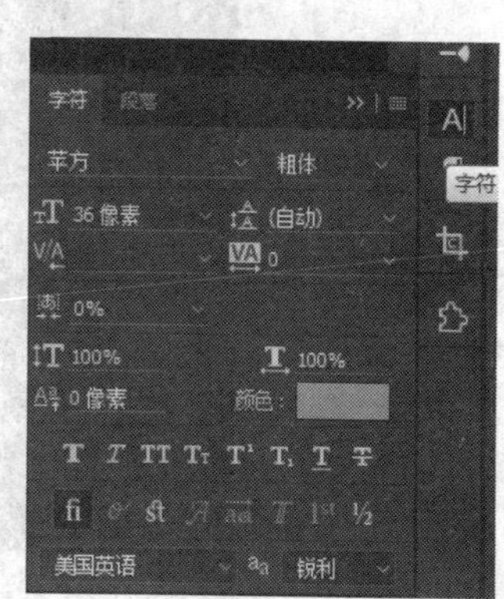

图 7.6.9　制作文字效果

(7) 绘制界面主体。新建组 1，选择画笔工具，在属性栏上单击“画笔”下拉按钮，在弹出的对话框中选择“2B 铅笔”画笔。设置前景色为白色，然后在画面中绘制卡通造型，如图 7.6.10 所示。

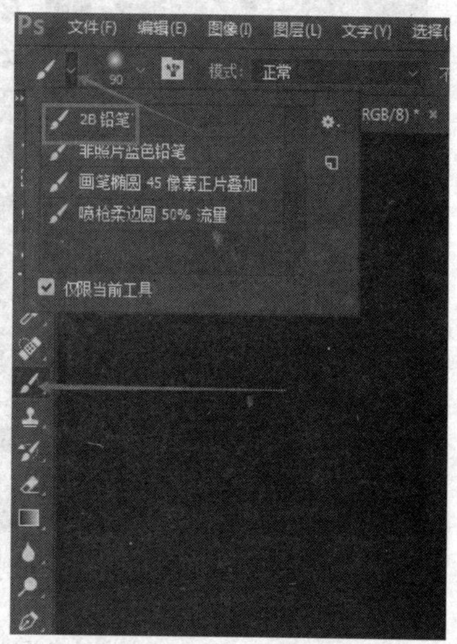

图 7.6.10　绘制界面主体

(8) 绘制嘴巴并添加图层样式。新建图层 8，设置其前景色为墨绿色。选择画笔工具，在属性栏中选择“硬边圆压力大小”，然后在画面中绘制嘴巴。双击图层 8，设置“斜面和浮雕”选项，完成后单击“确定”按钮，如图 7.6.11 和图 7.6.12 所示。

图 7.6.11　绘制嘴巴

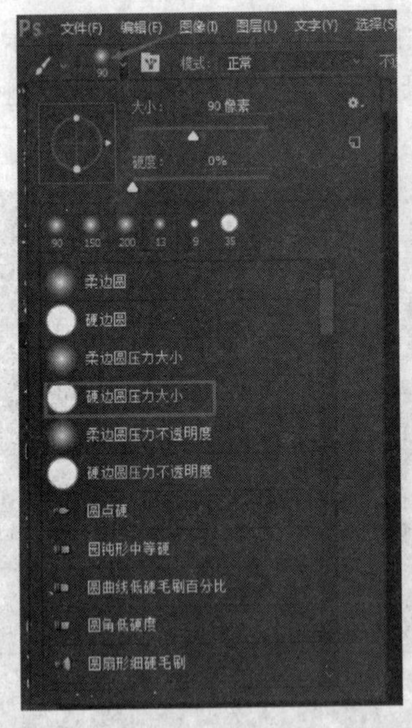

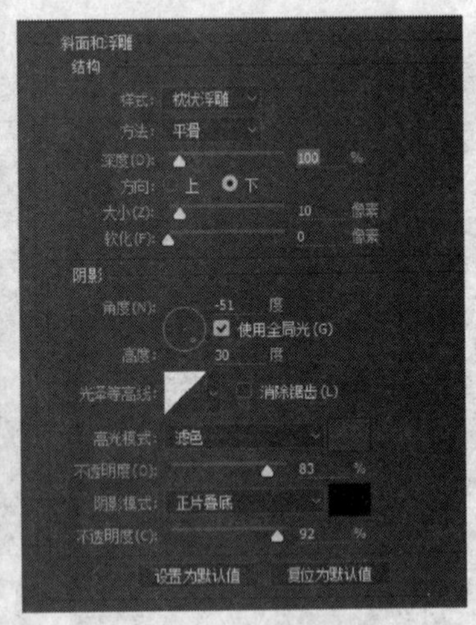

图 7.6.12　绘制嘴巴的参数

(9) 绘制粉笔。新建组 3，在组内新建图层 12。选择画笔工具，设置前景色为蓝色，在属性栏中勾选“硬边圆压力大小”，然后在画面中绘制粉笔形状。按住 Ctrl 键单击图层 12 的缩略图，将粉笔载入选区。新建图层，在选区内绘制阴影和高光，并在一端绘制粉笔最暗的一面。完成后按 Ctrl+D 组合键取消选区，如图 7.6.13 和图 7.6.14 所示。

图 7.6.13 绘制粉笔

图 7.6.14 绘制粉笔的参数

(10) 绘制粉笔的投影。选择钢笔工具，在属性栏中选择“路径”选项，然后绘制粉笔阴影，路径绘制完成后按 Ctrl+Enter 组合键将其转化为选区。新建图层 16，选择渐变工具，设置渐变为黑色至透明渐变，然后在选区内绘制渐变色块，完成后取消选区，如图 7.6.15 和图 7.6.16 所示。

图 7.6.15 绘制粉笔投影(1)

(11) 添加界面上方的文字和图标。新建组 4，执行“文件”|“打开”命令，打开“信号”和“电池”文件，并将其分别拖曳至当前画面中，生成图层 17 及图层 18。适当调整其大小和位置。使用横排文字工具，在画面中的适当位置录入文字。这样这个界面 1 就制作完成了，如图 7.6.17 所示。

界面 2 的制作步骤如下。

(1) 复制图像、删除部分图层并载入素材。在文件上方的标签栏上右击，并在弹出的

图 7.6.16 绘制粉笔投影(2)

图 7.6.17 添加界面上方的文字和图标

菜单中选择“复制”命令。完成复制后,将复制图像内的图层进行适当删除,保留部分背景。执行“文件”|“打开”命令。打开“木板”文件并拖曳至画面中,形成图层 3,如图 7.6.18 所示。

(2) 对图像进行自由变换。按 Ctrl+T 组合键对木板图像进行自由变换处理,调整图像形状时按住 Ctrl 键。拖动编辑框的四个节点对图像进行变形处理,完成后按 Enter

图 7.6.18　载入素材

键确定，如图 7.6.19 所示。

（3）设置图案样式。双击图层 3，分别选择内阴影、颜色叠加、投影选项，并进行各项参数设置，完成后单击“确定”按钮。此时木板图像添加了质感，如图 7.6.20 和图 7.6.21 所示。

图 7.6.19　对图像进行自由变换

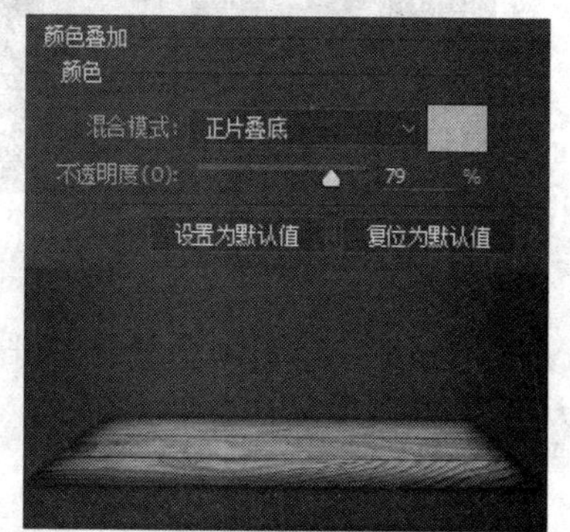

图 7.6.20　设置图案样式(1)

（4）复制木条并调整其图层样式。复制图层 3，生成图层 3 副本。双击图层 3 副本，选择“投影”选项并调整其各项参数，完成后单击“确定”按钮，木条的图层样式效果发生了改变，如图 7.6.22 所示。

（5）载入标签素材。新建组 5，并将其拖曳至图层 3 副本的下层。执行“文件”|“打

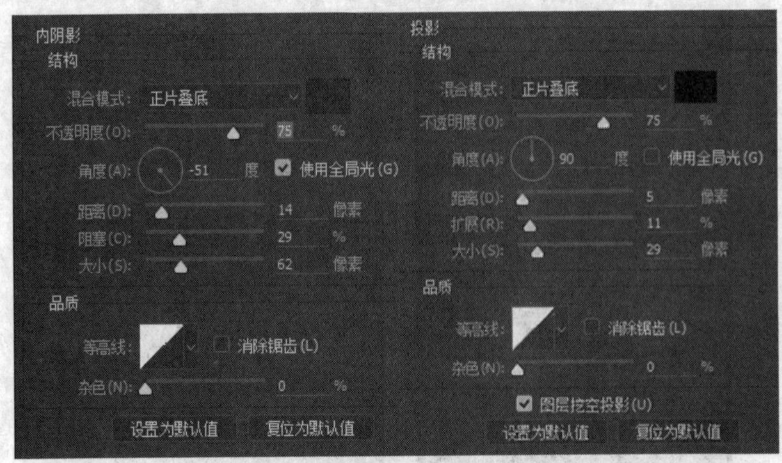

图 7.6.21　设置图案样式(2)

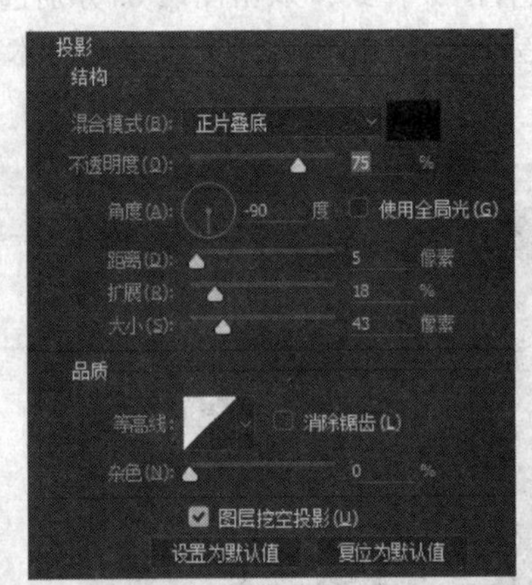

图 7.6.22　调整其图层样式

开”命令，打开“标签 1”～“标签 4”文件并将其拖曳至画面中生成新图层，再调整各个标签素材的大小和位置，如图 7.6.23 所示。

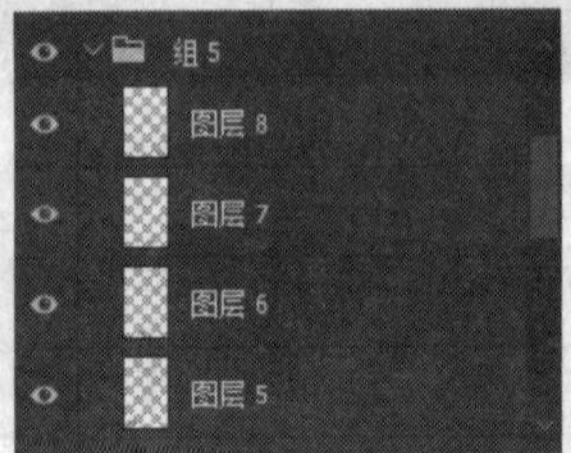

图 7.6.23　载入标签素材

(6) 载入图标素材。新建组 6,并将其拖曳至组 5 的下层。执行“文件”|“打开”命令,打开“手机”“联系人”“天气”“时钟”4 个文件并将其拖曳至画面中,形成新的图层。适当调整各个标签素材的大小和位置,如图 7.6.24 所示。

图 7.6.24　载入图标素材

(7) 绘制帽子轮廓。新建组 7、图层 19,选择画笔工具,在其属性栏中单击“画笔”下拉按钮,在弹出的对话框中选择“2B 铅笔”,设置前景色为白色,然后在画面中绘制帽子轮廓,如图 7.6.25 所示。

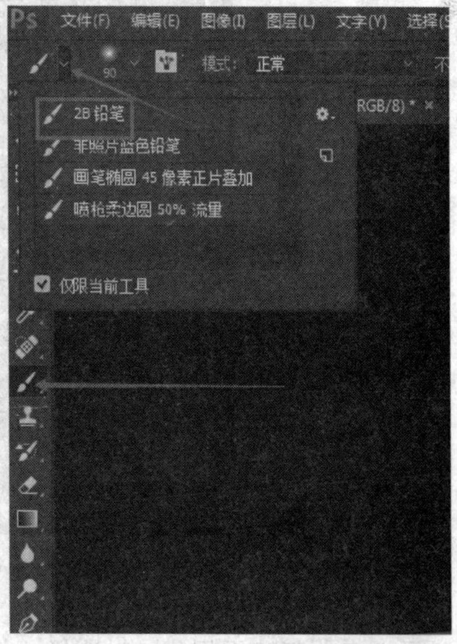

图 7.6.25　绘制帽子轮廓

(8) 绘制图像细节。选择画笔工具，在画面中继续绘制卡通人物图标的脸型、身体和盾牌。绘制时注意图像的美感，线条必须流畅细腻，如图 7.6.26 所示。

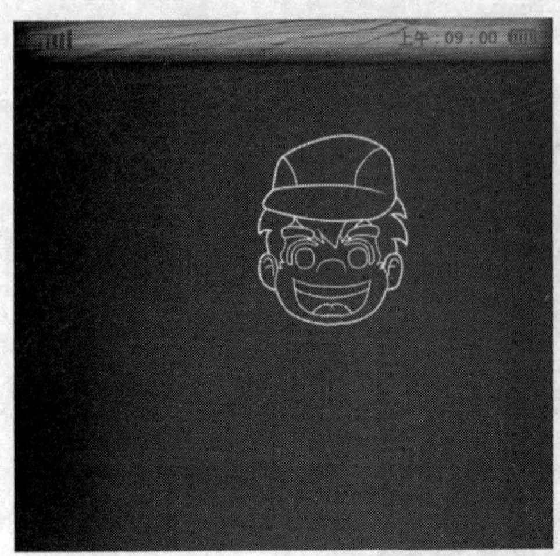

图 7.6.26　绘制图像细节

(9) 绘制更多图标图像。使用相同的方法新建更多的图层，绘制各种不同的图标，绘制时注意图标形象化，并注意各图标的排列位置和大小，如图 7.6.27 所示。

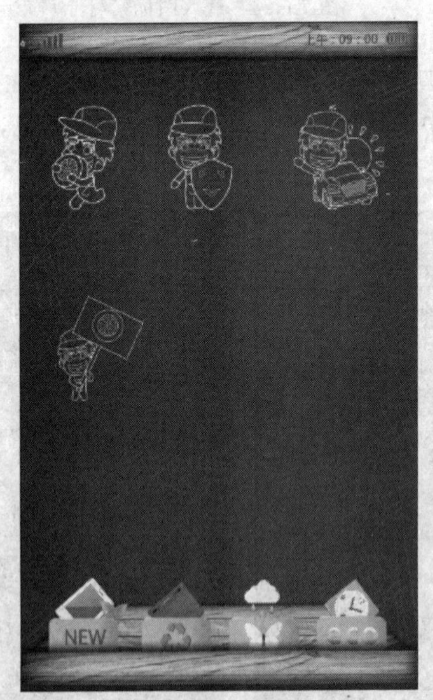

图 7.6.27　绘制更多图标图像

(10) 书写文字。新建图层组 35，选择画笔工具，在画面中绘制各图标的名称。书写文字时注意字体的美感，尽量做到排列整齐，当然，也可以去下载一些手绘的字体。至此，本案例制作完成，如图 7.6.28 所示。

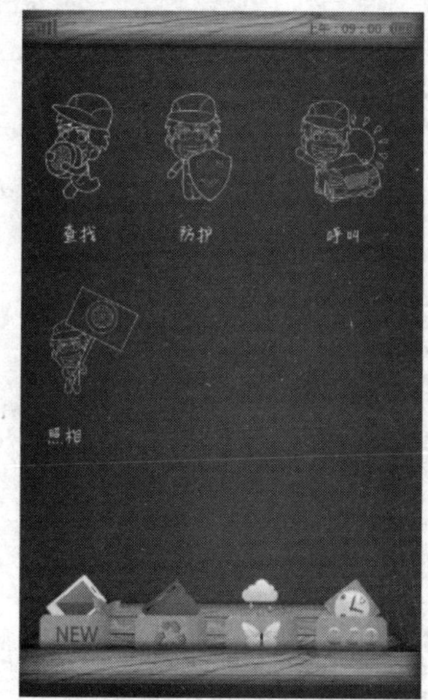

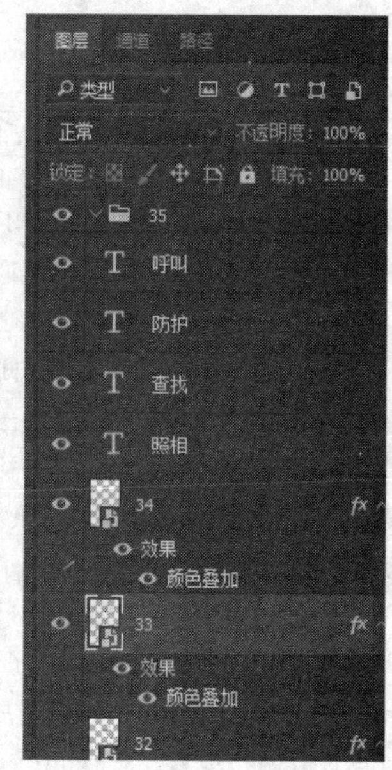

图 7.6.28　书写文字

参考文献

[1] 张小玲，李欣欣，陶薇薇，等.UI界面设计[M].北京：电子工业出版社，2018.

[2] 肖文婷.UI设计——创意表达与实践[M].北京：高等教育出版社，2017.

[3] 陈根.UI设计入门一本就够[M].北京：化学工业出版社，2018.

[4] 常丽.UI设计必修课[M].北京：人民邮电出版社，2015.

[5] 梁景红.设计配色基础[M].北京：人民邮电出版社，2011.

[6] 周翊.色彩感知学[M].长春：吉林美术出版社，2015.

[7] 董庆帅. UI设计师的色彩搭配手册[M]. 北京：电子工业出版社，2017.

[8] 盛意文化.网页UI设计之道[M]. 北京：电子工业出版社，2019.

[9] 胡卫军.网页UI与用户体验设计5要素[M].北京：电子工业出版社，2017.

[10] 张小玲.UI界面设计 [M]. 2版.北京：电子工业出版社，2017.

[11] 吕云翔. UI设计——Web网站与APP用户界面设计教程[M]. 北京：清华大学出版社，2019.

[12] 王彩琴. 网页设计与制作项目式教程[M]. 北京：清华大学出版社，2013.

[13] 傅小贞. 移动设计[M]. 北京：电子工业出版社，2013.

[14] 腾讯公司用户研究与体验设计部. 在你身边，为你设计：腾讯的用户体验设计之道[M]. 北京：电子工业出版社，2013.

[15] 搜狐新闻客户端UED. 设计之下：搜狐新闻客户端的用户体验设计[M]. 北京：电子工业出版社，2014.

[16] 卢卡斯·马西斯. 亲爱的界面 [M].杨文梁，译.2版.北京：人民邮电出版社，2018.

[17] 艾米丽·布歇. 匠心体验：智能手机与平板电脑的用户体验设计[M]. 吴博，译.北京：人民邮电出版社，2016.